"十二五"职业教育国家规划教材
经全国职业教育教材审定委员会审定
高等院校"互联网+"精品教材系列

C51单片机应用设计与技能训练（第2版）

主编　李法春

副主编　符气叶　李靖　匡载华（企业）

参编　邹心遥　刘光壮　刘雅婷　李颖琼
　　　廖若君　董晓倩　秘磊（企业）

电子工业出版社
Publishing House of Electronics Industry
北京·BEIJING

美丽中国——广西桂林漓江风光

内 容 简 介

本课程组经过十多年的教学改革与实践，与企业合作开发项目任务，围绕交通信号灯控制系统和六轴机械臂控制系统两个项目来组织内容，把单片机硬件组成、中断系统、定时器/计数器、串行端口、并行I/O端口及其扩展技术、存储器扩展技术、显示器与键盘转换接口、C51基本语法、Proteus软件、Keil μVision集成开发系统、AD/DA转换、DS18B20温度传感器及单片机应用系统设计等内容贯穿到9个任务中，每个任务提供了"任务单""教学导航""任务准备""分享讨论""典型案例""任务实施""拓展延伸""作业"等，方便读者学习，并配有"职业导航""思维导图""知识梳理与总结"，便于读者高效率地学习基本理论并训练操作技能。

本书为应用型本科和高职高专院校单片机技术课程的教材，也可作为开放大学、成人教育、自学考试、中职学校、培训班的教材，以及电子工程技术人员的自学参考书。

本书提供免费的电子教学课件、习题参考答案、电路原理图及源程序等，详见前言。

未经许可，不得以任何方式复制或抄袭本书之部分或全部内容。
版权所有，侵权必究。

图书在版编目（CIP）数据

C51单片机应用设计与技能训练 / 李法春主编. —2版. —北京：电子工业出版社，2024.12
高等院校"互联网+"精品教材系列
ISBN 978-7-121-38048-8

Ⅰ.①C… Ⅱ.①李… Ⅲ.①单片微型计算机—高等职业教育—教材 Ⅳ.①TP368.1

中国版本图书馆CIP数据核字（2019）第269606号

责任编辑：陈健德
印　　刷：天津画中画印刷有限公司
装　　订：天津画中画印刷有限公司
出版发行：电子工业出版社
　　　　　北京市海淀区万寿路173信箱　邮编：100036
开　　本：787×1 092　1/16　印张：14.25　字数：364.8千字
版　　次：2011年6月第1版
　　　　　2024年12月第2版
印　　次：2024年12月第1次印刷
定　　价：59.60元

凡所购买电子工业出版社图书有缺损问题，请向购买书店调换。若书店售缺，请与本社发行部联系，联系及邮购电话：(010) 88254888，88258888。
质量投诉请发邮件至zlts@phei.com.cn，盗版侵权举报请发邮件至dbqq@phei.com.cn。
本书咨询联系方式：chenjd@phei.com.cn。

扫一扫看本课程职业导航

本书第 1 版得到了各高等职业院校的广泛使用和认可,已重印 18 次,根据近年来电子信息类、电气类、机电类、汽车类、通信类各专业的教学改革及 1+X 证书的需要,校企共同组建了教材开发团队,对教材进行了修订改版,主要特点如下。

1. 融入证书考证内容

广州市风标电子技术有限公司为 Proteus 中国区唯一总代理,PAEE 认证是英国 Labcenter Electronics 公司推出的以 Proteus 仿真平台为培训与考核工具的电子系统设计能力证书,我国许多高校都开展了 PAEE 认证,为了满足高校学生考证需要,本书在改版过程中得到了广州市风标电子技术有限公司技术人员的指导,融入了 PAEE 认证内容(51 单片机部分),针对 PAEE 考证点提供了相应的实例和案例,实现了课证融合。

2. 倡导协同学习模式

为了提高学生的学习能力和学习效果,调动学生学习的主动性,本书旨在推广协同学习模式,学生组建学习者共同体,以学习者共同体为单位协同学习。本书围绕"动机激发—信息聚能—汇聚共享—集体思维—合作建构—知能提升"学习循环圈设计内容及体例,每个任务的"任务单"实现动机激发;"任务准备"为学生实施任务前做好理论知识和实践技能的准备;"分享讨论"让学习不再是一个人的事,而是一个共同体进行共同学习,通过分享和讨论对某些知识点形成共识,并对在学习过程中产生的信息进行汇聚和处理,完成信息聚能,形成"集体记忆";"典型案例"旨在为学生完成工作性学习任务提供示范,并在案例的指引下进行任务分配,开展分工合作,实现汇聚共享;"任务实施"通过集体思维完成学习任务,完成"任务工单"旨在对任务进行文字方面的展示交流和反思,实现合作建构和知能提升,基于协同学习推动课堂革命。

3. 创新教材呈现形式

每个任务都安排了活页内容,学生可以通过扫码获得活页内容电子版,便于学生完成任务后填写"任务工单",经教师批阅返回给学生。"任务工单"不仅要求学生填写与任务相关的内容,包括硬件设计框图、源程序及任务总结,还要求学生采用思维导图等形式画出本任务所涉及的知识点,针对"分享讨论"内容记录讨论要点和得出的结论,这些内容可以作为活页讲义让学生保存下来,以备今后复习。

4. 融入课程思政元素

本书的设计非常注重学生的综合素质培养和思想政治教育,在"教学导航"中增加了"需要培育的素养",并通过任务单、典型案例、扫描二维码,以及教材封面的大国重器,扉页的美丽中国,书眉的高铁、大飞机、空间站图片等形式,将课程思政元素融入教材中,以培养学生的政治自信、文化自信、安全意识、团队合作意识、集体意识和责任担当意识，弘扬工匠精神、科学家精神、职业精神和劳动精神等，让学生厚植家国情怀、爱国热情等，做到实事求是等。

5. 合理调整教材内容

针对电气类、机电类等专业的需要，本书新增了一个项目——六轴机械臂控制系统（删除了校园电子铃项目），以两个项目为导向，分为9个任务，包括任务1利用单片机设计交通信号灯，任务2设计按键控制的信号灯，任务3设计流水灯，任务4设计花样流水灯，任务5设计定时控制的流水灯，任务6交通信号灯控制系统的设计与制作，任务7基于扩展口的交通信号灯控制系统设计，任务8设计舵机控制系统，任务9设计六轴机械臂控制系统。

6. 校企合作编写教材

本书的修订改版由学校教师和企业技术人员合作完成，广东农工商职业技术学院的李法春教授和广州市风标电子技术有限公司的匡载华高级工程师共同策划，匡载华编写了任务1，刘雅婷编写了任务2，李靖编写了任务3，刘光壮编写了任务4，邹心遥编写了任务5，李颖琼编写了任务6，符气叶、廖若君编写了任务7，董晓倩编写了任务8，广州曼盛包装有限公司的秘磊编写了任务9，全书由李法春、符气叶、李靖和匡载华负责统稿和定稿，并对书中所有实例和案例进行了仿真调试或在开发板上运行，或制作实物运行，保证了实例和案例的正确性。本书的编写参考了国内外许多与MCS-51单片机、C51、Proteus有关的资料，在此向有关作者表示感谢！

本书在编写和出版过程中得到了多方帮助和支持，电子工业出版社陈健德编审给予了大力支持，广东农工商职业技术学院相关教师和广州市风标电子技术有限公司技术人员提出了许多宝贵建议，在此一并向他们表示诚挚的谢意！

为了方便师生的教与学，本书配有电子教学课件、习题参考答案、电路原理图及源程序等资源，请有此需要的读者扫一扫书中二维码阅览或下载，也可登录华信教育资源网免费注册后进行下载，如有问题请在网站留言或与电子工业出版社联系（E-mail：hxedu@phei.com.cn）。

由于时间仓促和编者水平有限，书中不妥之处在所难免，恳请各位专家、读者批评指正。

注：书中用软件设计的电路原理图（包括未带灰底的软件导出图与带灰底的软件截屏图）为与软件保持一致未进行修改，请读者在实际使用时按照新国标绘制。

 扫一扫看Proteus元件库

 扫一扫看C51常用库函数

 扫一扫下载本课程教学课件

 编 者

 扫一扫看本书参考文献

 扫一扫看协同学习模式

 扫一扫下载各任务工单

第1版前言

随着我国经济的快速发展，各行各业对人才的需求出现新的变化，对就业人员的基本知识技能与发展能力提出了较高的要求。近年来各院校按照教育部最新的教学改革要求，不断开展多种方式的课程改革与专业建设，使高等职业教育有了较快的发展，使企业对职业教育的认可度和支持度逐年提高，企业用人将会走上良性发展的道路。本书在企业技术人员的积极参与下编写，以单片机控制系统的设计实现为目标，通过项目任务来培养单片机基础知识与操作技能。

本书以理论知识"必需、够用"为原则，注重职业岗位技能训练，以真实项目为导向，通过8个任务及多个实例和实训，来介绍单片机应用技术，内容包括任务1单片机控制单灯亮灭，任务2单片机控制流水灯，任务3以定时方式控制流水灯，任务4双单片机控制霓虹灯，任务5单片机控制简单交通信号灯，任务6带时间显示的交通信号灯控制，任务7用单片机和可编程并行接口控制交通信号灯，综合任务为温度报警器的设计与制作。每个任务由"任务单""任务准备""实例""案例""任务实施"等构成，其中，"任务单"提供本任务的内容描述、具体要求和实现方法；"任务准备"讲解完成任务所需要的理论知识；"实例"与"案例"给学生一定的指导与示范，帮助学生完成任务的设计；"任务实施"给出完成本任务的主要操作过程，并要求学生在工作单中填写完成任务的相关内容，以便及时总结与评价。

本书为高等职业本专科院校单片机技术课程的教材，也可作为开放大学、成人教育、自学考试、中职学校、培训班的教材，以及电子工程技术人员的自学参考书。

本书由李法春副教授和周贤峰总工程师共同策划与编写，参加编写的还有李靖、董晓倩、庞军钦等，全书由李法春负责统稿与定稿。周贤峰从事技术研发工作多年，能够将职业岗位技能要求与课程教学结合起来，保证了本书核心内容的构建。另外，书中所有实例、案例都已进行仿真调试或在开发板上运行，部分项目任务已制作实物并调试运行正常。本书的编写参考了国内外许多与MCS-51单片机有关的资料，在此向有关作者表示感谢！

由于时间仓促和编者水平有限，书中不妥之处在所难免，恳请各位专家、读者批评指正。

为方便教师教学与学生学习，本书配有免费的电子教学课件、习题参考答案、案例电路原理图及源程序，请有此需要的师生登录华信教育资源网免费注册后进行下载，有问题时请在网站留言或与电子工业出版社联系（E-mail：hxedu@phei.com.cn）。

编　者

目录

任务 1 利用单片机设计交通信号灯 1
    任务单 1
    教学导航 2
    任务准备 2
        1.1 什么是单片机应用系统 2
            1.1.1 单片机及其应用系统 2
            1.1.2 单片机应用系统开发的一般方法 3
        典型案例 1 用单片机控制一个发光二极管亮 5
    任务实施 12
    拓展延伸 12
        1.2 Proteus 软件的使用 12
            1.2.1 Proteus 简介 13
            1.2.2 Proteus 主界面 14
            1.2.3 原理图绘制界面 16
            1.2.4 VSM Studio IDE 20
    作业 25
    知识梳理与总结 25

任务 2 设计按键控制的信号灯 26
    任务单 26
    教学导航 27
    任务准备 27
        2.1 存储器结构 27
            2.1.1 程序存储器 28
            2.1.2 内部数据存储器 29
            2.1.3 外部数据存储器 34
        典型案例 2 单片机控制电动机正向转动 34
        2.2 并行 I/O 端口 39
            2.2.1 并行 I/O 端口的结构与功能 39
            2.2.2 并行 I/O 端口的使用特性 41
        典型案例 3 汽车车灯模拟控制系统设计 42
    任务实施 44
    拓展延伸 44
        2.3 C51 语言基础 44
            2.3.1 C51 的数据类型 44
            2.3.2 存储模式 45

  2.3.3　C51 运算符与表达式 ··· 45
  2.3.4　C51 分支结构控制语句 ··· 47
作业 ··· 49
知识梳理与总结 ··· 49

任务 3　设计流水灯 ·· 50
任务单 ··· 50
教学导航 ··· 51
任务准备 ··· 51
 3.1　单片机时钟电路及 CPU 时序 ·· 51
  3.1.1　单片机时钟电路 ··· 51
  3.1.2　CPU 时序 ··· 52
 3.2　Keil μVision 集成开发环境 ·· 53
  3.2.1　Keil μVision 的功能、使用与安装 ·· 53
  3.2.2　Keil μVision 的使用 ··· 55
 典型案例 4　设计 6 个发光二极管的流水灯 ··· 58
任务实施 ··· 65
拓展延伸 ··· 65
 3.3　循环控制 ·· 65
  3.3.1　循环控制语句 ··· 65
  3.3.2　转移语句 ··· 66
作业 ··· 66
知识梳理与总结 ··· 67

任务 4　设计花样流水灯 ·· 68
任务单 ··· 68
教学导航 ··· 69
任务准备 ··· 69
 4.1　中断系统 ·· 69
  4.1.1　中断的概念与作用 ··· 69
  4.1.2　MCS-51 单片机的中断系统 ··· 70
  4.1.3　中断服务函数 ··· 74
 典型案例 5　利用多参数中断方式实现花样流水灯 ··· 77
任务实施 ··· 80
拓展延伸 ··· 80
 4.2　MCS-51 单片机引脚功能 ·· 80
 4.3　C51 函数 ·· 81
  4.3.1　函数的定义 ··· 82
  4.3.2　函数调用 ··· 82
作业 ··· 82
知识梳理与总结 ··· 84

任务 5　设计定时控制的流水灯 85
任务单 85
教学导航 86
任务准备 86
5.1　定时器/计数器的结构 86
5.1.1　定时器/计数器的组成 86
5.1.2　TMOD 87
5.1.3　TCON 88
5.2　定时器/计数器工作方式 88
5.2.1　定时器/计数器的方式 0 88
典型案例 6　音乐演奏器设计 90
5.2.2　定时器/计数器的方式 1 93
5.2.3　定时器/计数器的方式 2 94
典型案例 7　模拟啤酒生产线自动装箱系统设计 94
典型案例 8　单片机控制一台舵机转动 96
5.2.4　定时器/计数器的方式 3 98
典型案例 9　定时控制流水灯 100
任务实施 101
拓展延伸 101
5.3　数组 101
5.3.1　一维数组 101
5.3.2　二维数组 102
作业 104
知识梳理与总结 105

任务 6　交通信号灯控制系统的设计与制作 106
任务单 106
教学导航 106
任务准备 107
6.1　单片机复位电路与最小系统 107
6.1.1　单片机复位电路 107
6.1.2　单片机最小系统 108
典型案例 10　简单模拟交通信号灯控制系统设计 109
6.2　单片机控制数码管显示 117
6.2.1　LED 数码管结构 117
6.2.2　LED 数码管显示字形与字段码的关系 118
6.2.3　LED 数码管显示方式 119
典型案例 11　设计倒计时器 121
6.2.4　LED 点阵显示控制 123
典型案例 12　在 LED 点阵显示器上循环显示数字 125

  典型案例 13　带数码管显示的交通信号灯控制系统 127
 任务实施 129
 拓展延伸 129
  6.3　Proteus 绘制 PCB 图 129
   6.3.1　PCB 设计界面 130
   6.3.2　PCB 菜单 133
  6.4　1602 字符型 LCM 135
   6.4.1　1602 字符型 LCM 的结构 135
   6.4.2　1602 字符型 LCM 与单片机的连接 136
   6.4.3　1602 字符型 LCM 的应用 137
  典型案例 14　液晶显示大湾区欢迎词 139
 作业 141
 知识梳理与总结 141

任务 7　基于扩展口的交通信号灯控制系统设计 142
 任务单 142
 教学导航 142
 任务准备 143
  7.1　单片机的简单扩展 143
   7.1.1　外部总线结构 143
   7.1.2　地址锁存器和总线驱动器 144
   7.1.3　并行 I/O 端口简单扩展 145
  典型案例 15　单片机控制霓虹灯 148
  典型案例 16　利用 74LS373 扩展并行口设计交通信号灯控制系统 151
 任务实施 153
 拓展延伸 154
  7.2　存储器的扩展 154
   7.2.1　程序存储器的扩展 154
   7.2.2　数据存储器的扩展 156
   7.2.3　存储器的综合扩展 163
 作业 164
 知识梳理与总结 164

任务 8　设计舵机控制系统 165
 任务单 165
 教学导航 165
 任务准备 166
  8.1　A/D 接口技术 166
   8.1.1　A/D 转换基本知识 166
   8.1.2　ADC0831 166
  典型案例 17　空调环境温度的定时检测 168

典型案例 18　利用 ADC0831 实现舵机转动角度的自动调节 170
　8.2　D/A 接口技术 171
　　8.2.1　D/A 转换基本知识 172
　　8.2.2　8 位通用 D/A 转换器 DAC0832 172
　　典型案例 19　函数信号发生器设计 174
任务实施 177
拓展延伸 177
　8.3　数字温度传感器 DS18B20 177
　　8.3.1　DS18B20 的引脚及内部结构 177
　　8.3.2　DS18B20 的读/写操作 179
　　8.3.3　DS18B20 的复位及读/写时序 180
　　典型案例 20　利用 DS18B20 检测环境温度 181
作业 184
知识梳理与总结 185

任务 9　设计六轴机械臂控制系统 186

任务单 186
教学导航 186
任务准备 187
　9.1　键盘与单片机的连接 187
　　9.1.1　按键及其抖动问题 187
　　9.1.2　独立式按键接口技术 187
　　典型案例 21　按键启动和停止六轴机械臂转动 189
　　9.1.3　矩阵式键盘接口技术 191
　　典型案例 22　数码管显示矩阵式键盘的输入信息 192
　　典型案例 23　矩阵式键盘控制六轴机械臂转动 195
任务实施 198
拓展延伸 198
　9.2　MCS-51 单片机的串行口 198
　　9.2.1　串行口的结构 198
　　9.2.2　串行口的工作方式 200
　　典型案例 24　单片机串行口外接扩展口控制流水灯 201
　　9.2.3　串行口的波特率 205
　　典型案例 25　双单片机通信 206
　　典型案例 26　单片机与个人计算机串行口通信仿真 210
　　典型案例 27　基于个人计算机串行口通信的六轴机械臂控制系统设计 213
作业 216
知识梳理与总结 217

综合实训任务　设计与制作温度报警器 218

任务 1
利用单片机设计交通信号灯

任务单

扫一扫看教学课件：单片机控制单灯亮灭

任务描述	假设城市十字路口的红、绿、黄交通信号灯是由单片机控制的,这是本书设计的第一个综合性任务,任务 1~任务 7 都是围绕完成这一综合性任务开展学习的。单片机是一种芯片,我国的科技人员继承和发扬了科学家精神,不断加速自主研发的进程,成功开发出了具有自主知识产权的"中国芯"。这是我国科技自立自强的重要成果。作为工科学子,我们肩负着为"中国芯"的发展做出贡献的责任,我们应该努力学习,不断提高自己的专业知识和技能,为我国的芯片产业做出贡献。 交通信号灯是城市交通控制系统的重要组成部分,对于保障道路交通安全、提高交通效率有着至关重要的作用。交通信号灯的控制系统是一个复杂的系统,因此我们需要系统学习单片机相关的知识才能完成这一任务。首先从一个简单的任务开始,这一简单的任务是实现一个路口的交通信号灯亮灭,即让单片机连接 3 个发光二极管(颜色为红色、绿色、黄色,分别代表红灯、绿灯和黄灯),控制任意一个交通信号灯亮,而其他两个交通信号灯不亮
任务要求	由 P0 口的 3 个引脚连接 3 个发光二极管(如图 1-1 所示,P0 口各引脚分别连接红色、绿色、黄色 3 种颜色的发光二极管),实现"让黄灯亮,其他两个灯不亮"的功能
实现方法	(1)利用 Proteus 仿真运行,实现任务要求的功能。(2)在开发板等实训设备上按任务要求连线,将目标程序下载到单片机上运行

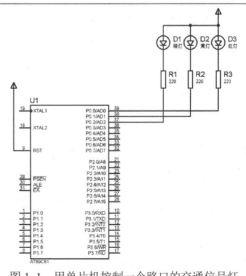

图 1-1 用单片机控制一个路口的交通信号灯

教学导航

知识重点	单片机应用系统设计流程、单片机的基本结构
知识难点	单片机应用系统设计流程
推荐教学方式	从任务入手，通过让学生完成用单片机控制单个发光二极管的亮灭任务，使学生初步了解单片机应用系统设计的基本流程及单片机的基本结构，熟悉单片机应用系统设计的开发环境
建议学时	2学时
推荐学习方法	通过对教师提供的电路原理图和给定的程序进行调试，初步学会使用Proteus 8完成电路原理图的设计、程序编辑、编译、调试与仿真运行方法，理解相关理论知识，学会应用
必须掌握的理论知识	（1）单片机的基本结构。（2）单片机应用系统设计流程
必须练就的技能	利用Proteus 8设计电路原理图，编辑、编译、调试与仿真运行C51程序
需要培育的素养	（1）安全意识、集体意识、团队合作意识。（2）家国情怀、责任担当

任务准备

1.1 什么是单片机应用系统

 扫一扫看微课视频：开启单片机学习之旅

 扫一扫看思维导图：单片机应用系统设计流程

1.1.1 单片机及其应用系统

 扫一扫看教学课件：单片机基本结构

1. 单片机

单片机是将CPU、存储器、定时器/计数器等集成在一块芯片中的微型计算机，也称为单片微型计算机。

Intel公司的MCS-51单片机在我国的应用相当广泛。MCS-51单片机都是以8051为核心电路发展起来的，包括51子系列（基本型）和52子系列（增强型）两大类，因此它们都具有MCS-51单片机的基本结构与软件特征，并且具有很强的兼容性。

MCS-51单片机内部除包含一个独立的微型计算机硬件系统所必需的各种功能部件外，还有一些重要的功能扩展部件，其结构框图如图1-2所示。

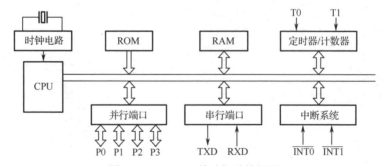

图1-2 MCS-51单片机结构框图

（1）1个8位的中央处理器（CPU，具有位处理功能）和1个全双工的异步串行端口（以下简称"串行口"）。

（2）2个16位定时器/计数器。

（3）3个逻辑存储空间：

① 64 KB 程序存储器空间［包括 4 KB 内部程序存储器（ROM）］；

② 128 B 内部数据存储器（RAM）；

③ 64 KB 数据存储器空间。

（4）4个双向并可按位寻址的 I/O 端口。

（5）5个中断源，具有两个优先级。

（6）片内还有振荡器和时钟电路。

提示：为方便记忆，MCS-51单片机的基本结构可以总结为如下口诀：1个CPU和1个串行口、2个定时器/计数器、3个逻辑存储空间、4个8位的并行端口（以下简称"并行口"）、5个中断源、6个特殊单元、8个通用寄存器、11个可位寻址的特殊功能寄存器。

2. 单片机应用系统

单片机实质上是一块芯片，它具有结构简单、控制功能强、可靠性高、体积小、价格低等优点，广泛应用于电子、工业控制、智能化仪器仪表、家用电器等领域，但是单个单片机是无法使用的，需要连接输入/输出设备、时钟电路、复位电路及电源等构成单片机应用系统才能起作用，单片机应用系统就是以单片机为核心，连接输入/输出、显示等相关电路，为完成某项具体任务而研制开发的用户系统。其实单片机连接了相关电路后，并不能让它自动工作，还要编写运行程序，因此单片机应用系统不仅包括硬件电路，还包括软件程序，二者缺一不可。

1.1.2　单片机应用系统开发的一般方法

扫一扫看教学课件：单片机应用系统开发的一般方法

单片机应用系统是为完成某项具体任务而研制开发的用户系统，可以分为智能仪器仪表和工业测控系统两大类。虽然每个系统都有很强的针对性，结构和功能也不相同，但它们的开发过程和方法大致相同，下面介绍单片机应用系统开发的一般方法和步骤。单片机应用系统开发的一般步骤如图1-3所示。

1. 确定任务

开发任何一个应用系统，都必须以市场需求为前提。因此，在系统设计前，首先要进行广泛的市场调查，了解该系统的市场应用概况，分析系统当前存在的问题，研究系统的市场前景，确定系统开发设计的目的和目标。在此基础上，再对系统的具体实现进行规划，包括应该采集的信号的种类、数量、范围，输出信号的匹配和转换，控制算法的选择，以及技术指标的确定等。

2. 总体设计

在对应用系统进行总体设计时，应根据应用系统提出的各项技术性能指标，制定出性价比最高的总体方案。首先应根据任务的繁杂程度和技术指标要求选择机型（Atmel 公司的 89 系列单片机是目前我国用得比较广泛的单片机，如 AT89C2052、AT89C4051、AT89S51、ST89S52、AT89S8253 等，因此我们可以选择这些单片机，也可以选用 STC 公司生产的 STC89C52RC 等目前比较流行的单片机）。选定机型后，再选择系统中用到的其他外围元器件，如传感器、执行元器件等。

提示：在选取单片机机型和元器件时，应注意以下几点。

（1）性能特点要适合所要完成的任务，避免过多的功能闲置。

（2）性能价格比要高，以提高整个系统的竞争力。

（3）结构原理要熟悉，以缩短开发周期。

（4）货源要稳定，有利于批量的增加和系统的维护。

在总体方案的设计过程中，对软件和硬件进行分工是一个重要的环节。用硬件实现的速度比较快，节省 CPU 的时间，但系统的硬件接线复杂、系统成本较高。而用软件实现则较为经济，但要更多地占用 CPU 的时间，原则上能够用软件实现的任务就尽量用软件来实现，以降低成本，简化硬件结构。如果系统回路多、实时性要求高，则要考虑用硬件完成。同时，还要求大致规定各接口电路的地址、软件的结构和功能、上下位机的通信协议、程序的驻留区域及工作缓冲区等。总体方案一旦确定，系统的大致规模及软件的基本框架就确定了。

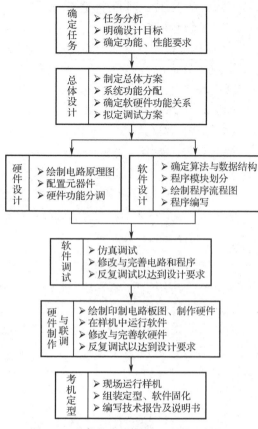

图 1-3　单片机应用系统开发的一般步骤

3. 硬件设计

硬件设计是根据总体方案要求，在确定单片机机型的基础上，具体确定系统中所要使用的元器件，设计出系统的电路原理图。

（1）单片机电路设计：主要完成时钟电路、复位电路、供电电路的设计。

（2）扩展电路和输入/输出通道设计：主要完成程序存储器、数据存储器、传感器电路、放大电路、多路开关、A/D 转换电路、开关量接口电路、驱动及执行机构的设计。

4. 软件设计

单片机应用系统的软件设计是研制过程中任务最繁重的一项工作，难度也比较大。单片机应用系统的软件主要包括两大部分：用于管理单片机系统工作的监控程序和用于执行实际具体任务的功能程序。对于前者，应尽可能利用现成微型计算机系统的监控程序。为了适应各种应用的需要，许多单片机应用系统的监控软件功能相当强，并附有丰富的实用子程序，可供用户直接调用，如键盘管理程序、显示程序等。因此，在设计系统硬件逻辑和确定应用系统的操作方式时，应充分考虑这一点。这样可大大减少软件设计的工作量，提高编程效率。对于后者，应根据应用系统的功能要求来编写程序，如外部数据采集、控制算法的实现、外围元器件驱动、故障处理及报警程序等。软件设计通常采用模块化程序设计方法、自顶向下的程序设计方法。

任务 1 利用单片机设计交通信号灯

5. 软件调试

利用 Proteus 等开发工具进行仿真调试,除发现和解决程序错误外,也可以发现硬件故障。软件调试的原则是先单步后连续、先分块后组合、先独立后联机。软件调试一般是各模块、各子程序分别调试,最后联合起来统调。在调试过程中,要不断调整、修改系统的硬件和软件,直到其正确为止。

6. 硬件制作与联调

根据电路原理图绘制印制电路板图,经过必要的实验后完成工艺结构设计、印制电路板制作和样机的组装等,进行样机联调,包括印制电路板加电运行后观察其运行状态、电源指示灯是否点亮、各电容和电阻有无过热等,用万用表测量各模块和端口,看其是否有高电压、大电流。通过调试,排除系统的硬件电路故障,包括设计性错误和工艺性故障。必要时要对原电路原理图进行修改完善。

7. 考机定型

样机联调运行正常后,将软件目标程序下载到芯片中,脱机运行,并到生产现场投入实际工作中,检验其可靠性和抗干扰能力,直到完全满足要求,系统才算研制成功。

典型案例 1　用单片机控制一个发光二极管亮

如图 1-4 所示,让单片机连接绿色、黄色、红色三种颜色的发光二极管(代表一个路口的交通信号灯),要求一个发光二极管亮(假定让最右边的绿灯亮),请实现这个功能。

步骤 1:确定任务

本案例比较简单,只是要求用单片机控制一个发光二极管亮,假定让最右边的发光二极管亮,这就是这个案例的任务。

步骤 2:总体设计

本案例选用 AT89 系列单片机作为应用系统的控制器(单片机),连接三个发光二极管,控制三个发光二极管亮。

步骤 3:硬件设计

本书采用 Proteus 作为单片机应用系统的开发工具,该软件是英国 Labcenter Electronics 公司开发的 EDA 工具软件,可以进行模拟电路、数字电路、A/D 混合电路的设计与仿真、PCB(印制电路板)设计、脚本编程,还可以进行微处理器控制电路设计和实时仿真。

(1)单击"开始"→"Proteus 8 Professional"→"Proteus 8 Professional"命令,如图 1-5 所示,启动 Proteus,打开 Proteus 系统界面,如图 1-6 所示。

(2)单击"文件"菜单下的"新建工程"命令,打开"新建工程"对话框。单击该对话框中的"浏览"按钮,选择新建工程的文件夹,如图 1-7 所示。再给工程命名,如 led,单击"下一步"按钮。

(3)打开"新建工程向导:Schematic Design"对话框,单击"从选中的模板中创建原理图"单选按钮,选择"DEFAULT"选项,单击"下一步"按钮,如图 1-8 所示。如果不需要绘制原理图,则可直接单击"不创建原理图"单选按钮。

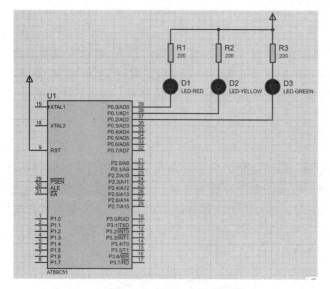

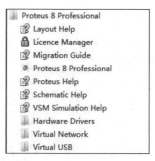

图1-4 案例1电路原理图　　　　　　　　图1-5 启动Proteus

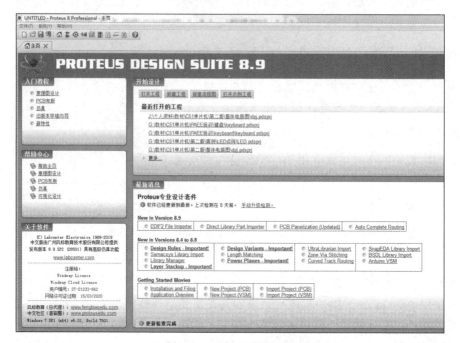

图1-6 Proteus系统界面

（4）进入"新建工程向导：PCB Layout"对话框，先单击"不创建PCB布版设计"单选按钮，再单击"下一步"按钮，如图1-9所示。如果要制作硬件，则可单击"基于所选模板，创建PCB布版设计"单选按钮。

（5）进入"新建项目向导：固件"对话框，单击"创建固件项目"单选按钮，并设置"系列""控制器""编译器"，如图1-10所示。如果需要自己手动放置控制器和手动创建固件项目，则可直接单击"没有固件项目"单选按钮。

① 系列。选择微处理器IP核，默认为8051 IP核，单击"系列"下拉按钮可以选择其他IP核。

任务 1　利用单片机设计交通信号灯

图 1-7　新建工程

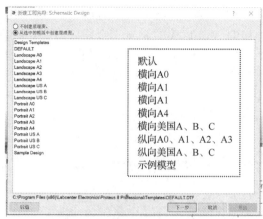

图 1-8　选择创建原理图的模板

② 控制器。选择微处理器，单击"控制器"下拉按钮可以选择支持 8051 IP 核的具体微处理器。

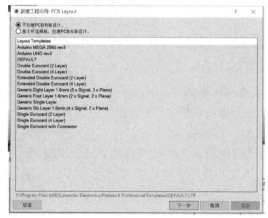

图 1-9　创建 PCB

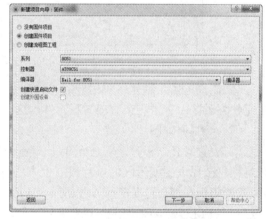

图 1-10　创建固件项目

③ 编译器。单击"编译器"下拉按钮，选择 Proteus VSM 支持的编译器，如果该编译器没有匹配安装，则该编译器后面会显示"no configured"。单击"编译器"按钮，打开"编译器"对话框，单击拟安装编译器后面的"下载"或"打开网站"按钮，下载编译器，并进行安装。

④ 创建快速启动文件。勾选"创建快速启动文件"复选框，表示快速创建程序代码，否则创建空白 Code 文件。

（6）单击"下一步"按钮，完成新建工程向导，打开 Proteus 原理图绘制界面，如图 1-11 所示。

① 在原理图编辑区有一个 AT89C51 单片机，首先选择所需要的元

图 1-11　Proteus 原理图绘制界面

件，单击 Proteus 最左边工具栏中的 ▷ 按钮，选择"元件模式"，再单击元件列表区的 P 按钮，打开"选择元器件"对话框，在"关键字"文本框中输入"led-"，在"结果"中查找"LED-YELLOW"，如图 1-12 所示，双击该元件，则在元件列表区中有了一个"LED-YELLOW"元件且不关闭"选择元器件"对话框，"LED-YELLOW"元件为黄色发光二极管，再双击"LED-GREEN""LED-RED"两个元件。

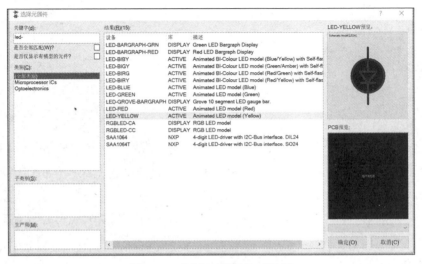

图 1-12 "选择元器件"对话框

② 在"选择元器件"对话框的"关键字"文本框中输入"res"，单击"确定"按钮，则在元件列表区中有了一个"RES"元件，这一元件为电阻，图 1-13 显示了所选择的元件。

(7) 绘制原理图。

① 放置发光二极管。在 Proteus 原理图绘制界面中单击元件列表区的"LED-RED"元件，把鼠标移至原理图编辑区的单片机右上方的合适位置并双击左键，即可把发光二极管放置好（注意要阳极在上、阴极在下），如图 1-14 所示。再按同样的方法在右边放置 2 个发光二极管（"LED-YELLOW"和"LED-GREEN"），分别为黄灯和绿灯。

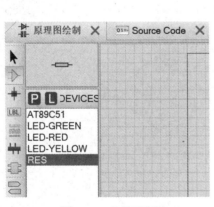

图 1-13 元件列表区

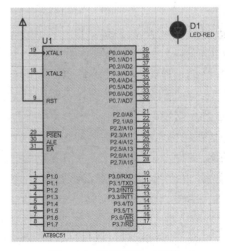

图 1-14 放置发光二极管

② 放置电阻。单击元件列表区的"RES"元件，把鼠标移至一个发光二极管的下方，双

击左键放置电阻元件,但此时电阻是水平放置的,右击这一元件,弹出如图 1-15 所示的快捷菜单,选择"顺时针旋转"(或"逆时针旋转")命令,电阻自动旋转 90°。针对电阻来说,还要设置电阻的阻值为 220 Ω,否则其默认阻值为 1 kΩ,阻值太大,会导致发光二极管不发光,设置方法为双击电阻,打开"编辑元件"对话框,在"Resistance"文本框中输入"220"(默认单位为欧姆),单击"确定"按钮,如图 1-16 所示。

图 1-15 快捷菜单　　　　　　图 1-16 "编辑元件"对话框

③ 复制电阻。单击刚才编辑的电阻,再单击工具栏中的"块复制"按钮,分别移动鼠标指针至另外两个发光二极管的下面。

④ 连线。单击绿色发光二极管下端的连接点(当鼠标指针靠近这个连接点时,会出现一个红色正方形,此时单击鼠标左键),移动鼠标指针到其下面电阻上端的连接点,同样会出现一个红色正方形,此时单击鼠标左键,粉红色线变成了深绿色线,表示这两个元件实现了连接,用同样的方法将另外两个发光二极管和电阻相连,再让红色发光二极管、黄色发光二极管、绿色发光二极管分别与单片机的 P0.0、P0.1、P0.2 相连。

⑤ 连接电源。单击 Proteus 最左边工具栏中的 按钮,进入终端模式,在元件列表区中出现许多终端,包括电源(POWER)终端、接地(GROUND)终端、输入(INPUT)终端、输出(OUTPUT)终端等,这里选择电源终端并放到最左边的发光二极管的上面,再在电源终端和各发光二极管的阳极连线,表示三个发光二极管的阳极与电源相连了。要注意的是,放置电源、地等终端后要单击 Proteus 最左边工具栏中的 按钮,回到元件模式才能添加新的元件。

通过上述步骤就完成了电路原理图的设计,即硬件设计。

步骤 4:软件设计

单击 Proteus 原理图绘制界面中的"源代码"选项页,可以看到 Proteus 已经写好了默认程序 main.c,如图 1-17 所示,单片机程序是 C 语言程序,我们称其为 C51。我们直接对该程序进行修改即可完成软件

图 1-17 Proteus 的默认程序

设计,为什么 Proteus 会自动写好默认程序呢?这是因为我们在"新建项目向导:固件"对话框中,勾选了"创建快速启动文件"复选框,如图 1-10 所示。

图 1-4 中,3 个发光二极管的阳极连在一起,并且公共端接到+5 V,每个发光二极管的阴极接到单片机的 P0 口(并行 I/O 端口,有关工作原理将在任务 2 进行详细说明)。很显然要使哪个发光二极管亮,则向 P0 口的相应位传送 0 即可,本案例要使最右边发光二极管亮,则向 P0.2 传送 0,其他发光二极管不亮,则向 P0.1 和 P0.0 传送 1,即向 P0 口传送二进制数 11111011。本案例的源程序如下。

```
#include <reg51.h>
void main(void)
{
  // Write your code here
  P0=0xfb;     //给并行 I/O 端口 P0 赋值,该值为二进制数 11111011
  while(1);
}
```

(在这里撰写你的代码。)

(扫一扫看相关知识:数制与编码)

我们在编写程序时,只需要在注释"// Write your code here"下输入"P0=0xfb"即可。

C51 程序是由语句组成的,对于上述程序的各行语句说明如下。

第一行:#include<reg51.h>,这是一句预处理语句,预处理语句不是可执行语句,它应放在函数之外,并且一般都放在源文件的前面。编译系统对程序进行通常的编译(包括词法分析、语法分析、代码生成、代码优化等)之前,先对程序中这些特殊的命令进行预处理,然后将预处理的结果和源程序一起进行通常的编译处理,以得到目标代码。上述预处理语句称为文件包含语句。所谓"文件包含",是指一个源文件将另外一个文件的内容全部包含到本文件中,因为被包含的文件中的一些定义和命令使用的频率很高,几乎每个程序都可能要用到,为了提高效率,减少编程人员的重复劳动,将这些定义和命令单独组成一个文件,如 reg51.h。上述语句表示本程序把 reg51.h 文件包含进来,该文件包含了对并行 I/O 端口等几乎内部所有寄存器的定义("reg"是"register"寄存器的缩写)。在 C51 中预定义了许多像 reg51.h 的文件,它们都以.h 为扩展名,这类文件称为库文件。

文件包含命令行的一般形式为:

```
#include "文件名"
#include <文件名>
```

使用双引号表示首先在当前的源文件目录中查找,若未找到,则在包含目录中查找。编程时可根据自己文件所在的目录来选择某一种命令形式,这一般用于程序员自己定义的文件(有时程序员为了编程的方便,自己定义一些以".h"为扩展名的文件,称为头文件);使用尖括号表示在包含文件目录中查找库文件(包含文件目录是安装 C51 集成开发系统时自动生成的,也可由用户在设置环境时设置),而不在源文件目录中查找。

第二行:void main(void)是程序运行的起点,main()称为主函数,所有的程序都要定义这个函数,否则程序运行时找不到起点,不能执行,一个程序只能有一个 main()函数。因此我们在自己定义头文件时,不能定义包含主函数,库文件中也不可能定义主函数。

第三行和第七行:{},这是一对花括号,它是一个语句块的起始和结束的标志,在本程

任务1 利用单片机设计交通信号灯

序中表示这对花括号内的所有语句都是主函数的内容。

第四行：// Write your code here，这是一行注释，用于说明程序段、函数等功能，本行注释的意思是"在这里撰写你的代码"，这是 Proteus 系统给程序员的提示。在 C51 中添加注释有两种方法：一是单行注释，以"//"开始，表示这一行是注释；二是多行注释，有时注释需要用多行表示，这时把注释内容以"/*"开始、以"*/"结束。

第五行：这一行是我们在这个程序中唯一写的语句，其他内容均是 Proteus 自动生成的快速代码，"//"后面的是注释，P0=0xfb;语句表示把二进制数 11111011 以十六进制数表示，把该数赋值给 P0，使得单片机 P0 的 P0.2 为 0（低电平，与这位相连的发光二极管导通发光），其他位为 1（高电平，与这些位相连的发光二极管截止不发光）。

第六行：while(1);是 C51 的一个循环语句，由于第五行的语句实现了本案例的功能，在单片机的程序中，一般在单片机要实现的功能结束后会写这个语句，防止单片机不断运行该程序，造成程序运行出现不可预料的结果。

分享讨论：针对上述程序的最后一个语句"while(1);"，请大家查阅相关资料并分组进行讨论："while(1);"语句实现什么样的功能？在上述程序中起什么作用？不用这个语句可以吗？

步骤 5：软件调试

（1）程序编译。

与 C 语言程序一样，C51 程序编写完成后，要对程序进行编译，选择"构建"→"构建工程"选项，即可对当前工程进行编译、连接并生成目标代码。如果选择"构建"→"重新构建工程"选项，则将对当前工程中的所有文件（无论是否修改过）重新进行编译。

编译过程中的信息将出现在"VSM Studio 输出"窗口中，如图 1-18 所示，可看到该程序的代码量（code=20）、内部 RAM 的使用量（data=9.0）、外部 RAM 的使用量（xdata=0）等信息。如果出现"编译成功"，则表示程序没有语法问题；如果出现如图 1-19 所示的信息，则表示出错，单击超链接可以定位到出错所在的行，查找程序错误。

```
VSM Studio输出

C51 COMPILATION COMPLETE.   0 WARNING(S),   0 ERROR(S)
"..\..\..\..\..\..\..\..\Program Files (x86)\Labcenter Electronics\Proteus 8 Professional\Tools\MAKE\RunTool.exe"
BL51 BANKED LINKER/LOCATER V6.22 - SN: K1CMC-BMQ9CC
COPYRIGHT KEIL ELEKTRONIK GmbH 1987 - 2009

Program Size: data=9.0 xdata=0 code=20
LINK/LOCATE RUN COMPLETE.   0 WARNING(S),   0 ERROR(S)
编译成功。
```

图 1-18　编译完成的信息

```
VSM Studio输出
"..\..\..\..\..\..\..\..\Program Files (x86)\Labcenter Electronics\Proteus 8 Professional\Tools\MAKE\RunTool.exe"
C51 COMPILER V9.02 - SN: K1CMC-BMQ9CC
COPYRIGHT KEIL ELEKTRONIK GmbH 1987 - 2010
*** ERROR C141 IN LINE 17 OF ..\MAIN.C: syntax error near 'while'

C51 COMPILATION COMPLETE.   0 WARNING(S),   1 ERROR(S)
make: *** [main.OBJ] Error 1

错误代码2
```

图 1-19　编译出错的信息

C51 单片机应用设计与技能训练（第 2 版）

（2）仿真运行。

编译成功后就可以仿真运行，单击 Proteus 主界面底部仿真工具栏（见图 1-20）中的"运行"按钮▶，即可以看到最右边的绿色发光二极管亮了，如图 1-21 所示。如果没有出现这个现象，则表明程序或电路及相关元器件参数有错误，需要仔细查找其中的原因，并对程序或电路进行修改，直到结果正确。

由于本案例只需要仿真运行成功即可，因此没有后续步骤。

图 1-20　仿真工具栏

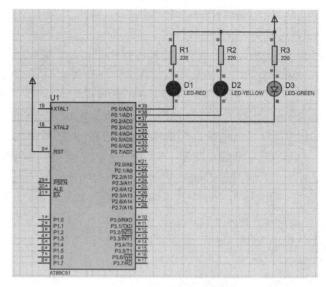

图 1-21　仿真运行结果

任务实施

任务实施步骤及内容详见任务 1 工单。

扫一扫看任务 1 工单

拓展延伸

1.2　Proteus 软件的使用

Proteus 软件是世界上著名的 EDA 工具，是由英国 Labcenter Electronics 公司开发的。该软件可以通过普客圈注册，下载试用版，如图 1-22 所示。Proteus 从原理图布图、代码调试到单片机与外围电路协同仿真，一键切换到 PCB 设计，真正实现了从概念到产品的完整设计。它是目前唯一将电路仿真软件、PCB 设计软件和虚拟模型仿真软件三合一的设计平台。Proteus 具有独一无二的仿真功能，被广泛应用于全球众多电子企业的生产和研发中。

扫一扫看微课视频：Proteus 软件的使用

扫一扫看思维导图：Proteus 软件的使用

图 1-22　注册普客圈，下载 Proteus 试用版

1.2.1 Proteus 简介

Proteus 主要有三大结构体系，即 Schematic Capture、PCB Layout、VSM Studio IDE，如表 1-1 所示。

表 1-1 Proteus 功能表

模块	功能	说明
Schematic Capture	ISIS 原理图设计和仿真	ISIS：智能原理图输入系统
	交互式仿真、图表仿真	
	虚拟激励源	
	丰富的辅助工具	
PCB Layout	自动布线布局	
	覆铜操作	
	Gerber View	
	功能强大的 PCB 辅助工具	PCB：印制电路板
VSM Studio IDE	VSM Studio	VSM：虚拟系统模型
	支持程序单步、中断调试	
	支持多种嵌入式微处理器	不仅可以仿真 MCS-51、AVR、PIC、MSP430、Basic Stamp 和 HC11 等多种 MCU（微控制单元），还可以仿真 GAL Device（AM29M16 等）、DSP（TI TMS320F2802X）、ARM（Philip ARM7）/Cortex 和 8086（Intel）等
	硬件中断源、Active Popups	

1. Proteus 软件特点

（1）交互式的电路仿真。用户可以实时采用 LED/LCD、键盘、RS-232 终端等动态外围器件模型来对设计电路进行交互仿真。

（2）仿真处理器及其外围电路。可以仿真 MCS-51 系列、AVR 系列、PIC 系列等常用主流单片机。还可以直接在基于原理图的虚拟原型上编程，再配合显示及输出，能看到运行后输入/输出的效果。配合系统配置的虚拟逻辑分析仪、示波器等，Proteus 建立了完备的电子设计开发环境。

2. Proteus 所提供的资源

（1）Proteus 提供仿真元器件资源，如仿真数字和模拟、交流和直流等数千种元器件。

（2）Proteus 提供仿真仪表资源，如示波器、逻辑分析仪、虚拟终端、SPI 调试器、I^2C 调试器、信号发生器、模式发生器、交直流电压表、交直流电流表。在理论上，同一种仪器可以在一个电路中随意调用。

（3）除了现实存在的仪器，Proteus 还提供一个图形显示功能，可以将线路上变化的信号，以图形的方式实时地显示出来，其作用与示波器相似，但功能更多。这些虚拟仪器仪表具有理想的参数指标，如极高的输入阻抗、极低的输出阻抗。这些功能减小了仪器对测量结果的影响。

（4）Proteus 提供比较丰富的测试信号用于电路的测试。这些测试信号包括模拟信号和数字信号。

3. 用 Proteus 实现软件仿真

（1）Proteus 支持多种主流单片机系统的仿真，如 MCS-51 系列、AVR 系列、PIC12 系列、PIC16 系列、PIC18 系列、Z80 系列、HC11 系列、68000 系列等。

（2）Proteus 提供软件调试功能。

（3）Proteus 提供丰富的外围接口器件及其仿真功能，如 RAM、ROM、键盘、电动机、LED、LCD、部分 SPI 器件、部分 I^2C 器件。

（4）Proteus 提供丰富的虚拟仪器。Proteus 利用虚拟仪器在仿真过程中可以测量外围电路的特性，培养学生实际硬件的调试能力。

（5）Proteus 具有强大的原理图绘制功能。

4. 用 Proteus 单独仿真

在 Proteus 绘制好原理图后，调入已编译好的目标代码文件"*.HEX"，就可以在 Proteus 的原理图中看到模拟的实物运行状态和过程。

1.2.2 Proteus 主界面

1. Proteus 的启动

启动 Proteus 的方法有两种：一是双击桌面的 Proteus 8 Professional 图标（如果启动后使用不正常，可以右击该图标，在弹出的快捷菜单中单击"以管理员身份运行"命令）；二是单击"开始"→"Proteus 8 Professional"→"Proteus 8 Professional"命令。

启动 Proteus 后，打开 Proteus 系统界面，如图 1-6 所示，系统界面主要包括主菜单栏、主工具栏和主页三大部分。一般对系统界面操作得少，下面对其做简要介绍。

2. 主菜单栏

主菜单栏包括"文件"菜单、"系统"菜单和"帮助"菜单。其中，"文件"菜单主功能是新建工程和对工程进行其他操作，具体功能如图 1-23 所示；"帮助"菜单主要提供帮助信息，其功能如图 1-24 所示；"系统"菜单比较复杂，其主要功能是进行系统设置、更新管理和语言版本更新。

图 1-23 "文件"菜单

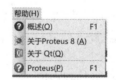

图 1-24 "帮助"菜单

1）系统设置

单击"系统设置"命令，打开"系统设置"对话框，如图 1-25 所示，包括全局设置（Global Setting）、仿真设置（Simulation Setting）、PCB 布版设置、（PCB Design Setting）和崩溃报告（Crash Reporting）4 项参数设置。

（1）全局设置。从图 1-25 中可以看出，全局设置主要包括工程初始化路径、相关文件夹

的添加和删除、文件夹路径排序、最大撤销次数等。

（2）仿真设置。仿真设置主要包括仿真模型路径、仿真结果路径、保存仿真结果的最大空间（默认 10000 KB）设置，如图 1-26 所示。

图 1-25　全局设置

图 1-26　仿真设置

（3）PCB 布版设置。PCB 布版设置主要包括 CAD CAM 默认输出路径、3D/CAD 模型的文件夹路径、曲面细分缓存的文件夹路径，如图 1-27 所示。

（4）崩溃报告。崩溃报告包括三个参数，即如何向 Labcenter 上传错误报告、每隔多少天检查解决方案和每隔多少天删除过期报告，如图 1-28 所示。

图 1-27　PCB 布版设置

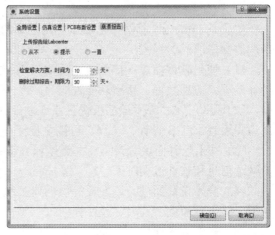

图 1-28　崩溃报告

2）更新管理

"更新管理"命令用于实现自动更新（升级检测）。

3）语言版本更新

"语言版本更新"命令用于修复或者更新语言版本，将删除现有的语言包。单击"语言版本更新"命令，打开如图 1-29 所示的对话框，单击"Remove and Download"按钮表示从服务

图 1-29　"修复语言包"对话框

器上下载安装包；单击"Select language pack"按钮表示选择语言安装包的存放路径后进行安装；单击"取消"按钮表示放弃语言修复。

3. 主工具栏

主工具栏显示位图式按钮的控制条，位图式按钮用来执行命令功能。如图1-30所示，主工具栏包括工程工具栏、帮助工具栏和应用模块工具栏，具体功能如表1-2所示。

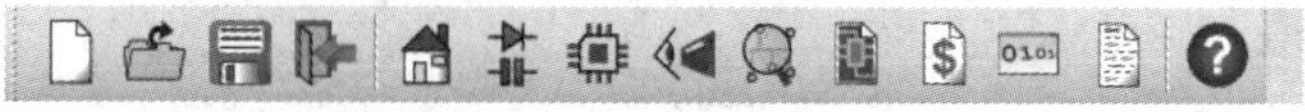

图1-30 主工具栏

表1-2 主工具栏工具的功能

主工具栏	图标	功能	主工具栏	图标	功能
工程工具栏		新建工程	应用模块工具栏		PCB设计
		打开工程			3D预览
		保存工程			Gerber观察器
		关闭工程			设计浏览器
帮助工具栏		帮助预览			元器件清单
应用模块工具栏		主页			程序代码
		原理图设计			工具备注

4. 主页

主页是Proteus 8相对于低版本应用的新模块，其主功能包括快速的超链接帮助信息、系统快捷操作面板。

（1）使用教程面板。该面板主要提供系统功能的帮助信息，包括原理图绘制教程、PCB设计教程、仿真教程、新增功能说明等。

（2）帮助中心面板。该面板提供系统功能的详细参考手册，包括Proteus 8框架帮助信息、原理图绘制、PCB设计、仿真、可视化设计工具等。

（3）关于软件面板。该面板主要显示Proteus的版本信息、用户信息、操作系统信息、官方网址信息和软件过期时间。

（4）开始设计面板。该面板提供创建工程、打开工程、新流程图、打开系统工程实例等功能，并显示最近工程名称及路径。

（5）最新消息面板。该面板主要提供自动更新、手动更新、新版本基本特性、快速入门视频和信息显示等功能，单击相应的命令或超链接进行相应的操作。

1.2.3 原理图绘制界面

当完成新建工程向导或在Proteus主界面单击 按钮后，即可打开原理图绘制界面，如图1-31所示，主要包括标题栏、菜单栏、命令工具栏、预览窗口、旋转工具栏、元件列表区、模式选择工具栏（主模式工具、配件模式工具、图形模式工具）、仿真工具栏、原理图编辑区和信息栏等。

任务 1　利用单片机设计交通信号灯

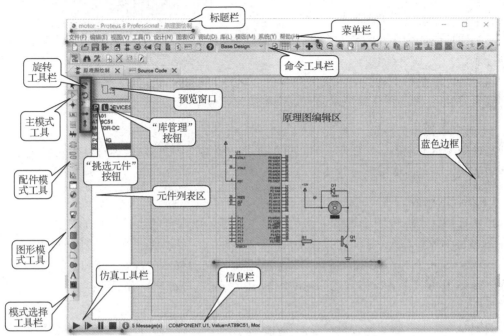

图 1-31　原理图绘制界面

1. 原理图编辑区

原理图编辑区是用来绘制原理图的，元件要放到原理图编辑区中。注意，原理图编辑区是没有滚动条的，用户可用预览窗口来改变原理图的可视范围。单击鼠标左键放置元件，单击鼠标右键选择元件；单击两次鼠标右键删除元件；先单击鼠标右键，再单击鼠标左键编辑元件属性；先单击鼠标右键，再按住鼠标左键可拖动鼠标移动元件；双击鼠标右键删除连线。

原理图编辑区显示正在编辑的电路原理图，可以通过单击"查看"→"重画"命令刷新显示内容，同时预览窗口中的内容也将被刷新。当单击其他命令导致显示错乱时，可以使用该特性恢复显示。

要使原理图编辑区显示一张大的原理图的其他部分，可以通过如下几种方式实现。

① 单击预览窗口中想要显示的位置，原理图编辑区将显示以单击点为中心的内容。

② 在原理图编辑区中按 Shift 键，移动鼠标指针到原理图编辑区边框，可使显示的图形平移。用鼠标指针指向原理图编辑区并按缩放键（F6/F7 键），原理图编辑区会以鼠标指针位置为中心重新显示。

③ 按住 Shift 键，同时在一个特定的区域按住鼠标左键拖一个框，此时框内的部分会被放大，该框可以在原理图编辑区中拖，也可以在预览窗口中拖。

1）缩放

针对原理图的缩放，可以进行如下操作。

（1）把鼠标指针移动至需要缩放的地方，按 F6 键可以放大原理图（连续按会不断放大，直到最大），按 F7 键可以缩小原理图（连续按会不断缩小，直到最小），这两种情况无论哪种，操作之后，都会使原理图编辑区以当前鼠标指针位置为中心重新显示。

（2）按 F8 键可以把一整张原理图缩放到完全显示出来。也可以把鼠标指针移动到需要缩放的地方，滚动鼠标滚轮缩放。

（3）原理图的大小可以通过单击"查看"→"放大"/"缩小"命令或者上述的功能键进行控制。

（4）还可以使用工具栏中的放大、缩小、全图、放大区域工具进行操作。

（5）按 Shift 键，按住鼠标左键不放拖曳出需要放大的区域。

2）点状栅格开关功能

原理图编辑区中的点状栅格，可以通过单击"查看"→"网格"命令打开或关闭。点与点之间的间距由当前捕捉的设置决定。

3）捕捉到栅格

当鼠标指针在原理图编辑区中移动时，坐标值是以固定的步长增长的，初始设定值是100，这被称为捕捉，能够把元件按栅格对齐。捕捉的尺度可以通过单击"查看"→"Snap 10th（Snap 50th、Snap 0.1 in、Snap 0.5 in）"命令设置，或者直接用快捷键 Ctrl+F1、F2、F3 和 F4 设置，Snap 10th 表示各栅格点之间的间距为 10 毫英寸，Snap 0.1 in 表示各栅格点之间的间距为 0.1 英寸。

如果想确切地看到捕捉位置，可以单击"查看"→"光标"命令，使光标在捕捉点显示一个小或大的交叉十字。

2. 预览窗口

预览窗口（The Overview Window）可显示两个内容：在元件列表区中选择一个元件时，它会显示该元件的预览图；当鼠标光标处于原理图编辑区时（放置元件到原理图编辑区后或在原理图编辑区中单击鼠标左键后），它会显示整张原理图的缩略图，并会显示一个绿色的方框，绿色的方框里面的内容就是当前原理图编辑区中显示的内容。因此，可通过在预览窗口中单击鼠标左键来改变绿色方框的位置，从而改变原理图的可视范围。

预览窗口通常显示整张原理图的缩略图，上面有一个 0.5 in（1 in=2.54 cm）的格子。青绿色的区域标出原理图的边框，同时预览窗口上的绿色方框标出在原理图编辑区中所显示的区域。

单击预览窗口，将会以单击位置为中心刷新原理图编辑区。

在下列情况下，预览窗口显示将要放置的对象的预览。

（1）一个对象在选择器中被选中时。

（2）单击"旋转"或"镜像"按钮时。

（3）为一个可以设定朝向的对象选择类型图标时。

3. 元件列表区

元件列表区用于挑选元件、终端接口、信号发生器、仿真图表等。当选择元件时，单击"P"按钮（"挑选元件"按钮），打开"选择元器件"对话框，选择一个元件并单击"确定"按钮后，该元件会在元件列表区中显示，以后要用到该元件，只需在元件列表区中选择即可。

4. 菜单栏

利用菜单栏中的命令可以完成电路原理图绘制的所有功能，限于

扫一扫看相关知识：Proteus 主菜单

任务1　利用单片机设计交通信号灯

篇幅，本书只简单介绍一些功能，有兴趣的读者请参考相关书籍。

（1）"文件"菜单：具有工程的新建、存储、导入、导出、打印等功能。

（2）"编辑"菜单：具有撤销、重做、查找、选择、复制、剪切及粘贴等编辑功能。

（3）"查看"菜单：具有原理图编辑区的定位、栅格的调整及图形的缩放等功能。

（4）"工具"菜单：具有自动连线、查找并选中、属性设置工具、全局标注、导入ASCII数据、电气规则检查、编译网络表、编译模型等功能。

（5）"设计"菜单：具有编辑设计属性、编辑原理图属性、编辑设计注释、设定电源范围、新建一张原理图、删除原理图、转到原理图、转到上一张原理图、转到下一张原理图、转到子原理图和转到主原理图等功能。

（6）"绘图"菜单：具有编辑仿真图形、增加跟踪曲线、仿真图形、查看日志、导出数据、清除数据、一致性分析和批处理模式一致性分析等功能。

（7）"调试"菜单：具有开始仿真、暂停仿真、停止仿真、运行仿真、不加断点仿真、运行仿真（时间断点）、单步、跳进函数、跳出函数、跳到光标处、连续单步、恢复弹出窗口、恢复可保存模型的数据、配置诊断信息、启动远程编译监视器等功能。

（8）"库"菜单：具有选择元件及符号、设置标号封装工具、存储本地对象、编译库、自动放置库、比较封装、库管理和库操作等功能。

（9）"模板"菜单：具有进入模板、应用默认模板、将原理图保存为模板等功能。

（10）"系统"菜单：具有系统设置、文本浏览器、设置各种选项（包括显示选项、快捷键、属性定义、纸张大小、文本编辑器、动画选项、仿真选项）及恢复出厂设置等功能。

5. 模式选择工具栏

模式选择工具栏各工具的具体含义如表1-3所示。

表1-3　模式选择工具栏各工具的具体含义

工具类别	工具图标	模式	含义
主模式工具		选择模式	用于即时编辑元件参数（先单击该图标，再单击要修改的元件）
		元件模式	选择元件（默认选择的），用于拾取和放置元件，以及进行元件库管理
		连接点模式	用于放置连接点，在不用连线工具的前提下，可方便地在连接点之间或连接点到电路中任意点或线之间连线
	LBL	连线标号模式	用于放置连线标号（使用总线时会用到），连线标号在绘制原理图时，具有非常重要的意义，它可以使连线简单化。比如，从MCS-51单片机的P2.0口和二极管的阳极各画出一条短线，并标注连线标号为1，则说明P2.0和二极管的阳极已经在电路上连接在一起了，而不用真的画一条线把它们连接起来
		文本脚本模式	用于放置文本
		总线模式	用于绘制总线，总线在电路原理图上表现出来是一条粗线，它代表的是一组连接线。当连接到总线上时，要注意标好连线标号
		子电路模式	用于放置子电路
配件模式工具		终端模式	用于放置电源、接地等终端。单击此图标后，元件列表区显示各种常用的终端，具体为 DEFAULT——默认的无定义终端、INPUT——输入终端、OUTPUT——输出终端、BIDIR——双向终端、POWER——电源终端、GROUND——接地终端、BUS——总线终端

C51 单片机应用设计与技能训练（第 2 版）

续表

工具类别	工具图标	模式	含义
配件模式工具		元件引脚模式	用于绘制各种引脚
		图形模式	用于进行各种分析，如 Noise Analysis
		调试弹出模式	调试弹出，在 VSM Studio 调试时，使用该工具选中的原理图会在源代码调试窗口中显示以方便调试
		激励源模式	用于放置直流电源、正弦激励源等信号发生器
		探针模式	用于放置电压探针、电流探针（方向要与导线方向一致，否则报错）
		虚拟仪器模式	用于放置示波器、逻辑分析仪等虚拟仪器
图形模式工具		二维直线模式	画各种直线，用于创建元件时画线或在原理图中画线，包括 PIN（用于引脚的连线）、PORT（用于端口的连线）、MARKER（用于标记的连线）、ACTUATOR（用于激励源的连线）、INDICATOR（用于指示器的连线）、VPROBE（用于电压探针的连线）、IPROBE（用于电流探针的连线）、GENERATOR（用于信号发生器的连线）、TERMINAL（用于端子的连线）、SUBCIRCUIT（用于支电路的连线）、2D GRAPHIC（用于二维图的连线）、WIRE DOT（用于线连接点的连线）、WIRE（用于线的连接）、BUS WIRE（用于总线的连线）、BORDER（用于边界的连线）、TEMPLATE（用于模板的连线）
		二维方框图形模式	画各种方框，用于创建元件时画方框图或在原理图中画方框图
		二维圆形图形模式	画各种圆形，用于创建元件时画圆或在原理图中画圆
		二维弧形图形模式	画各种圆弧，用于创建元件时画圆弧或在原理图中画圆弧
		二维闭合图形模式	画各种闭合曲线，用于创建元件时画闭合曲线或在原理图中画闭合曲线
		二维文本图形模式	画各种文本，用于在原理图中插入说明文字
		二维图形符号模式	用于从符号库中选择各种符号
		二维图形标记模式	用于在创建或编辑元件、符号、各种终端和引脚时产生各种标记符号

6. 旋转工具栏

：旋转，旋转角度只能是 90°的整数倍。
：翻转，完成水平翻转和垂直翻转。

7. 仿真工具栏

仿真工具栏为 ，分别是"运行"按钮、"单步运行"按钮、"暂停"按钮、"停止"按钮。

1.2.4 VSM Studio IDE

VSM Studio IDE，即 VSM Studio 集成开发环境，在 Proteus 8 中，VSM Studio IDE 为一个独立的应用程序，使单片机编程与硬件调试更方便快捷：①在固件自动加载成功后，会自动编译生成目标处理器；②新建工程向导，在选择目标处理器后，会自动生成一些固件基本的电路（如电源电路、复位电路等）；③既可以在原理图中调试，也可以在 IDE 中调试。

1. VSM Studio IDE 界面

在 Proteus 主界面中单击 图标或在打开的工程中，单击"源代码"选项卡，即可进入 VSM Studio IDE 主界面，如图 1-32 所示。该界面除菜单栏和工具栏外，还有工程窗口、编辑窗口和输出窗口。

任务1 利用单片机设计交通信号灯

（1）工程窗口：该窗口以工程树的形式列出了工程的所有文件，在不同类的下面又有不同的文件，在类名前面有一个▼按钮，单击该按钮可以使类内容展开或者收合。右击工程名，弹出工程快捷菜单，如图1-33所示；右击类名，弹出类快捷菜单，如图1-34所示。

（2）编辑窗口：该窗口有两大功能：一是编辑源程序代码；二是打开并

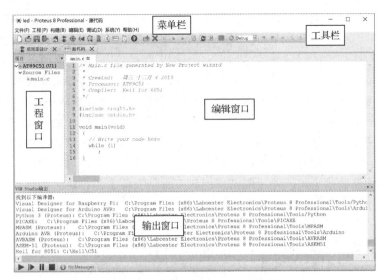

图1-32 VSM Studio IDE 主界面

显示自动生成的文件。当编辑窗口有多个文件时，每个文件名构成一个页标签，单击页标签名可以实现编辑窗口显示内容的切换，也可以按 Ctrl+Tab 快捷键切换。单击页标签名旁边的 按钮可以关闭该文件。

（3）输出窗口：该窗口主要显示程序调试编译信息、状态信息等。

（4）工具栏：工具栏提供了菜单栏中经常使用的命令图形按钮，如图1-35所示。其中，左边的工具按钮与主界面的工具按钮一样，不再赘述，右边的工具按钮功能如表1-4所示。

图1-33 工程快捷菜单

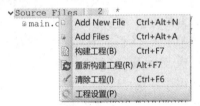

图1-34 类快捷菜单

图1-35 工具栏

表1-4 右边的工具按钮功能

工具按钮	功能描述	工具按钮	功能描述
	新建工程		上传文件
	删除工程		设置工程属性
	添加新文件到当前工程中，新建文件时加文件类型后缀	Debug	编译模式
	添加已经存在的文件到当前工程中		撤销
	从当前工程中移走文件		恢复
	构建工程（编译并生成目标代码）		剪切
	重新构建当前工程		复制
	停止编译		粘贴

（5）菜单栏：菜单栏包括文件、工程、构建、编辑、调试、系统、帮助7个菜单。

①"文件"菜单：具有新建工程、打开工程、打开模板工程、导入以前版本的工程、保存工程、工程以新的名称保存、关闭工程、打开工程文件夹、编辑工程描述、退出程序等功能；还会显示最近打开的工程文件，单击该工程文件可直接打开工程。

②"工程"菜单：针对新建或打开的工程进行相关操作，具有新建工程（程序）、在VSM Studio IDE中可以共用一个原理图来新建多个工程、删除工程、添加新文件、添加现有源程序文件、移除源程序文件、打开文件、关闭文件、打印文档等功能。

③"构建"菜单：具有构建工程（编译并生成目标代码）、重新构建工程、停止编译、清除工程、上传工程、对工程属性进行设置等功能。

④"编辑"菜单：用于完成编辑功能，可进行撤销、恢复、复制、剪切、粘贴、查找、替换操作。

⑤"调试"菜单：本菜单命令很重要，如图1-36所示，主要用于在完成源程序的编辑、编译与连接后，对工程进行仿真调试，包括仿真运行、单步运行、断点运行等。

⑥"系统"菜单：用于进行三项设置，即系统设置、编译器配置和编辑器配置。单击"系统设置"命令进行全局设置、仿真器设置、PCB设置。

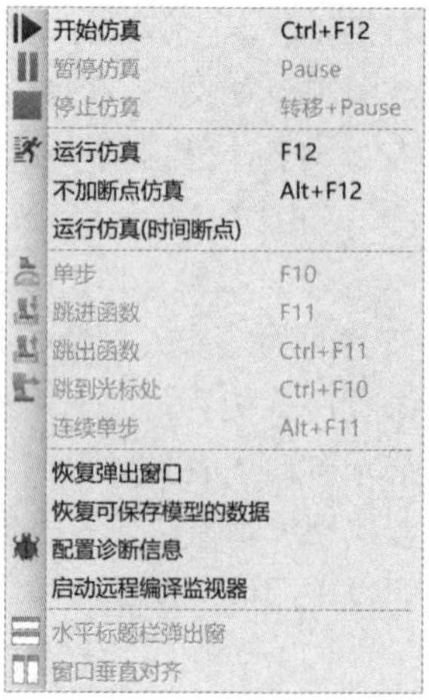

图1-36 "调试"菜单命令

2. VSM Studio IDE 配置

从上面有关VSM Studio IDE主界面的介绍来看，有许多功能我们已经熟悉，下面主要对编译器、编辑器的配置进行说明。

（1）编译器配置：VSM Studio IDE的最大优点就是可以自动检查和匹配其支持的编译环境，这样可以保证Proteus VSM能够正确地编译仿真并生成目标程序。不同的嵌入式微处理器有着不同的编译环境，Proteus VSM支持的编译器如表1-5所示。

表1-5 Proteus VSM 支持的编译器

编译器	说明	编译器	说明
Python 3.5（Proteus）	Python 编译器	HI-TECH C for PIC18	PIC18 编译软件
Arduino AVR（Proteus）	Proteus 提供的 Arduino 编译软件	HI-TECH C for PIC 10/12/16	PIC10/12/16 编译软件
Keil for 8051	Keil 8051 编译软件	IAR for 8051	8051 IAR 编译软件
Keil for ARM	Keil ARM 编译软件	IAR for ARM	ARM IAR 编译软件
Arduino AVR	Arduino 编译软件	MPLAB XC16	MPLAB XC16 编译软件
SDCC for 8051	SDCC8051 编译软件	MPLAB XC18	MPLAB XC18 编译软件
GCC for MSP430	MSP430 编译软件	MPLAB XC8	MPLAB XC8 编译软件
GCC for ARM	ARM 编译软件	MPASM（MPLAB）	MPLAB 汇编编译软件
CCS for PIC	PIC 编译软件	MPLAB C18	MPLAB C18 编译软件
WinAVR	8051 编译软件	MPLAB C30	MPLAB C30 编译软件
CodeComposer for Piccolo	Piccolo 编译软件	CodeComposer for MSP430	MSP430 编译软件
AVRASM	Proteus 提供的 AVR 汇编器	ASEM-51	Proteus 提供的 51 汇编器

① 编译器检测。当第一次安装 VSM Studio IDE 时，系统会自动扫描计算机上已经安装的能够支持的编译器。单击"系统"→"编译器配置"命令，打开"编译器"对话框，如图 1-37 所示。

在"已安装"栏中显示"是"表明已经安装编译器并已经配置通过。单击"检查全部"按钮，可以重新扫描和配置已经安装的编译器软件；在选择某一编译器后单击"检查当前"按钮，可以对此编译器单独进行配

图 1-37 "编程器"对话框

置；单击"手动设置"按钮，打开"打开"对话框，可以手动进行配置。配置完成后"已安装"栏中显示"是"，但不保证配置正确，因此最好单击"检查当前"按钮检查是否配置正确。在"编译器"对话框中还提供了一个快速下载编译器的方法，如果"已安装"栏中显示的是"下载"或"打开网站"，则表示对应的编译器是没有安装的编译器，但可以通过单击"下载"或"打开网站"快速下载编译器或者打开官方网站下载编译器。

检测完成后，单击"确定"按钮保存并退出。

② 编译器的配置。一旦编译器被检测到，则 Proteus VSM 自动配置为对源代码进行编译、调试，也会自动产生用于下载到目标电路板中的目标代码，这些配置被称为"调试（Debug）"和"发布（Release）"。

在实际中，Proteus VSM 多用于仿真，Debug 配置适合于 Proteus VSM 模式，因此在新建工程和调试时始终默认为 Debug 配置。

Debug 配置只提供仿真和调试，但在实际产品开发时，需要产生目标代码输出文件，以便通过一定的方式将目标代码固化到单片机中，此时需要将 Debug 配置切换到 Release 配置，其配置方法是直接单击工具栏中的"编译模式"按钮，将配置模式由 Debug 切换为 Release，如图 1-38 所示。为了使编译生成的目标文件保存在工程所在的文件夹中，还需要单击工具栏中的 按钮或单击"构建"→"工程设置"命令，打开"工程选项"对话框，将"嵌入式文件"复选框中的"√"去掉（不勾选），如图 1-39

图 1-38 设置配置模式

所示，否则目标文件会被存放在 Proteus 软件的缓存路径中。

（2）编辑器配置：单击"系统"→"编辑器配置"命令，打开如图 1-40 所示的对话框。

① "字体和颜色"选项卡：可以通过设置"设置类别"对"文本编辑器"、"工程树"和"输出窗口"进行设置，后面两个选项设置比较简单，这里主要介绍"文本编辑器"的设置。

单击"加载初始值"按钮，可以使参数恢复原来的默认设置。为调试方便，建议采用默认字体和颜色设置。

在"字体"下拉列表中选择编辑器使用的字体，在"大小"下拉列表中设置编辑器字体的大小。

显示对象列表用于详细设置不同子类的颜色、背景色及是否粗体、斜体及下划线，包括文本、注释等。

② "文本编辑器"选项卡：该选项卡主要包括行、括号、缩进、空格字符、代码折叠等参数的设置，如图 1-41 所示。

图 1-39 "工程选项"对话框

图 1-40 "字体和颜色"选项卡

行用于设置程序行的属性,包括高亮当前行和显示行号。

括号用于设置程序中的括号项匹配情况,或者在程序中选中一个括号时检查是否匹配并显示与其匹配的括号,"括号对称"下拉列表中有严格的(要选中被匹配的括号)、松散的(只要单击括号所在的行即可)和不匹配 3 个选项。

缩进主要定义使用制表符还是空格产生缩进。

空格字符主要定义缩进字符标记是否显示,以及显示的风格。

代码折叠定义分支程序或函数的显示方式,可以设置使其内容折叠或者隐藏,该方式对复杂程序的调试非常有用,可以将熟悉的或者不感兴趣的子程序或函数折叠,使其只显示函数标题。

③"编辑流程图"选项卡:Proteus 支持可视化编程,利用流程图代替编写代码,"编辑流程图"选项卡用于可视化编程的设置,如图 1-42 所示。51 单片机目前不支持可视化编程,有兴趣的读者可以参考相关书籍。

图 1-41 "文本编辑器"选项卡

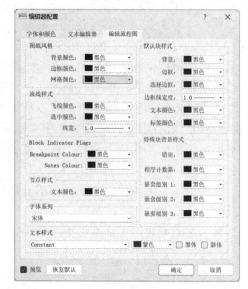

图 1-42 "编辑流程图"选项卡

任务1 利用单片机设计交通信号灯

作业

1-1 单片机连接6个发光二极管（D1～D6），共阳极连接，假设D1、D4为红灯，D2、D5为黄灯，D3、D6为绿灯，要求让红灯和黄灯亮，其他灯不亮，请用Proteus绘制电路原理图并编写程序。

1-2 针对作业1-1的6个发光二极管，采用共阴极的方法连接，要求完成后绿灯亮，请用Proteus绘制电路原理图并编写程序。

1-3 启动汽车后，会自动打开汽车的两个行车灯，请用单片机控制行车灯亮，设计其电路并编写程序。

知识梳理与总结

本任务是通过单片机并行I/O端口连接3个发光二极管，控制它们亮灭，较系统地介绍了单片机基本结构、单片机应用系统开发的基本流程。

本任务需要重点掌握的内容如下。

（1）单片机基本结构。

（2）单片机应用系统开发的基本流程。

（3）Proteus仿真软件的使用。

任务 2

设计按键控制的信号灯

任务单

任务描述	生产生活中经常遇到信号灯,如汽车的转向灯、近光灯、远光灯等,大都是驾驶员通过按键或拨动开关来控制相关灯亮,本任务是模拟类似的动作,要求按下按钮控制相关发光二极管亮灭
任务要求	由 P0 口连接 6 个发光二极管(见图 2-1),P1 口接 4 个按键,实现如下功能: (1)按下 SR 键,两个红色灯(D1、D4)亮,松开该键,则对应的两个灯灭。(2)按下 SY 键,两个黄色灯(D2、D5)亮,松开该键,则对应的两个灯灭。(3)按下 SG 键,两个绿色灯(D3、D6)亮,松开该键,则对应的两个灯灭 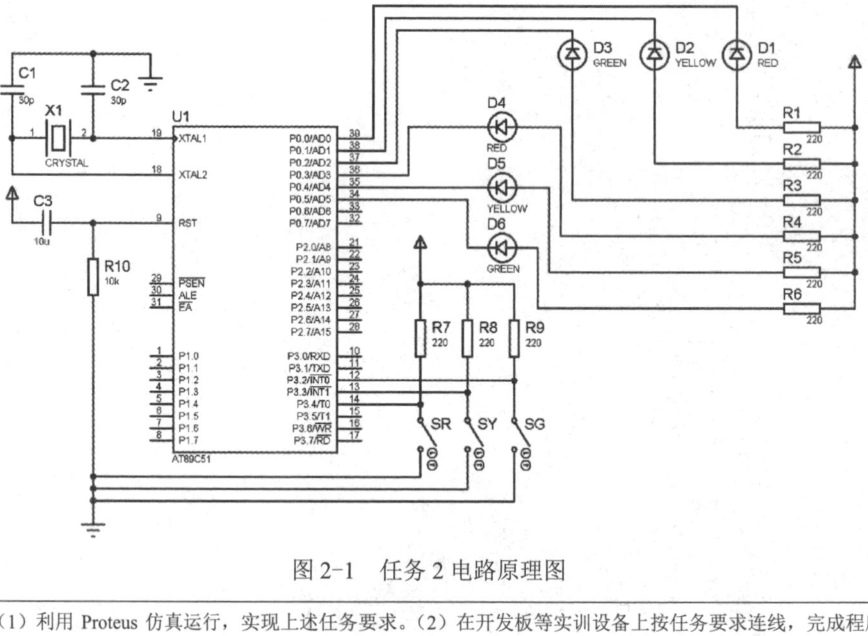 图 2-1 任务 2 电路原理图
实现方法	(1)利用 Proteus 仿真运行,实现上述任务要求。(2)在开发板等实训设备上按任务要求连线,完成程序设计并运行

任务 2　设计按键控制的信号灯

教学导航

知识重点	存储器结构、并行 I/O 端口
知识难点	并行 I/O 端口
推荐教学方式	从任务入手，通过让学生完成用按键连接单片机，控制相应的信号灯亮灭的任务，使学生掌握单片机的存储器使用和并行 I/O 端口的控制方法，初步学会 Keil C 和 Proteus 软件的基本功能与使用方法
建议学时	6 学时
推荐学习方法	根据教师提供的电路原理图，设计利用单片机实现按键控制发光二极管亮灭程序，在 Proteus 中完成程序编辑、编译、调试与仿真运行，理解 C51 基本语法及相关理论知识
必须掌握的理论知识	（1）单片机存储结构、C51 的数据类型与存储器类型。（2）并行 I/O 端口
必须练成的技能	（1）利用 Proteus 绘制电路原理图，以及编辑、编译、调试与仿真运行 C51 程序。（2）编写基于 I/O 端口控制的应用程序
需要培育的素养	（1）集体意识、团队合作精神。（2）发散思维、创新意识

任务准备

扫一扫看思维导图：存储器结构

2.1 存储器结构

扫一扫看教学课件：存储器结构

扫一扫看微课视频：存储器的组成

在 C51 中，对变量进行定义的完整格式如下：

[存储种类] 数据类型 [存储器类型] 变量名表；

在定义格式中除了数据类型和变量名表是必需的，存储种类和存储器类型都是可选项。存储种类用得比较少，读者可查阅有关资料。存储器类型就是指该变量在 C51 中所能识别的存储器类型，MCS-51 单片机将程序存储器（ROM）和数据存储器（RAM）截然分开，独立编址并分别寻址，相互间不会冲突，这种结构称为哈佛结构。MCS-51 单片机不仅芯片内部预留了程序存储器和数据存储器，还可以外部扩展。我们将扩展的存储器分别称为外部程序存储器、外部数据存储器，将芯片内部的存储器分别称为内部程序存储器、内部数据存储器，如图 2-2 所示。编译器通过把变量定义成 data、bdata、idata、pdata、xdata、code 等不同的存储器类型，使每个变量明确地定义到不同的存储器中（在不同的存储器中分配相应的存储单元）。对内部数据存储器的访问比对外部数据存储器的访问快许多，因此频繁使用的变量应定义在内部数据存储器中，较少使用的变量应定义在外部数据存储器中。存储器类型与 MCS-51 单片机实际存储空间的对应关系如表 2-1 所示。

表 2-1　存储器类型与 MCS-51 单片机实际存储空间的对应关系

存储器类型	长度（位）	值域范围	与 MCS-51 单片机实际存储空间的对应关系
data	8	0～127	直接寻址内部数据存储器的低 128 字节（0x00～0x7F 空间），访问速度快
bdata	8	0～127	可位寻址内部数据存储器 0x20～0x2F 空间（16 字节，这一地址空间允许按位与按字节混合访问）
idata	8	0～255	间接寻址内部数据存储器（256 字节），可访问内部全部数据存储器地址空间，访问速度慢

续表

存储器类型	长度（位）	值域范围	与 MCS-51 单片机实际存储空间的对应关系
pdata	8	0~255	寻址外部数据存储器的低 256 字节，分页寻址，通过 P0 中的地址值对其访问
xdata	16	0~65 535	寻址外部数据存储器（64 KB）
code	16	0~65 535	寻址程序存储器全部空间（64 KB）

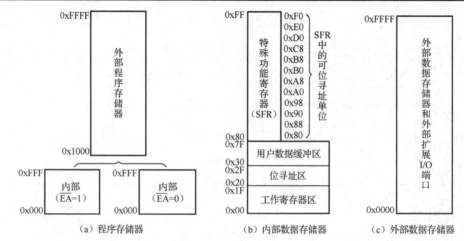

图 2-2 MCS-51 单片机的存储器结构

2.1.1 程序存储器

1. 程序存储器的应用形态

MCS-51 单片机的内部程序存储器为固定的 ROM。例如，8051 中有 4 KB 容量的掩膜 ROM，8751 中有 4 KB 容量的 EPROM，89C51 中有 4 KB 容量的 Flash ROM。

8031/8032 中不设程序存储器，这种单片机在应用状态上称为 ROM Less 型器件，在使用过程中必须外部扩展 ROM。

如图 2-2 所示，MCS-51 单片机的整个程序存储器可以分为内部和外部两部分，究竟访问哪一部分，可由芯片 $\overline{EA}$ 引脚所接的电平决定。

（1）当 $\overline{EA}$ 引脚接高电平时，CPU 可访问内部和外部 ROM，并且程序自内部程序存储器开始执行，当 PC 值超出内部 ROM 容量时，PC 会自动转向外部程序存储器空间，执行外部程序存储器中的程序。

（2）当 $\overline{EA}$ 引脚接低电平时，CPU 只寻址外部 ROM，且从 0000H 开始编址，系统全部执行外部程序存储器中的程序。

所以，片内集成了 ROM 的 8051/8751/89C51 等单片机正常运行时，$\overline{EA}$ 引脚应接高电平；而片内无 ROM 的 8031/8032 等单片机，片外必须扩展足够容量的专用 ROM 器件，且 $\overline{EA}$ 引脚必须固定接低电平（一般是接地），以使单片机运行时从外部程序存储器读取指令。

2. code 存储器类型

程序存储器主要用于存放经调试后正确的应用程序（可执行代码，或称目标代码），称为 code 区，也称为代码段，是只读的。除了可执行代码，还可在 code 区中存放其他非易失信息，如查询表。code 区中对象要在编译的时候进行初始化，否则就会产生错误。code 区声明

任务 2　设计按键控制的信号灯

中的存储器类型标识符为 code。下面的代码把一个数组存放在 code 区中。

```
unsigned char code chr[5]={1,2,3,4,5};
```

由于 MCS-51 单片机采用 16 位的地址总线，因此 code 区可扩展到 64 KB，并且这 64 KB 存储区的地址在空间分布范围上是连续和统一的。

2.1.2　内部数据存储器

MCS-51 单片机的内部数据存储器是最灵活的地址空间，由于集成在芯片内部，因此其存取速度快、效率高，但数量少，常用于存放中间运算结果、数据缓冲及设置特征标志等，是单片机系统的宝贵资源，使用者应合理地加以开发利用。

内部数据存储器在物理上分为低 128 字节区（data 区）和高 128 字节区，其配置情况如表 2-2 所示。

表 2-2　内部数据存储器配置情况

字节地址	功能分配							特点
0FFH~80H	特殊功能寄存器（SFR）区：共 128 个单元							51 子系列：仅特殊功能寄存器占用 21 个单元，其他字节无定义，访问它们无意义。52 子系列：直接寻址时，访问特殊功能寄存器占用的 26 个单元；间接寻址时，访问高 128 字节 RAM
30H~7FH	用户数据缓冲区：共 80 个单元							只能按字节寻址
2FH	7F	7E	7D	7C	7B	7A	79	78
2EH	77	76	75	74	73	72	71	70
2DH	6F	6E	6D	6C	6B	6A	69	68
2CH	67	66	65	64	63	62	61	60
2BH	5F	5E	5D	5C	5B	5A	59	58
2AH	57	56	55	54	53	52	51	50
29H	4F	4E	4D	4C	4B	4A	49	48
28H	47	46	45	44	43	42	41	40
27H	3F	3E	3D	3C	3B	3A	39	38
26H	37	36	35	34	33	32	31	30
25H	2F	2E	2D	2C	2B	2A	29	28
24H	27	26	25	24	23	22	21	20
23H	1F	1E	1D	1C	1B	1A	19	18
22H	17	16	15	14	13	12	11	10
21H	0F	0E	0D	0C	0B	0A	09	08
20H	07	06	05	04	03	02	01	00
								可位寻址（共 128 位），也可按字节寻址（共 16 个单元），位地址范围是：00H~7FH
1FH~18H	工作寄存器组 3：R7~R0							工作寄存器区共有 32 个单元，分成 4 组，每组 8 个单元
17H~10H	工作寄存器组 2：R7~R0							
0FH~08H	工作寄存器组 1：R7~R0							
07H~00H	工作寄存器组 0：R7~R0							

1. 内部数据存储器地址空间的低 128 字节区

内部数据存储器地址空间的低 128 字节区用于存放程序执行过程中的各种变量和临时数据，称为 data 区。这个区域是真正的 RAM 存储器，按其用途划分为工作寄存器区、位寻址区和用户数据缓冲区。

data 区声明中的存储器类型标识符为 data，可直接寻址。data 区是存放临时性传递变量和使用频率较高的变量的理想场所。例如：

```
unsigned int data sum;
extern char data ch1;
```

上述两条语句表示编译器为变量 sum、ch1 在 data 区（内部数据存储器低 128 个单元）分配存储单元。

（1）工作寄存器区（00H～1FH）：共 32 字节，分为 4 组，每组 8 个单元，每个单元就是一个工作寄存器，命名为 R0～R7。工作寄存器的使用相当频繁，传送数据、运算、逻辑判断、控制转移等许多指令都由它们来完成。当前程序中，具体使用哪一组工作寄存器，可通过修改程序状态标志寄存器中 RS1、RS0 两位的值来指定，以实现在各个工作寄存器组之间迅速切换，完成快速保护现场、响应中断等功能。假设当前 RS1、RS0 两位的值为 00，则指定第 0 组工作寄存器，R0～R7 分别对应内部 RAM 的 00H～07H 单元。此时若 RS1、RS0 两位的值修改为 01，则指定第 1 组工作寄存器，R0～R7 分别对应内部 RAM 的 08H～0FH 单元，以此类推。系统复位后，默认使用第 0 组工作寄存器。

（2）位寻址区（20H～2FH）：共 16 字节，每一字节的每一位都可以单独访问（寻址），称为 bdata 区。位地址为 00H～7FH，共 128 位，分别对应于 20H 的 D0 位～2FH 的 D7 位。在位寻址的同时，此区间仍可进行字节寻址。在 C51 中可以定义位类型变量，位类型变量可以用关键字 bit 进行定义，其长度是 1 位（bit），位类型变量和前面介绍的字符型变量可以直接被 51 单片机处理。位类型变量的值可以取 0（false）或 1（true）。bdata 区声明中的存储器类型标识符为 bdata，对位类型变量进行定义的语法如下。

```
bit flag1;bit send_en=1;
bit bdata bt1,bt2;
```

在 bdata 区可按字节寻址，也可定义非位类型变量，如下例所示。

```
unsigned char  bdata status; //变量 status 虽然是字符类型的，但可以按位来访问
```

提示：不允许在 bdata 区声明 float 和 double 型的变量；不能定义一个位类型指针，即不能定义 bit *flag1；也不能定义一个位类型数组，即不能定义 bit flags[3]。

（3）用户数据缓冲区（30H～7FH）：共 80 字节，只能按字节寻址，而不可位寻址。程序运行期间，会产生一些运算结果等中间数据，这些数据可在此区间暂时保存。另外，若程序运行过程中遇到调用函数或响应中断，往往需要保护现场，将有关的数据压入堆栈，待函数返回或中断响应结束时再将入栈数据弹出，此时该区间可作为堆栈使用。

2. 特殊功能寄存器

单片机内的各种控制寄存器、状态寄存器、I/O 端口、定时器/计时器、串行数据缓冲器

任务 2　设计按键控制的信号灯

是内部数据存储器的一部分，离散地分布在 80H～FFH 的地址空间范围内。这些寄存器统称为特殊功能寄存器，如串行口控制寄存器（SCON）、中断允许寄存器（IE）等，如表 2-3 所示。为了寻址特殊功能寄存器，C51 提供了 sfr 和 sfr16 两种数据类型，利用这两种数据类型可以在源程序中直接对 8051 单片机的特殊功能寄存器进行定义。

表 2-3　特殊功能寄存器地址分配表

特殊功能寄存器助记符		特殊功能寄存器名称	字节地址	说明	
B		B 寄存器	F0H	可位寻址（F7H～F0H）	
ACC		累加器	E0H	可位寻址（E7H～E0H）	
PSW		程序状态标志寄存器	D0H	可位寻址（D7H～D0H）	
*TH2		定时器/计数器 2 高位字节	CDH	仅 52 子系列有	仅字节寻址
*TL2		定时器/计数器 2 低位字节	CCH		
*RCAP2H		定时器/计数器 2 捕捉寄存器高位字节	CBH		
*RCAP2L		定时器/计数器 2 捕捉寄存器低位字节	CAH		
*T2CON		定时器/计数器 2 控制寄存器	C8H		可位寻址（CFH～C8H）
IP		中断优先级寄存器	B8H	可位寻址（BFH～B8H）	
P3		P3 口	B0H	可位寻址（B7H～B0H）	
IE		中断允许寄存器	A8H	可位寻址（AFH～A8H）	
P2		P2 口	A0H	可位寻址（A7H～A0H）	
SBUF		串行数据缓冲器	99H	仅字节寻址	
SCON		串行口控制寄存器	98H	可位寻址（9FH～98H）	
P1		P1 口	90H	可位寻址（97H～90H）	
TH1		定时器/计数器 1 高位字节	8DH	仅字节寻址	
TH0		定时器/计数器 0 高位字节	8CH	仅字节寻址	
TL1		定时器/计数器 1 低位字节	8BH	仅字节寻址	
TL0		定时器/计数器 0 低位字节	8AH	仅字节寻址	
TMOD		定时器/计数器方式选择寄存器	89H	仅字节寻址	
TCON		定时器/计数器控制寄存器	88H	可位寻址（8FH～88H）	
PCON		电源控制寄存器	87H	仅字节寻址	
DPTR	DPH	数据指针高位字节	83H	间接寻址、16 位立即寻址	仅字节寻址
	DPL	数据指针低位字节	82H		仅字节寻址
SP		堆栈指针	81H	仅字节寻址	
P0		P0 口	80H	可位寻址（87H～80H）	

从表 2-3 中可以看出，特殊功能寄存器有些可位寻址，如 P0 口等，即可以访问其中的某些位；但有些只能字节寻址，如堆栈指针（SP）等，即只能访问整个特殊功能寄存器，不能直接访问其中的每一位。

1）程序状态标志寄存器

上述特殊功能寄存器中，累加器（ACC）、程序计数器（PC）、B 寄存器（B）、程序状态标志寄存器（PSW）、堆栈指针和数据指针（DPTR）实际是 CPU 的专用寄存器，其中，累加器主要用来存储一个操作数或存储运算的结果，CPU 向外部设备输入/输出数据都是通过该寄存器来完成的。程序计数器是 CPU 的最基本部件，它是一个独立的计数器，用于存放下一条待执行指令的地址。程序计数器的基本工作过程可以描述为：程序计数器中的数作为指令地址输出给程序存储器，程序存储器按此地址输出指令字节，同时程序计数器本身自动加 1，指向下一条指令。下面介绍程序状态标志寄存器。

在介绍工作寄存器区时，曾介绍通过设置程序状态标志寄存器的 RS1、RS0 来选择工作寄存器组，程序状态标志寄存器是一个 8 位可编程并可按位寻址的专用寄存器，用来存放当前指令执行结果的有关状态信息，其各位定义如图 2-3 所示。

D7(MSB)	D6	D5	D4	D3	D2	D1	D0(LSB)
Cy	AC	F0	RS1	RS0	OV	—	P

图 2-3 程序状态标志寄存器

（1）Cy（PSW.7）——进位标志。当累加器的最高位有进位或借位时，硬件自动使该位置位（Cy=1），否则该位清零。在布尔（位运算）处理机中，Cy 是各种布尔操作指令的"位累加器"，作用相当于普通 CPU 中的累加器，只是 Cy 为一个一位的累加器。进位标志 Cy 在程序设计中的助记符是 C。

（2）AC（PSW.6）——辅助进位标志。当进行加法或减法操作时，若累加器的 D3 位向 D4 位有进位或借位，则硬件自动将其置位，否则该位清零。它主要用于 BCD 码数运算时的十进制调整。

（3）F0（PSW.5）——用户通用状态标志。用户可对该位置位或清零，也可用软件测试该位的状态以控制程序的流向。

（4）RS1（PSW.4）和 RS0（PSW.3）——工作寄存器组选择控制位。MCS-51 单片机片内 RAM 的 00H~1FH 为工作寄存器区，共含 4 组工作寄存器，每组编号均为 R0~R7。CPU 选择何组工作寄存器，取决于用户通过指令对 RS1 和 RS0 的状态设置。工作寄存器组的选择如表 2-4 所示。

表 2-4 工作寄存器组的选择

RS1	RS0	寄存器区	地址
0	0	0 组	00H~07H
0	1	1 组	08H~0FH
1	0	2 组	10H~17H
1	1	3 组	18H~1FH

（5）OV（PSW.2）——溢出标志。当带符号数的加法或减法运算结果超出（-128~+127）范围时，说明计算结果已经溢出，此时该位将由硬件自动置位（OV=1），否则清零。

（6）PSW.1——保留位。可作为用户自行定义的状态标志位，其用法与 PSW.5 相同。

（7）P（PSW.0）——奇偶标志位。每个指令周期由硬件按累加器中置"1"位数的奇偶性自动置位或清零。若累加器中有奇数个"1"，则 P 置位，否则清零。奇偶标志位对串行通信中的数据传输有重要意义，常用奇偶校验法来检验数据传输的正确性。

2）sfr 数据类型

sfr 数据类型的长度为 1 字节，其定义方式如下：

```
sfr 特殊功能寄存器名=地址常量；
```

这说明"地址常量"就是所定义的特殊功能寄存器的地址，例如：

```
sfr P1=0x90;
sfr SCON=0x98;
```

在 MCS-51 单片机中,地址为 0x90 的特殊功能寄存器是 P1 口,因此,P1 就表示 P1 口,在随后的程序中对 P1 进行处理就是对 P1 口进行处理。同理,地址为 0x98 的特殊功能寄存器是串行口控制寄存器,在随后的程序中对 SCON 进行处理就是对串行口控制寄存器进行处理。

提示:在关键字 sfr 后面必须是一个标识符,标识符可以任意选取(如上例的 sfr P1=0x90,也可定义为 sfr PP1=0x90),但应符合一般的习惯。等号后面必须是常数,不允许有带运算符的表达式,而且该常数必须在特殊功能寄存器的地址范围之内(0x80~0xFF),不过在头文件 reg51.h 中对所有的特殊功能寄存器都进行了定义,因此我们在编写程序时无须自己定义,包含 reg51.h 文件后可直接使用特殊功能寄存器名即可。

3) 16 位特殊功能寄存器(sfr16)

在新一代的 MCS-51 单片机中,特殊功能寄存器在功能上经常组合成 16 位来使用。为了有效地访问这种 16 位的特殊功能寄存器,可采用关键字 sfr16。sfr16 数据类型的长度为 2 字节,其定义语法与 8 位特殊功能寄存器相同,但 16 位特殊功能寄存器的低字节地址必须作为 sfr16 的定义地址。例如,对 8052 单片机的定时器 T2,可采用如下的方法来定义:

```
sfr16 T2=0xCCH;// 定义 TIMER2,其地址为 T2L=0xCCH、T2H=0xCDH
```

这里 T2 为特殊功能寄存器,等号后面是其低字节地址,其高字节地址必须在物理上直接位于低字节之后。

提示:上述定义方法适用于所有新一代的 51 单片机中新增加的特殊功能寄存器,但不能用于定时器 TIMER0 和 TIMER1 的定义。

4) 可寻址位(sbit)数据类型

从表 2-3 中可以看到,许多特殊功能寄存器可以按位寻址,为了方便访问这些位,C51 提供了一种新的数据类型 sbit,利用 sbit 可以访问可位寻址对象,使用方法有以下 3 种。

(1) sbit 位变量名=位地址。

这种方法将位的绝对地址赋给位变量,此时位地址必须位于 80H~0FFH。

例如:

```
sbit P0_0 = 0x80;//定义 P0_0 位绝对地址为 0x80
```

(2) sbit 位变量名=特殊功能寄存器名^位位置。

这种方法直接给出特殊功能寄存器的名称,用于访问该特殊功能寄存器的某一位,当可寻址位位于特殊功能寄存器中时可采用这种方法,"位位置"是一个 0~7 的常数。

例如:

```
sfr P0=0x80;
sbit P0_7=P0 ^ 7; //定义 P0_7 为 P0 的 D7 位,千万不要用"P0.7",这是初学者很容易
//犯的错误
```

(3) sbit 位变量名=字节地址^位位置。

这种方法以一个常数为字节地址,用于访问这一字节地址中的某一位,要注意该常数必

须在 80H～0FFH。"位位置"是一个 0～7 的常数。

例如：

```
    sbit P0_1 = 0x80 ^ 1;//本语句定义一个 P0_1 的位变量，这一位类型变量是地址为 0x80
//的特殊功能寄存器（P0）的 D1 位，即 P0.1 位，改变 P0_1 变量的值，即改变 P0.1 位的值
```

提示：（1）sbit 是一个独立的关键字，不要与关键字 bit 相混淆。
（2）定义 P0.7 时应该使用"sbit P07=P0^7"语句，但许多初学者容易写成"sbit P07=P0.7"。
（3）sbit 类型变量必须在函数外部定义，即定义为外部变量。

分享讨论：看看定义"sbit BT=0x20;"是否正确？为什么？请大家讨论一下。

3. 内部数据存储器地址空间的高 128 字节区

对于 52 子系列的单片机，地址空间的高 128 字节（80H～0FFH）RAM 区与特殊功能寄存器区是重叠的，访问时要通过不同的寻址方式加以区别（在 C51 中一般不需要区别它们）；对于 51 子系列的单片机，地址空间的高 128 字节（80H～0FFH）RAM 区仅为特殊功能寄存器区。

2.1.3 外部数据存储器

MCS-51 单片机最多可以扩展 64 KB 的外部数据存储器，整个外部数据存储器的数据区称为 xdata 区，在外部数据存储器内进行分页寻址操作的数据区称为 pdata 区。外部存储空间是可以读写的存储区，最多可以有 64 KB。pdata 区和 xdata 区声明中的存储类型标识符分别为 pdata 和 xdata，xdata 存储类型标识符可以指定外部数据存储器 64 KB 空间内的任何地址，而 pdata 存储类型标识符仅能指定 256 字节的外部数据存储器。声明举例如下：

```
    unsigned char xdata  sum;
    int pdata i;
    float pdata f -value;
```

典型案例 2 单片机控制电动机正向转动

扫一扫下载
Proteus 文件：
典型案例 2

要求单片机连接一台电动机，单片机运行时使得电动机正向转动。

步骤 1：确定任务

本案例是由单片机控制一台电动机正向转动。

步骤 2：总体设计

直流电动机在智能电子产品应用中比较常见，大部分的电动玩具使用的都是直流电动机，它们体积小、功率低、转速高。通常希望能够按照设计者的意愿实现直流电动机正反转的切换和转速的控制，但是由于直流电动机的型号不同，其功率也不相同，而单片机的输出电压为+5 V，输出的电流也十分有限，所以就需要增加一些辅助电路，完成单片机对直流电动机的控制，这些辅助电路称为驱动电路。

在有些情况下，只需直流电动机向一个方向转动，而且只要能够完成电动机的启动和调速即可，如果使用的是微型直流电动机，可选用 AT89 系列主控芯片，其电路原理图如图 2-4 所示。如果直流电动机功率较小，Q1 可以选用工作电流较大的三极管，如 8050，如果直流

任务2 设计按键控制的信号灯

电动机功率较大，Q1 可以选用达林顿管或选用较大功能的 MOSFET（金属-氧化物半导体场效应晶体管）；电阻R1主要用于限流，只要保证三极管工作在饱和区即可，一般选用 1 kΩ 的电阻；二极管 D1 是必不可少的，由于直流电动机呈现感性，当三极管导通时，电动机电枢绕组中流过电流，当三极管截止时，电动机电枢绕组中的电流将通过二极管 D1 释放掉，因此二极管 D1 起到了保护三极管的作用。

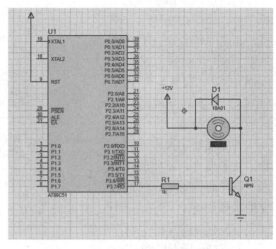

图 2-4 控制电动机正转电路原理图

步骤 3：硬件设计

使用 Proteus 绘制如图 2-4 所示的电路原理图，步骤如下。

1）从元件库中选取元件

通过以下两种方法，打开"选取元器件"对话框，如图 2-5 所示。

(1) 在元件模式下，单击元件列表区上的"P"按钮 P。

(2) 按 P 键（在英文输入法下）。

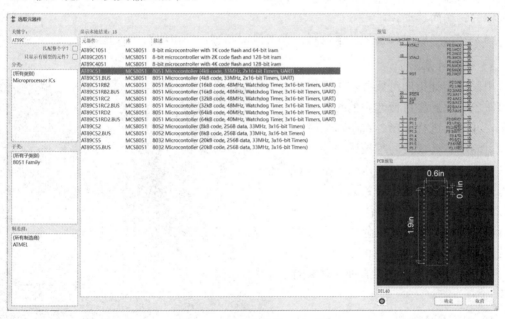

图 2-5 "选取元器件"对话框

在"关键字"文本框输入要选取的元件名称或前几个字符，在预览窗口中可以看到要选择的元件，在库列表中双击该元件，元件就会出现在原理图编辑界面的元件列表区中，如图 2-6 所示。

2）放置元件

在元件列表区中，单击要放置的元件，再在原理图编辑区中单击就放置了一个元件。如果要调整元件的位置，可以单击元件，按住鼠标左键不放，移动鼠标，在合适的位置释放鼠标左键，如图2-7所示。同理，可将 MOTOR-DC（电动机）、NPN（NPN 三极管）、DIODES（二极管）和 RES（电阻）放置到原理图编辑区中的合适位置。

其实在绘制原理图时，除了放置元件，还要放置电源、地等其他对象，放置对象的步骤如下。

（1）根据对象的类别在工具栏中单击相应模式的图标。

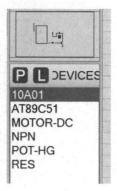

图2-6　元件出现在元件列表区中

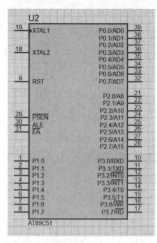

图2-7　放置到原理图编辑区

（2）根据对象的具体类型单击子模式的图标。

（3）如果对象类型是元件、端点、引脚、图形、符号或标记，则从选择器中选择想要放置的对象的名字。

（4）如果对象是有方向的，会在预览窗口显示出来，则可以先单击"旋转"和"镜像"工具调整对象的方向，然后将鼠标移动到原理图编辑区，选中的对象会在原理图编辑区中跟随鼠标的移动而移动。

（5）将选中的对象移到合适位置，单击鼠标左键，即可将对象放置好。

3）选中对象

用鼠标指针指向对象并右击可以选中该对象。该操作可使选中的对象高亮显示，并对其进行编辑。选中对象时该对象上的所有连线会同时被选中。

要选中一组对象，可以通过依次右击每个对象来选中每个对象的方式，也可以通过按住鼠标右键不放拖出一个选择框的方式，但只有完全位于选择框内的对象才可以被选中，如图2-8所示。

在空白处右击可以取消所有对象的选择。

4）删除对象

用鼠标指针指向选中的对象并双击鼠标右键可以删除该对象，同时删除该对象的所有连线。也可以先选中对象，然后按键盘中的 Delete 键删除。

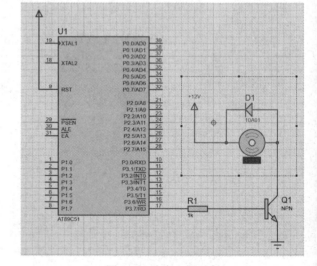

图2-8　选中一组对象

5）拖动对象

（1）拖动一个对象：若对象位置需要移动，则将鼠标指针移到该对象上，单击鼠标右键，此时我们已经注意到，该对象的颜色已变至红色，表明该对象已被选中，按住鼠标左键不放，

任务2 设计按键控制的信号灯

拖动鼠标，将对象移至新位置后，松开鼠标左键，完成移动操作。该方式不仅对整个对象有效，而且对对象所属的网格标号也有效。

若误拖动了一个对象，则所有的连线都将打乱，可以使用取消（Undo）命令撤销操作，恢复原来的状态。

（2）拖动多个对象：选中多个对象，单击主工具栏中的"块移动"图标 可以移动被选中的所有对象。

6）拖动对象标签

许多类型的对象有一个或多个属性标签附着。例如，每个元件有一个参考（Reference）标签和一个值（Value）标签。单击相应的标签，将其移动到合适位置，可以很容易地通过移动这些标签使电路原理图看起来更美观。

7）调整对象

（1）调整对象大小：子电路（Sub-circuits）、图表、线、框和圆可以调整大小。选中这些对象时，对象周围会出现白色（或黑色）小方块（叫作"手柄"），可以通过拖动这些"手柄"来调整对象的大小。

（2）调整对象的方向：许多类型的对象可以调整方向为 0°、90°、270°、360°或通过 x 轴、y 轴镜像。当该类型的对象被选中后，"旋转"和"镜像"图标会由蓝色变为红色，此时就可以改变对象的方向。

8）编辑对象

许多对象具有图形或文本属性，这些属性可以通过一个"编辑元件"对话框（见图2-9）进行编辑。

（1）编辑单个对象。双击欲编辑的对象，打开"编辑元件"对话框，对对象属性进行编辑。

（2）使用快捷键打开"编辑元件"对话框。先用鼠标指针指向对象，再按 Ctrl+E 快捷键，即可打开如图2-9所示的"编辑元件"对话框。

（3）使用文本脚本打开"编辑元件"对话框：该操作将启动外部的文本编辑器。如果鼠标指针没有指向任何对象，则直接按 E 键，在弹出的对话框中输入要编辑的元件的名称，即打开如图 2-9 所示的对话框，以编辑元件的属性。

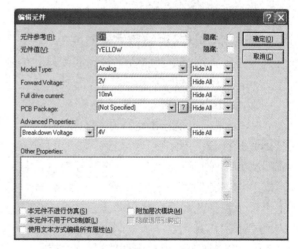

图 2-9 "编辑元件"对话框

9）编辑对象标签

端点、线和总线都可以像元件一样编辑，需使用"连线标号模式"工具 。

（1）编辑单个对象标签的步骤如下。

① 单击选中对象。

② 单击对象的标签。

(2) 连续编辑多个对象标签的步骤如下。

① 先选择主模式,再选择"选择模式"工具 。

② 依次单击各个对象标签。

任何一种方式,都将弹出一个带有"标签"和"样式"选项卡的对话框。单击对象标签,打开如图 2-10 所示的对话框,即可编辑对象标签。单击"样式"选项卡,即可编辑对象的相关样式属性,如图 2-11 所示。

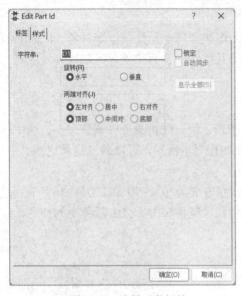

图 2-10 编辑对象标签

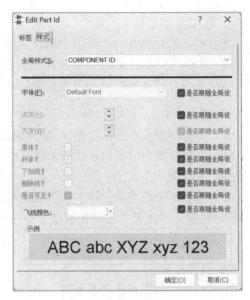

图 2-11 编辑对象的样式属性

10) 布线

原理图编辑界面中没有布线的按钮,这是因为原理图编辑界面的智能化使用户想要布线时进行自动检测,这就省去了选择布线模式的麻烦。

(1) 在两个对象间连线。

① 单击第一个对象连接点。

② 如果要自动给出走线路径,则只需单击另一个连接点。下面,我们将电阻 R1 上端连接到数码管 D1 下端。当鼠标指针靠近 R1 上端的连接点时,鼠标指针就会出现一个"×"号,表明找到了 R1 的连接点,单击鼠标左键,移动鼠标(不用拖动鼠标),当鼠标指针靠近 D1 下端的连接点时,鼠标指针就会出现一个"×"号,表明找到了 D1 的连接点,同时屏幕上出现了粉红色的连接线,单击鼠标左键,粉红色的连接线变成了深绿色的连接线,这样就完成了本次连线。

③ 如果要自己设定走线路径,只需在拐点处单击鼠标左键即可。

在此过程的任何时刻,都可以按 ESC 键或者单击鼠标右键放弃画线。

(2) 线路自动路径器:线路自动路径器 为用户省去了必须标明每根线的具体路径的麻烦。自动接线功能默认是打开的,但可通过以下两种途径略过该功能。

① 如果用户只单击两个连接点,自动接线功能将选择一条合适的接线路径。在进行复杂连线时,比如要多次改变线的走向,单击鼠标左键放置一个×形状的锚点,系统自动认为锚点之间的线路是一条独立的路径,连线绘制完成后锚点将自动消失。

任务 2　设计按键控制的信号灯

② 自动接线功能可通过单击"工具"→"自动连线"命令来关闭或打开。当用户要在两个连接点间直接定出对角线时,该功能很有用。

步骤 4:软件设计

```c
#include <reg51.h>
sbit START=P3^7;
void main(void)
{
    // Write your code here
    START=1;
    while (1);
}
```

步骤 5:软件调试

程序设计完成后,对程序进行编译、连接,单击▶按钮仿真运行,其仿真运行结果如图 2-12 所示,电动机转速为+193 r/min,表明电动机为正转。

图 2-12　案例 2 运行结果

2.2　并行 I/O 端口

并行 I/O 端口是 CPU 与外部进行信息交换的主要通道。MCS-51 单片机内部有 4 个并行的 I/O 端口:P0、P1、P2、P3,它们都是双向口,既可以输入又可以输出。P0、P2 口经常用作外部扩展存储器时的数据/地址总线,P3 口除了可用作 I/O 端口,每个引脚都有第二功能。

通过这些 I/O 端口,单片机可以外接键盘、显示器等外部设备,还可以进行系统扩展,连接更多的外部设备,如传感器、执行器等。读者可以充分发挥想象力和创造力,利用单片机 I/O 端口连接各类设备,开发出新的设备和作品,给人们的生活带来便利和乐趣。

2.2.1　并行 I/O 端口的结构与功能

1. P0 口(P0.0~P0.7)

P0 口既可作为通用 I/O 端口,又可在寻址外部存储器时分时复用为数据/地址总线。P0 口的一位结构如图 2-13 所示,包括一个输出锁存器、两个三态数据输入缓冲器、一个多路选择开关(MUX)、输出驱动电路和多条控制线。

(1)用作通用 I/O 端口:控制信号为低电平,V1 截止,MUX 接通锁存器反相输出 $\overline{Q}$ 端。

输出(写)时,内部总线上

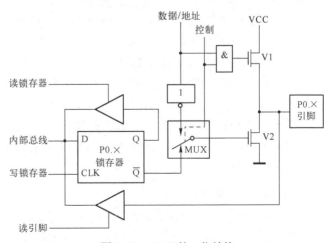

图 2-13　P0 口的一位结构

的数据在写信号控制下，先写入锁存器，经 $\overline{Q}$ 端和场效应管 V2 两次反相后立即以原来的逻辑状态反映到外部引脚。

输入（读）时，应区分读引脚和读端口两种情况，为此在电路中有两个用于读入驱动的三态数据输入缓冲器。

所谓读引脚，就是读芯片引脚的状态，利用"读引脚"信号打开三态数据输入缓冲器，外部引脚信号经下方的三态数据输入缓冲器送到内部数据总线。

读端口是指通过上方的三态数据输入缓冲器读锁存器 $\overline{Q}$ 端的状态。例如，下面的 C51 语句：

```
P0 &=0x0f;// 将 P0 口的低 4 位引脚清零
```

该语句执行时，分为"读—修改—写"三步，即首先读入 P0 口锁存器中的数据（Q 端）；然后与 0x0f 进行"逻辑与"；最后将"逻辑与"的结果写入送回 P0 口。这类指令不直接读引脚而读锁存器是为了避免可能出现的错误。

提示：（1）当 P0 口作为一般的输出时，由于 V1 截止，输出极为漏极开路电路，必须外接上拉电阻才能有高电平输出。

（2）当 P0 口作为一般的输入时，应区分读引脚还是读端口，读引脚时，应先向锁存器写 1，令 V1、V2 截止。若不向锁存器写 1，则当锁存器输出状态为 0 时，V2 导通，引脚电平钳位在 0 状态，无法读入外部的高电平信号。

（2）作为数据/地址线使用：当控制信号线为高电平"1"时，与门打开，MUX 接通数据/地址线，P0 口用作外部扩展存储器的数据总线和低 8 位地址总线。此时在内部总线信号作用下，驱动 V1、V2 交替导通与截止，将数据/地址信息反映到外部引脚。外部数据输入时，经下方的三态数据输入缓冲器进入内部总线。

P0 口用作数据/地址线时，就不能再作为通用 I/O 端口使用了。

分享讨论：请大家分组讨论下：当 P0 口用作数据/地址线时，是否需要上拉电阻？是否为准双向口？为什么？

2. P1 口（P1.0~P1.7）

P1 口是一个标准的 I/O 端口，在组成应用系统中往往作为通用 I/O 端口使用，其一位结构如图 2-14 所示。与 P0 口不同，因为 P1 口不用作数据/地址线，其结构中既不接内部数据/地址总线，也没有 MUX，而输出驱动电路中接有上拉电阻（约 30 kΩ）。

P1 口输入/输出时与 P0 口作为 I/O 端口时相似：输出数据时，先写入锁存器，经 $\overline{Q}$ 端反相，再经场效应管反相输出到引脚；输入时，同样应先向锁存器写 1，使场效应管截止，外部引脚信号由下方的三态数据输入缓冲器送入内部总线，完成读引脚操作。P1 口也可以读锁存器。在 52 子系列单片机中，P1.0 和 P1.1 是多功能的，可作为定时器/计数器 T2 的外部输入和输出。

提示：（1）当 P1 口作为一般的输出时，不用外接上拉电阻（P2、P3 口也一样）。

（2）当 P1 口作为一般的输入时，应区分读引脚还是读端口。在读引脚时，应先向锁存器写 1，令场效应管截止（P2、P3 口也一样）。

3. P2 口（P2.0~P2.7）

P2 口的结构与 P0 口基本相同，但 P2 将 P0 口的推拉式输出驱动改为上拉电阻驱动，其一位结构如图 2-15 所示。当 P2 口作为 I/O 端口使用时，控制信号为低电平，MUX 接锁存器 Q 端。其输入、输出过程与 P0 口相同。此外，当扩展外部存储器时，P2 口常用作高 8 位地址线，与 P0 口的低 8 位地址线共同组成 16 位地址总线，此时 MUX 应接通"地址"端。

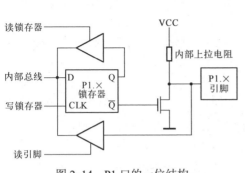

图 2-14 P1 口的一位结构

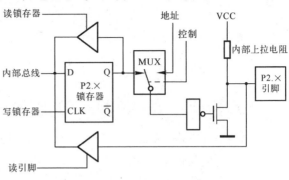

图 2-15 P2 口的一位结构

4. P3 口（P3.0～P3.7）

P3 口除作为一般 I/O 端口使用外，每个引脚都有第二功能（后详述），其一位结构如图 2-16 所示。当 P3 口作为一般 I/O 端口使用时，第二功能输出信号应保持为高电平，与非门打开，其输入/输出过程同其他端口。

P3 口用作第二功能输出时，应先向锁存器写 1，打开与非门，第二功能输出信号经与非门、场效应管输出到引脚。P3 口用作第二功能输入时，第二功能输出信号自动为高电平，与非门输出 0 信号，场效应管截止，信号由下方右边的三态数据输入缓冲器输入。P3 口的第二功能如表 2-5 所示。

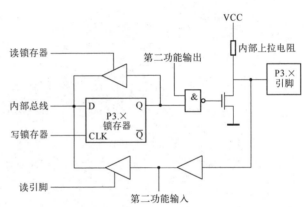

图 2-16 P3 口的一位结构

表 2-5 P3 口的第二功能

P3 口引脚	第二功能	P3 口引脚	第二功能
P3.0	RXD（串行口输入）	P3.4	T0（定时器 0 外部输入）
P3.1	TXD（串行口输出）	P3.5	T1（定时器 1 外部输入）
P3.2	$\overline{INT0}$（外部中断 0 输入）	P3.6	$\overline{WR}$（外部 RAM 写信号）
P3.3	$\overline{INT1}$（外部中断 1 输入）	P3.7	$\overline{RD}$（外部 RAM 读信号）

提示：当 P3 口作为第二功能口使用时，不能同时作为通用 I/O 端口使用，但其他未被使用的端口仍可作为通用 I/O 端口使用。

2.2.2 并行 I/O 端口的使用特性

MCS-51 单片机的 4 个并行 I/O 端口均由内部总线控制，I/O 端口的功能复用会自动识别，不用指令选择。

P0 口是 8 位、漏极开路的双向 I/O 端口，当单片机进行外部存储器或接口扩展时，P0

为分时复用的数据总线和低8位地址总线。

P1口是8位、准双向I/O端口,具有内部上拉电阻,可驱动4个LSTTL负载。

P2口是8位、准双向I/O端口,具有内部上拉电阻,可驱动4个LSTTL负载,外部扩展时用作高8位地址总线。

P3口是8位、准双向I/O端口,具有内部上拉电阻,可驱动4个LSTTL负载。P3口的所有口线都具有第二功能。

典型案例3 汽车车灯模拟控制系统设计

图2-17所示为汽车车灯模拟控制系统电路原理图,其中,SW是小灯、大灯和远光灯控制键,K1是雾灯控制键,P0连接的是相应的灯,D1、D3为小灯,D7、D9为大灯(近光灯),D5、D6为远光灯,D4、D8为雾灯,汽车在光线不太好或夜间行驶时,一般要开小灯和大灯(一般先开小灯,需要时再开大灯);高速路行驶时开远光灯,同时近光灯和小灯也自动处于打开状态。雾灯主要在雾雨天打开,该灯打开时,小灯和大灯也要自动打开。

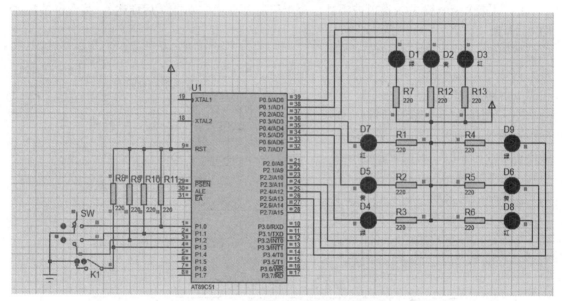

图2-17 汽车车灯模拟控制系统电路原理图

步骤1:确定任务

本案例是一个模拟汽车车灯的控制系统,SW有四挡,第一挡为起始挡,没有任何动作,第二挡打开小灯,第三挡同时开大灯、小灯,第四挡开小灯、大灯、远光灯。K1是开雾灯(开雾灯时要求SW打到第三挡)。

步骤2:总体设计

本案例使用的单片机为AT89系列单片机。根据上文描述,SW第二挡使P1.0接地,此时使小灯亮,即D1(P0.2)、D3(P0.0)亮;SW第三挡使P1.1接地,此时小灯、大灯都亮,即D1、D3、D7(P0.3)、D9(P2.5)亮;SW第四挡使P1.2接地,此时小灯、大灯、远光灯都亮,即除D1、D3、D7、D9亮外,D5(P0.4)、D6(P2.4)也亮。K1闭合使P1.3接地,使D4(P0.5)、D8(P2.3)亮。由此可得汽车车灯模拟控制系统真值表,如表2-6所示。

任务 2 设计按键控制的信号灯

步骤 3：硬件设计

在 Proteus 8 中建立一个新的工程，根据图 2-17 绘制电路原理图，其中，K1 的元件名称为 SWITCH，SW 的元件名称为 SW-ROT-4。在绘制电路原理图时，要注意如下操作技巧。

表 2-6 汽车车灯模拟控制系统真值表

开关状态	P0 值	P1 值
SW 第一挡	0xff	0xff
SW 第二挡	0xfa	0xff
SW 第三挡	0xf2	0xdf
SW 第四挡	0xe2	0xcf
K1 闭合	让 P0 与 0xdf 相与	让 P2 与 0xf7 相与

（1）对于 SW 来说，需要水平翻转和竖直翻转，其方法为在将 SW 放置到编辑区后，将鼠标指针移到 SW 上，使该元件上有一个红色方框，右击该红色方框并在弹出的快捷菜单中选择"X 轴镜像"命令，用同样的方法选择"Y 轴镜像"命令，否则各挡位与 P1 口的对应关系要进行调整。

（2）重复布线：布线时，由于本案例连线比较多，可以使用重复布线的方法，重复布线是完全复制上一根线的路径，如果上一根线为手工布线，则新布线将精准跟踪上一根线的路径；如果上一根线为重复布线，则新布线仍旧自动复制该路径。

（3）拖线：尽管线一般使用连接和拖动的方法，但也有一些特殊方法可以使用。单击鼠标右键选中对象后，如果拖动线的一个角，该角就随着鼠标指针移动。如果鼠标指针指向一个线段的中间或两端，则会出现一个可以拖动的角。

（4）移动线段或线段组：当需要移动一根线或多根线时，可以采用以下操作。

① 在要移动的线段周围拖出一个选择框，也可以是一个线段边上的一根线。

② 选择主工具栏中的移动工具 。

③ 将鼠标移动到原理图编辑区后，线段或线段组会跟随鼠标的移动而移动。

④ 当线段或线段组移动到合适位置后，单击鼠标左键即可完成线段或线段组的移动。

如果操作错误，则可使用撤销（Undo）工具 返回。

步骤 4：软件设计

SW 有 4 种状态，需要用多分支程序结构；K1 只有 2 种状态，用一个 if 语句即可。源程序如下。

```c
#include <reg51.h>
sbit SW1=P1^0;
sbit SW2=P1^1;
sbit SW3=P1^2;
sbit K1=P1^3;
void main(void)
{
  // Write your code here
  while (1)
  {
    P1=0xff;
    if(SW1==0){     //要使用多分支结构控制语句
      P0=0xfa;P2=0xff;       }
    else if(SW2==0){
      P0=0xf2;P2=0xdf;       }
    else if(SW3==0){
      P0=0xe2;P2=0xcf;       }
    else{
      P0=P2=0xff;       }
    K1=1;
    if(K1==0){
      P0&=0xdf;P2&=0xf7;  }
  }
}
```

步骤 5：软件调试

先对程序进行编译、连接，再单击仿真工具栏中的"开始"按钮仿真运行，如果编译有错误、仿真现象与实际不符，则需要修改程序后再编译、仿真运行直到编译没有错误、仿真现象与实际一致。

扫一扫看育人小贴士：选择比努力更重要

需要注意的是，本案例为模拟汽车车灯控制系统，对于打开雾灯前要求打开小灯和大灯，在这个案例中没有实现，在工厂制造汽车时，这一功能是很容易实现的。这个案例是根据实际情况打开汽车不同的车灯，在我们的工作和生活中，经常需要根据实际情况做出不同的决策，有人说"选择比努力更重要"，即我们需要根据一定的条件来选择，不能盲目选择，也不能选择超出我们能力范围的事物。

任务实施

扫一扫看任务2工单

任务实施步骤及内容详见任务2工单。

拓展延伸

2.3 C51 语言基础

扫一扫看相关知识：C51的数据类型

扫一扫看思维导图：C51语言基础

2.3.1 C51 的数据类型

C51 的数据类型与 C 语言基本一致，分类如下：

对于字符、整型等基本数据类型来说，还有有符号（signed）和无符号（unsigned）之分。此外，C51 的数据类型还包括专门用于 MCS-51 硬件和 C51 编译器的 bit、sbit、sfr、sfr16 等。各种数据类型的长度和值域范围如表 2-7 所示。

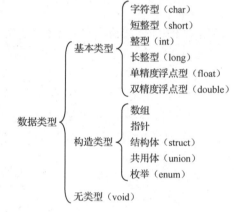

表 2-7 各种数据类型的长度和值域范围

数据类型	长度（bit）	长度（字节）	值域范围
bit	1	—	0、1
sbit	1	—	0、1
sfr	8	1	0～255
sfr16	16	2	0～65 535
unsigned char	8	1	0～255
signed char	8	1	-128～127
signed short	16	2	0～65 535
unsigned short	16	2	-32 768～32 767
unsigned int	16	2	0～65 535
signed int	16	2	-32 768～32 767
unsigned long	32	4	0～4 294 976 295
signed long	32	4	-2 147 483 648～2 147 483 647
float	32	4	±1.76E-38～±2.40E+38（6位数字）
double	64	8	±1.76E-38～±2.40E+308（10位数字）
一般指针	24	3	存储空间 0～65 535

2.3.2 存储模式

1. 什么是存储模式

存储模式决定了默认的存储器类型，此存储器类型将应用于函数参数、局部变量和定义时没有显式地包含存储器类型的变量。在命令行中使用 Small（小）、Compact（紧凑）、Large（大）控制命令指定存储器类型。定义变量时，使用存储器类型显式定义将屏蔽由存储模式决定的默认存储器类型。

（1）Small 模式：在该模式下所有变量都默认位于内部数据存储器，这和使用 data 指定存储器类型的作用一样。该模式对变量访问的效率很高，但所有的数据对象和堆栈的总大小不能超过内部 RAM 的大小。遇到函数嵌套调用和函数递归调用时，必须小心，该模式适用于较小的程序。

（2）Compact 模式：在该模式下所有变量都默认位于外部数据存储器的一页（256 字节）内，但堆栈位于内部数据存储器中。这和使用 pdata 指定存储器类型的作用一样，该模式适用于变量不超过 256 字节的情况。地址的高字节往往通过 P2 口输出，其值必须在启动代码中设置。该模式不如 Small 模式高效，对变量访问的速度要慢一些。

（3）Large 模式：在该模式下所有变量都默认位于外部数据存储器内，这和使用 xdata 指定存储器类型的作用一样。使用数据指针（DPTR）进行寻址，通过 DPTR 访问外部数据存储器的效率较低，特别是当变量为 2 字节或更多字节时，该模式的数据访问会比前两种模式产生更多的代码。

存储模式决定了变量的默认存储器类型、参数传递区和无明确存储器类型的说明。例如，在 Small 模式下，ch1 被定位在 data 存储区中；在 Compact 模式下，ch1 被定位在 pdata 存储区中；在 Large 模式下，ch1 被定位在 xdata 存储区中。

2. 存储模式的设置

在程序中变量的存储模式的指定通过#pragma 预处理命令来实现。函数的存储模式可通过在函数定义时后面带存储模式说明。如果没有指定，则系统隐含为 Small 模式。

```
void delay(int t)    Compact        //表明delay函数定义为Compact模式
{
}
void delay(int t)                   //表明delay函数定义为Small模式
{
}
```

2.3.3 C51 运算符与表达式

扫一扫看相关知识：C51 运算符与表达式

C51 中的运算符按其在表达式中所起的作用，可分为算术运算符、赋值运算符、关系运算符、逻辑运算符、增量/减量运算符、复合赋值运算符、位运算符等。表达式是由运算符和运算对象所组成的具有特定含义的式子。

1. 算术运算符

C51 中算术运算符有+、-、*、/、%（取余运算符）。

2. 赋值运算符

用赋值运算符将一个变量与一个表达式连接起来的式子称为赋值表达式。其一般形式为:

  变量=表达式;

3. 关系运算符

关系运算实际上就是"比较运算",包括:"<"(小于)、"<="(小于或等于)、">"(大于)、">="(大于或等于)、"=="(等于)、"！="(不等于)。这些运算符都是双目运算符,关系表达式的一般形式为:

  表达式1 关系运算符 表达式2

关系表达式的结果只有两种: 1 (true) 或 0 (false)。

4. 逻辑运算符

逻辑运算符是用形式逻辑原则来建立数值间关系的运算符,如&&(逻辑与)、||(逻辑或)、!(逻辑非)。

5. 增量/减量运算符

增量运算符"++"的作用是使变量的值加1,减量运算符"--"的作用是使变量的值减1。增量/减量表达式随着运算符的位置不同有不同的形式和含义,如表2-8所示。

表2-8 增量/减量表达式的不同形式和含义

表达式	含义	表达式	含义
变量++	在使用变量的值之后使变量的值加1	变量--	在使用变量的值之后使变量的值减1
++变量	在使用变量的值之前使变量的值加1	--变量	在使用变量的值之前使变量的值减1

注意:增量/减量运算符只能用于变量,而不能用于常量或表达式,如 5++或--(a+b)都是不合法的。

6. 复合赋值运算符

凡是双目运算符都可以和赋值运算符结合组成复合赋值运算符。C语言规定可以使用以下10种复合赋值运算符:

+=、-=、*=、/=、%=、<<=、>>=、&=、|=、^=

复合赋值表达式的一般形式为:

  变量 复合赋值运算符 表达式

例如:

```
i+=1; //等价于 i=i+1
x/=y+1; //等价于 x=x/(y+1)
```

7. 位运算符

C51是面向MCS-51单片机的语言,在单片机的实际应用中,经常需要控制某一个二进制位,因此,C51提供了对位运算的完全支持。位运算符及其含义如表2-9所示。

表 2-9 位运算符及其含义

位运算符	含义	位运算符	含义	位运算符	含义
&	按位与	|	按位或	^	按位异或
~	按位非	<<	位左移	>>	位右移

2.3.4 C51 分支结构控制语句

C51 的语句用来向单片机发出操作指令。一条语句可以由一个表达式和一个分号构成。分号是语句的终结符，一条语句必须在最后出现分号，分号是语句中不可缺少的一部分。C51 的语句按其复杂度可以分为简单语句和复合语句。可以用花括号"{"和"}"把一些语句组合在一起，使其在语法上等价于一条简单语句，这样的语句称为复合语句。

1. if…else 语句

if…else 语句的一般形式为：

```
if(表达式)
    语句1
else
    语句2
```

其中，"表达式"一般为逻辑表达式或关系表达式，单片机对表达式的值进行判断，若为非 0（条件成立或称条件为真），则按"分支 1"处理；若为 0（条件不成立或称条件为假），则按"分支 2"处理。if…else 语句流程图如图 2-18 所示。

2. if 语句

if 语句的一般形式为：

```
if(表达式)
    语句
```

其中，"语句"既可以是简单语句，也可以是复合语句，其流程图如图 2-19 所示。

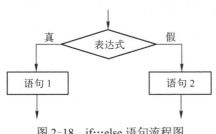

图 2-18 if…else 语句流程图

图 2-19 if 语句流程图

3. 多级 if…else 语句

如果需要创建从几个选项中进行选择的结构，可使用多级 if…else 或 switch 语句。
多级 if…else 语句的一般形式为：

```
if(表达式1)
    {分支1}
else if(表达式2)
    {分支2}
```

```
    else if(表达式 3)
        {分支 3}
    ...
    else
        {分支 n}
```

多级 if…else 语句流程图如图 2-20 所示。

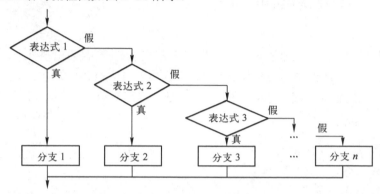

图 2-20　多级 if…else 语句流程图

这种结构从上至下逐个判断表达式的结果是否为非 0，一旦发现表达式的结果为非 0 就执行与之相关的语句，并跳过其他语句。

4. switch 语句

当指令中的选择结构要从多个分支中选择时，使用 switch 语句往往要比使用多级 if…else 语句简洁明了。switch 语句的一般形式为：

```
switch(整型或字符型变量)
{
case 值 1:分支 1;break;
case 值 2:分支 2;break;
...
case 值 n:分支 n;break;
default:分支 n+1 或空语句;
}
```

switch 语句流程图如图 2-21 所示。

在 switch 语句中，每条单独的 case 子句都包含一个值，同时后面跟着一个冒号。该值的数据类型应该和选择表达式的数据类型一致。也就是说，若 switch 语句中的变量是一个整型变量，则在 case 子句中的值也应该是整型数值；若 switch 语句中的变量是一个字符型变量，则在 case 子句中的值也应该是字符。

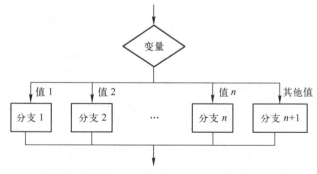

图 2-21　switch 语句流程图

每条 case 子句的冒号后面是一条或多条语句。当 switch 语句中变量的值与 case 的值匹配时，就执行这些语句。

在单片机执行了相应 case 子句中的指令后，通常想让程序退出 switch 语句，不再执行该语句后剩下的指令，可以将 break 语句作为最后一条语句包含在 case 子句中，就可以达到上述目的。

作　业

2-1　如图 2-22 所示，单片机 P1 口的 P1.0、P1.1、P1.2 和 P1.3 各接一个开关 S1、S2、S3 和 S4，P1.4、P1.5、P1.6 和 P1.7 各接一个发光二极管。由 S1、S2、S3 和 S4 来确定哪个发光二极管被点亮，即按下 S1、S2、S3 和 S4 时，分别点亮 D1、D2、D3、D4 4 个发光二极管。试编写程序实现上述功能。

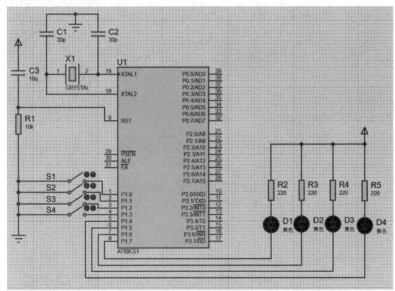

图 2-22　连接电路

2-2　由单片机接两台电动机和两个按键，实现让这两个按键分别控制两台电动机正转和反转（按下按键正转，松开按键反转），请设计其电路，编写程序。

知识梳理与总结

本任务通过单片机并行 I/O 端口控制 6 个发光二极管实现流水灯效果，比较系统地介绍了 C51 的基本语法，包括标识符、关键字、数据类型、运算符与表达式、存储模式与变量的存储器类型、单片机存储器结构、分支结构控制语句，还包括用 Proteus 绘制电路原理图时关于布线的一些方法（重复布线、拖线及移动连线或连线组）。

本任务需要重点掌握的内容如下。

（1）存储器结构。
（2）并行 I/O 端口结构及使用要点。
（3）C51 数据类型、运算符和表达式，特别是 sbit 类型和 sfr 类型的使用。
（4）存储模式与变量的存储器类型。

任务 3 设计流水灯

任务单

任务描述	由 MCS-51 单片机的并行 I/O 端口 P0、P2 口接 12 个发光二极管,实现发光二极管逐一点亮(或每次点亮两个)的流水灯
任务要求	由 P0、P2 口连接 12 个发光二极管(见图 3-1),实现如下功能: (1)让 12 个发光二极管从 D1 开始,逆时针循环轮流点亮。(2)从 D12 开始,顺时针循环轮流点亮两个发光二极管 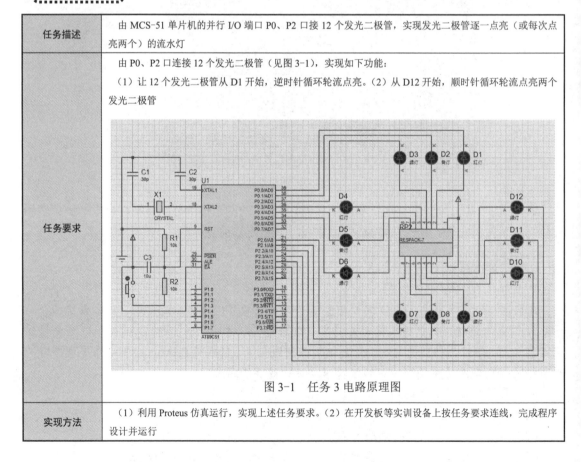 图 3-1 任务 3 电路原理图
实现方法	(1)利用 Proteus 仿真运行,实现上述任务要求。(2)在开发板等实训设备上按任务要求连线,完成程序设计并运行

任务 3 设计流水灯

教学导航

知识重点	（1）单片机时钟电路及 CPU 时序。（2）Keil μVision 菜单功能。（3）for、while 和 do … while 语句
知识难点	CPU 时序
推荐教学方式	从任务入手，通过让学生完成用单片机控制 12 个发光二极管实现流水灯这一任务，使学生初步掌握 C51 的循环控制语句的使用方法
建议学时	4～6 学时
推荐学习方法	根据教师提供的电路原理图，设计单片机控制流水灯程序，利用 Proteus 和 Keil C 开发环境完成程序编辑、编译、仿真运行，理解 C51 基本语法及相关理论知识
必须掌握的理论知识	（1）单片机时钟电路。（2）机器周期及 CPU 时序。（3）Keil μVision 菜单功能
必须练成的技能	（1）编写 C51 循环程序。（2）Keil μVision 常用操作
需要培育的素养	（1）集体意识和团队合作意识。（2）创新精神和自我革命精神

任务准备

扫一扫看思维导图：时钟电路及 CPU 时序

3.1 单片机时钟电路及 CPU 时序

扫一扫看教学课件：时钟电路

3.1.1 单片机时钟电路

单片机的定时控制功能是由片内的时钟电路和定时电路来完成的，而片内的时钟的产生有如下两种方式。

（1）内部时钟方式：如图 3-2（a）所示，片内高增益反相放大器通过 XTAL1、XTAL2 外接作为反馈元件的片外晶体振荡器（简称晶振，呈感性）与电容组成的并联谐振回路构成一个自激振荡器，向内部时钟电路提供振荡时钟。振荡器的频率主要取决于晶体的振荡频率，一般晶体可在 $1\sim 2^{12}$ MHz 任选，电容 C1、C2 可在 5～30 pF 选择，电容的大小对振荡频率有微小的影响，可起频率微调作用。电容的安装位置应尽量靠近单片机芯片。

（2）外部时钟方式：按不同工艺制造的单片机芯片的外部时钟电路的连接方法有所不同，如表 3-1 所示。外部时钟方式如图 3-2（b）所示。

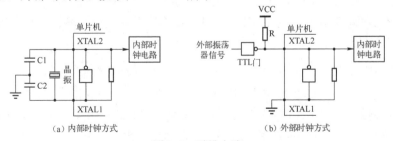

（a）内部时钟方式　　　　　　　　（b）外部时钟方式

图 3-2　时钟电路

表 3-1　单片机芯片的外部时钟电路的连接方法

芯片类型	接法	
	XTAL1	XTAL2
HMOS	接地	接片外振荡脉冲输入端（带上拉电阻）
CHMOS	接片外振荡脉冲输入端（带上拉电阻）	悬空

3.1.2 CPU 时序

扫一扫看微课视频：时序

CPU 以不同的方式，通过复杂的时序电路执行各种不同的指令。CPU 的控制器按照指令的功能发出一系列在时间上有一定次序的信号去控制和启动一部分逻辑电路，完成某种操作。在一定时刻发出一定的控制信号启动一定的逻辑部件动作，这就是 CPU 的时序。

1. 与 CPU 时序相关的几个概念

1）节拍

振荡器的周期定义为节拍，在 CPU 时序中用 P 表示，其频率也就是晶振频率 f_{osc}。

2）状态

通过单片机的时钟电路可以产生系统时钟信号。系统时钟信号是一切微处理器、微控制器内部电路工作的基础。晶振输出的振荡脉冲经 2 分频成为内部时钟信号，用作单片机内部各功能部件按序协调工作的控制信号，其周期定义为状态周期，用 S 表示，一个状态包括两个节拍，前半周期对应的节拍称为 P1，后半周期对应的节拍称为 P2。

3）机器周期

CPU 完成一种基本操作所需要的时间称为机器周期 T_{cy}。

基本的机器周期有取指周期、存储器读周期和存储器写周期等，各种指令功能都是由这几种基本机器周期实现的。

MCS-51 单片机的 1 个机器周期包括 6 个状态周期，即 12 个振荡脉冲周期。为了叙述方便，以 S1~S6 分别表示 6 个状态周期，以 P1、P2 表示每个状态周期的两节拍，则 1 个机器周期依次由 S1P1、S1P2、S2P1、…、S6P2 等 12 个节拍组成。

如果系统时钟的晶振频率为 f_{osc}=12 MHz，则

$$1T_{cy}=12T_{osc}=12/f_{osc}=12/(12\times10^6)=1\ \mu s$$

即 1 个机器周期的时间为 1 μs。

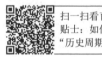
扫一扫看育人小贴士：如何跳出"历史周期率"

4）指令周期

CPU 执行一条指令所需要的时间称为指令周期，它以机器周期为单位。MCS-51 单片机的指令可以分为单周期指令、双周期指令和四周期指令三种，它们的执行时间依次是 1 个、2 个和 4 个机器周期。

2. CPU 时序

图 3-3 给出了单周期指令执行的 CPU 时序，指令的执行分取指令和执行两个阶段，取指令的时间与地址锁存（ALE）信号有关。ALE 信号在每个机器周期出现两次，第一次出现在 S1P2、S2P1 期间，第二次出现在 S4P2、S5P1 期间，其频率为系统时钟的晶振频率的 1/6。每当 ALE 信号出现时，CPU 取指令一次。对于单周期单字节指令，当 ALE 信号第一次出现时，CPU 取指令，当 ALE 信号第二次出现时，CPU 仍取指令，但此次所取数据丢弃不用，直到一个机器周期结束时执行完毕。第二次读取的数据无效，且 PC 值也不改变，这种现象称为假读。对于单周期双字节指令，在两次 ALE 信号有效（上升沿）时，CPU 分别读入指令的 2 字节，直到一个机器周期结束时执行完毕。

任务 3　设计流水灯

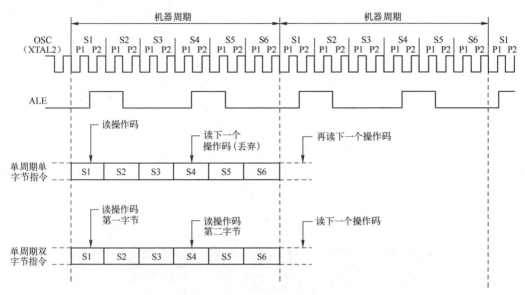

图 3-3　单周期指令执行的 CPU 时序

3.2　Keil μVision 集成开发环境

扫一扫看思维导图：Keil μVision 集成开发环境

要使用 C51 语言来开发 MCS-51 单片机应用程序，必须用 C51 编译器把写好的 C 语言程序编译为机器码，这样单片机才能执行编写好的程序。Keil 软件是目前最流行的开发 MCS-51 单片机的软件之一，它支持众多不同公司的 MCS-51 结构的单片机芯片，同时集编辑、编译、仿真等功能于一体，其界面友好，易学易用，可以在普通个人计算机上调试 MCS-51 单片机的 C 语言程序和汇编程序，还具有强大的软件仿真和排错功能，目前成为很多开发 MCS-51 单片机应用的工程师或普通单片机爱好者的首选工具。

3.2.1　Keil μVision 的功能、使用与安装

1. Keil μVision 功能

Keil C51 是美国 Keil Software 公司出品的 51 系列兼容单片机 C 语言软件开发系统。Keil C51 提供了包括 C 编译器、宏汇编器、连接器、库管理和一个功能强大的仿真调试器等在内的完整开发方案，通过一个集成开发环境（Keil μVision）将这些部分组合在一起。Keil μVision 经历了 μVision1、μVision2、μVision3、μVision4、μVision5，由于 Proteus 具有 Proteus VSM Studio，而 Keil μVision 只是为 Proteus 提供编译功能，因此使用 Proteus 开发单片机应用系统程序时，只需要安装 Keil μVision 即可，不需要单独使用该软件，如果读者没有使用 Proteus，也可只使用 Keil μVision 作为单片机的开发工具。

Keil μVision5 是基于 Windows 的开发平台，包括一个高效的编译器、一个项目管理器和一个 MAKE 工具，它具备的功能如下：

（1）Windows 应用程序 μVision5：一个集成开发环境，把代码编辑、程序调试等集成到一个功能强大的环境中。

（2）C51 美国标准优化 C 交叉编译器：由 C 源代码产生可重定位的目标文件。

（3）A51 宏汇编器：由 MCS-51 单片机汇编语言源代码产生可重定位的目标文件。

（4）BL51 连接/重定位器：组合由 C51 和 A51 产生的可重定位的目标文件，生成绝对目标文件。

（5）LIB51 库管理器：组合目标文件，生成可以被连接器使用的库文件。

（6）OH51 目标文件到 HEX 格式的转换器：由绝对目标文件创建 Intel HEX 格式的文件。

（7）RTX-51 实时操作系统：简化了复杂的和对时间要求敏感的软件项目。

2. Keil μVision 的安装

要使用 Keil C51，首先需要把它安装到计算机中。Keil C51 是一个商业软件，可以在 Keil 官网上免费下载，最大能编译 2 KB 机器码程序的评估版（Evaluation）软件可以满足一般个人学习和小型应用的开发需求。在官网上按图 3-4 所示填写一份简单的申请，就可以下载 Keil C51 评估版本，如图 3-5 所示，单击 C51V***A.EXE 文件下载。下载完后即可安装，安装步骤如下。

图 3-4　下载 Keil C51 评估版本的申请界面

（1）双击 Keil C51 安装文件，打开如图 3-6 所示的欢迎界面，单击"Next"按钮，打开如图 3-7 所示的"License Agreement"界面。这里显示的是安装许可协议，需要勾选"I agree to all the terms of the preceding License Agreement"复选框。

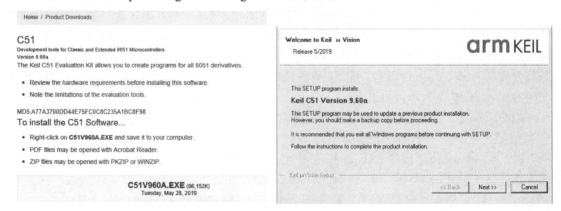

图 3-5　下载 Keil C51 评估版本　　　　　图 3-6　安装 Keil C51 欢迎界面

（2）单击"Next"按钮，打开"Customer Information"界面，如图 3-8 所示。输入用户名、公司名称及 E-mail 地址即可。

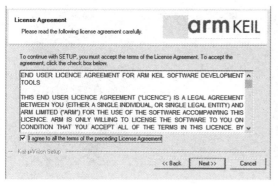

图 3-7 "License Agreement"界面

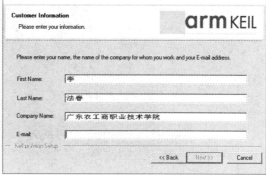

图 3-8 输入用户信息

（3）单击"Next"按钮，打开"Folder Selection"界面，设置安装路径，默认安装路径在"C:\Keil_v5"文件夹下。单击"Browse"按钮，可以修改安装路径，这里建议大家用默认的安装路径，如果要修改，也必须使用英文路径，不要使用包含中文字符的路径。

（4）单击"Next"按钮，就会自动安装软件，如图 3-9 所示，安装完成后显示如图 3-10 所示的界面。

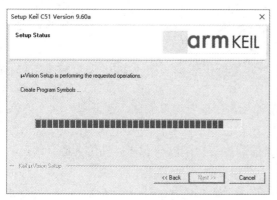

图 3-9 安装进度

图 3-10 安装完成

3.2.2 Keil μVision 的使用

1. Keil μVision 的菜单和工具

扫一扫看教学课件：Keil μVision 的使用

扫一扫看相关知识：Keil μVision5 的菜单命令

在 Keil μVision5 中，用户可以通过键盘或鼠标选择开发工具的菜单命令和选项等，也可以使用键盘输入程序文本。Keil μVision5 界面提供一个菜单栏、一个工具栏和一个或多个源程序窗口及显示信息等，使用工具栏上的按钮可快速执行 Keil μVision5 的许多操作。

Keil μVision5 可以同时打开和查看多个源文件，当在一个窗口写程序时可以参考另一个窗口的头文件信息，通过鼠标或键盘可移动或调整窗口大小，Keil μVision5 主界面如图 3-11 所示。

（1）File（文件）菜单：该菜单用于对 Keil μVision5 源程序文件进行操作，包括新建、打开、保存、打印等菜单选项。

（2）Edit（编辑）菜单：该菜单包括对 Keil μVision5 源程序文件进行编辑的菜单选项，包括复制、剪切、粘贴、查找等。

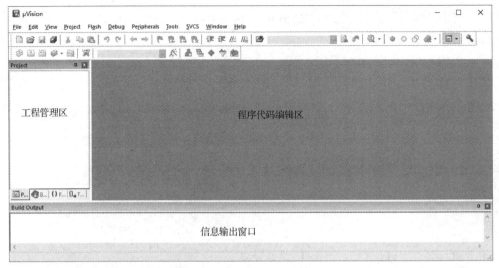

图 3-11　Keil μVision5 主界面

（3）View（视图）菜单：该菜单包括是否显示状态栏、工具栏、窗口等菜单选项，在调试模式下比在编辑模式下要多出一些调试视图窗口菜单选项，而常规的视图窗口菜单选项都一样。

（4）Project（工程）菜单：利用 Keil μVision5 开发单片机应用程序，首先要建立工程文件，Project 菜单就是对 Keil μVision5 工程进行操作的菜单，包括新建工程、打开工程、关闭工程、编译工程等菜单选项。

（5）Flash（烧写）菜单：该菜单用于将编译生成的可执行文件（.axf）通过烧录器烧录到芯片。

（6）Debug（调试）菜单：对原程序进行编译后，如果要仿真调试，则可利用这一菜单。

（7）Peripherals（外围器件）菜单：在对 Keil μVision5 源程序进行仿真调试时，利用该菜单可以打开 I/O 端口、中断、串行口、定时器的观察窗口，以观察单片机仿真运行情况。

（8）Tools（工具）菜单：该菜单主要提供了一些工具。

（9）SVCS（窗口）菜单：该菜单有一个菜单选项，即 Configure Software Version Control，表示配置软件版本控制，我们一般都不使用这个自带的版本控制系统，较常用的版本管理软件有 TortoiseSVN 和 Git。

（10）Window（视窗）菜单：该菜单用于对 Keil μVision5 窗口进行操作。

（11）Help（帮助）菜单：该菜单主要用于显示 Keil μVision5 的帮助信息。

2. 开发工具选项

Keil μVision5 可以设置 C51 编译器、A51 宏汇编器、连接，以及定位和转换等工具。使用鼠标或者键盘可选择相应的工具更改选项设置。

Keil μVision5 允许为目标硬件设置选项。在"Options for Target 'Target1'"对话框中，可以通过对各个选项卡进行设置来定义目标硬件，以及所选器件的相关参数，如表 3-2 所示。

表 3-2　开发工具的各个选项卡

选项卡	描述
Device	选择单片机的型号

续表

选项卡	描述
Target	定义应用的硬件参数，如晶振频率等
Output	定义 Keil 工具的输出文件，并可以定义生成（Build）操作成功之后要执行的应用程序
Listing	定义 Keil 工具输出的所有列表文件
User	定义用户自定义的命令
C51	编译器中特别的工具选项，如代码优化或变量分配
A51	汇编器中特别的工具选项，如宏处理
BL51 Locate	定义不同类型的存储器和存储器的不同段的设置。典型情况下，可以选择"Memory Layout from Target Dialog"来获得自动设置
BL51 Misc	其他的与连接器相关的设置，如告警或存储器指示
Debug	Keil μVision5 Debugger 的设置
Utilities	文件和文件组的文件信息和特别选项

下面主要对常用的"Device"、"Target"和"Output"选项卡的相关参数进行介绍，读者可以参考相关资料学习其他选项卡的设置。

1)"Device"选项卡

此选项卡与建立新工程时弹出的要求选择单片机型号的对话框相同，可以根据使用的单片机型号来选择。任务 1 中选择的是常用的 AT89C51。

2)"Target"选项卡

此选项卡用来定义选择的硬件，设置后的"Target"选项卡如图 3-12 所示，包含如下选项。

(1) Xtal：定义 CPU 时钟频率，对于大多数的应用来说，将时钟频率设置为与单片机实际晶振频率相同的值是常见的做法，如一般单片机的晶振频率为 12 MHz，则这里设置为 12.0 MHz。

(2) Memory Model：定义编译器的存储模式，对于一个新的应用来说，默认的是 Small 模式。除了这种模式外，还有 Compact、Large 模式，参见 2.3.2 节。

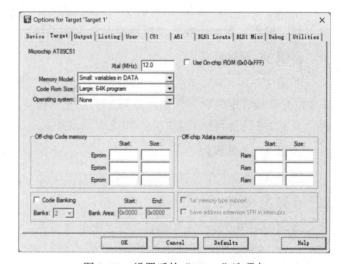

图 3-12 设置后的"Target"选项卡

(3) Code Rom Size：表示单片机程序空间的大小，有 3 个选项，Small（低于 2 KB 的程序空间）、Compact（单个函数不能超过 2 KB，整个程序可以使用 64 KB 的程序空间）、Large（全部 64 KB 的程序空间）。

3) Output 选项卡

此选项卡用来定义 Keil 工具的输出文件并定义要生成的目标文件的名字和类型（如 HEX 文件等）。此选项卡包含以下选项。

（1）Select Folder for Objects：单击"Select Folder for Objects"按钮可以选择编译后目标文件的存储目录，如果不设置，默认存储在项目文件所在的目录中。

（2）Name of Executable：设置生成的目标文件的名字，默认情况下和项目的名字一样，这里设置成 hello。目标文件可以生成库或 OBJ、HEX 格式文件。

（3）Create Executable：如果要生成 OMF 及 HEX 文件，一般勾选"Debug Information"和"Browse Information"复选框。勾选这两个复选框才会出现调试所需的详细信息。比如要调试 C 语言程序，如果不勾选这两个复选框，调试时将无法看到高级语言写的程序。

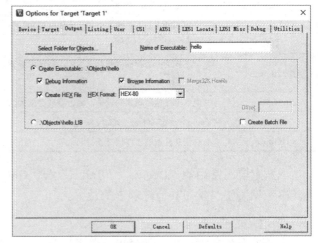

（4）Create HEX File：要生成 HEX 文件一定要勾选"Create HEX File"复选框。如果编译之后没有生成 HEX 文件，就是因为没有勾选这个复选框。

设置后的"Output"选项卡如图 3-13 所示。

图 3-13 设置后的"Output"选项卡

典型案例 4　设计 6 个发光二极管的流水灯

扫一扫下载 Proteus 文件：典型案例 4

如图 3-1 所示，用 51 单片机 P0 口连接的 6 个发光二极管模拟流水灯，编程实现 6 个发光二极管逆时针方向循环点亮（每次点亮 1 个发光二极管）。

步骤 1：明确任务

在图 3-1 中，P0、P2 口分别连接了 6 个发光二极管，本案例只是要求和 P0 口相连接的 6 个发光二极管逆时针方向循环点亮 1 个发光二极管，即首先 D1 亮，延时后 D2 亮，以此类推，直到 D6 亮后再回到 D1 亮，如此周而复始。

步骤 2：总体设计

选用 AT89C51 单片机作为主控芯片。

步骤 3：硬件设计

本案例采用"没有固件项目"方式来创建工程，在如图 3-14 所示的对话框中，先单击"没有固件项目"单选按钮，然后单击"Next"按钮即可完成创新项目向导，最后单击"Finish"按钮，进入原理图绘制界面，发现该界面中与前 3 个案例不一样，没有单片机，此时要单独选取单片机芯片（AT89C51）。

根据图 3-1 绘制电路原理图，其中，晶振的符号为 CRYSTAL，电容的符号为 CAP，与 P2 口相连接的 6 个发光二极管不需要连接，如图 3-15 所示，也可把 6 个发光二极管排成一行。

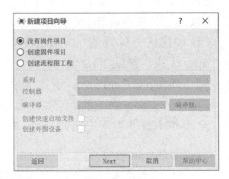

图 3-14 "新建项目向导"对话框

任务 3　设计流水灯

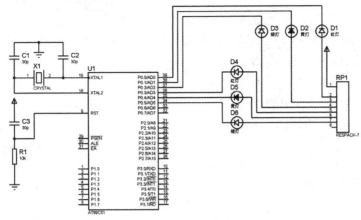

图 3-15　案例 4 电路原理图

步骤 4：软件设计

（1）新建工程：启动 Keil μVision5，如果打开后就有打开的文件，则单击"Project"→"Close Project"命令将其关闭。单击"Project"→"New μVision Project"命令，如图 3-16 所示，打开"Create New Project"对话框，要求给将要建立的工程起一个名字，这里起名为 lsd（建议新建的工程保存到一个新的文件夹中，因此在新建工程前要新建一个文件夹，把新建的工程保存到该文件夹中），如图 3-17 所示，不需要输入扩展名。单击"保存"按钮，打开"Select Device for Target 'Target 1'"对话框，如图 3-18 所示。

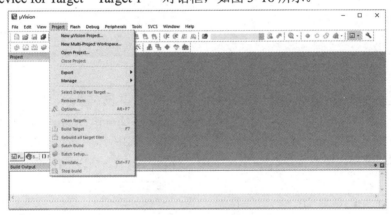

图 3-16　新建工程菜单

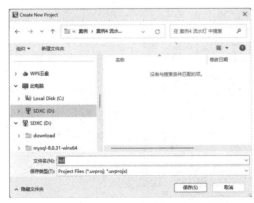

图 3-17　"Create New Project"对话框

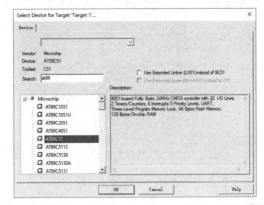

图 3-18　"Select Device for Target 'Target 1'"对话框

（2）选择单片机型号：这里选择 Atmel 公司的 AT89C51 芯片，在"Search"文本框中输入"at89"，拖动下拉列表框中的滚动条，找到"AT89C51"，选中"AT89C51"，单击"OK"按钮，打开如图 3-19 所示的对话框，询问是否要将标准的 51 启动代码加入工程，单击"是"按钮，打开 Keil μVision 主界面，在工程管理区中出现了"Target 1"，其前面有"+"，单击"+"展开，可以看到下一层的"Source Group 1"，再下一层就是自动添加的标准启动代码，如图 3-20 所示。

图 3-19 "μVision"对话框

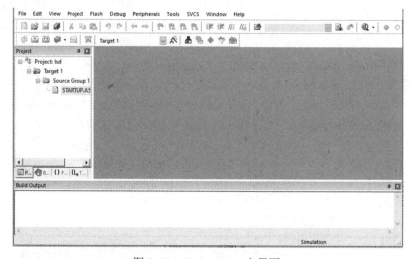

图 3-20 Keil μVision 主界面

（3）新建源程序文件：先选中"Source Group 1"，使其反白显示，然后单击鼠标右键，弹出快捷菜单，如图 3-21 所示，单击"Add New Item to Group 'Source Group 1'"命令，打开"Add New Item to Group 'Source Group 1'"对话框，选中"C File(.c)"，在"Name"文本框中输入新建的源程序文件名 lsd，单击"Add"按钮，如图 3-22 所示。

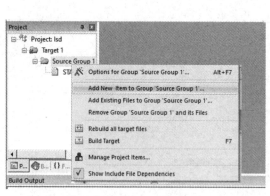

图 3-21 源程序组的快捷菜单

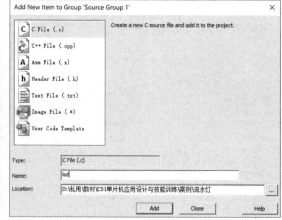

图 3-22 新建源程序文件

图 3-15 中，6 个发光二极管的阳极连在一起，并且公共端接到+5 V，这种连接方法称为

共阳极结构，当某个发光二极管的阴极为低电平时，该发光二极管发光。如果 6 个发光二极管的阴极连在一起，并且公共端接地，这种连接方法称为共阴极结构，当某个发光二极管的阳极为高电平时，该发光二极管发光。

对于图 3-15 来说，每个发光二极管的阴极接到 AT89C51 的 P0 口，很显然要想使哪个发光二极管发光，则向 P0 口的相应位传送 0 即可。因此，要想依次点亮发光二极管（假设从左至右依次点亮），则需向 P0 口依次送入以下立即数：

1111 1110——点亮 D1　语句：P0=0xFE
1111 1101——点亮 D2　语句：P0=0xFD
…
1101 1111——点亮 D6　语句：P0=0xDF

扫一扫下载后看教学动画：流水灯原理

我们看到，从左至右点亮发光二极管的显示模式字立即数 1111 1110、1111 1101、…、1101 1111 之间存在着每次循环左移一位的规律，当 1101 1111 再循环左移一位又变成了 10111110，进入新的一轮循环点亮，因此我们可以采用循环程序来实现该案例。

在 Keil μVision 主界面的工程管理区双击 lsd.c 文件，右边的程序代码编辑区出现一个新的选项页 lsd.c，在该程序代码编辑区先输入如下程序，然后单击 "File"→"Save" 命令，结果如图 3-23 所示。

```c
#include<reg51.h>
void main()
{
unsigned char output=0xfe;
while(1)
{
P0=output;
output<<=1;//让 output 向左移一位，其最低位补 0，没有达到循环左移的目的
output |=1;//由于上一语句执行后，output 最低位为 0，所以通过该语句使最低位置 1
if(output==0xbf) output=0xfe;
}
}
```

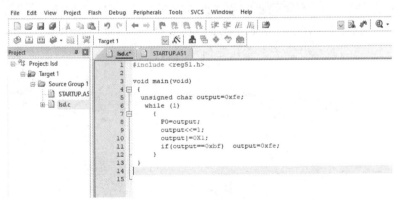

图 3-23　输入源程序

步骤 5：软件调试

（1）工程选项设置。选择工程管理区的 "Target 1"，单击鼠标右键，弹出快捷菜单，如

图 3-24 所示，单击"Options for Target 'Target 1'"命令，在打开的对话框中单击"Output"选项卡，勾选"Create HEX File"复选框，这样在编译后就会生成可以用于烧写的 HEX 文件。"Name of Executable"表示将要生成的 HEX 文件的名称，如图 3-25 所示。本项设置有两大作用：一是为在 Proteus 绘制的电路原理图中的单片机加载可执行文件，否则单片机没有运行的程序文件，导致仿真运行没有任何效果；二是在实验箱或开发板等实物硬件运行前，可将生成的 HEX 文件烧录到单片机芯片中，实物硬件上电即可运行程序。

（2）项目编译、连接：设置好工程选项后即可进行编译、连接。单击"Project"→"Build Target"命令，可以对当前工程进行连接。如果当前文件已修改，则先对该文件进行编译，然后连接以产生目标代码；如果单击"Project"→"Rebuild all target files"命令，则先对当前工程中的所有文件（无论是否修改过）重新进行编译，然后连接以产生目标代码；而如果单击"Project"→"Translate"命令，则仅对当前文件进行编译，不进行连接，也就不会产生新的目标代码。

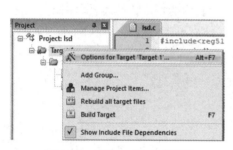

图 3-24 "Target 1"快捷菜单

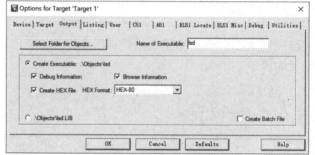

图 3-25 选择输出 HEX 文件

以上操作也可以通过工具栏按钮进行。编译、调试的工具栏按钮如图 3-26 所示。

图 3-26 编译、调试的工具栏按钮

编译过程中的信息将出现在信息输出窗口中，可以得到如图 3-27 所示的结果，提示获得了名为 lsd.hex 的文件，该文件即可被编程器读入并写到芯片中。同时还可以看到该程序的代码量（code=35）、内部 RAM 的使用量（data=9.0）、外部 RAM 的使用量（xdata=0）等信息，单位为字节。除此之外，还产生了一些其他相关的文件，这些文件可被用于 Keil C51 的仿真与调试。

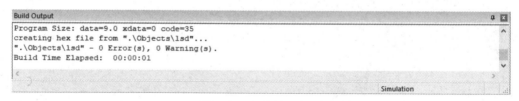

图 3-27 信息输出窗口

（3）给单片机加载可执行文件：本案例在 Proteus 中设计硬件电路时，使用了"没有固件项目"，不仅在原理图绘制界面中没有单片机，也没有"源代码"选项页，此时要给单片机加载可执行文件，需回到 Proteus 主界面，双击单片机 AT89C51，打开"编辑元件"对话框，如图 3-28 所示，单击"Program File"后面的按钮，打开"选中文件名"对话框，如图 3-29 所示，双击"Objects"文件夹，选中该文件夹下的"lsd.hex"文件，则"编辑元件"对话框内容发生改动，如图 3-30 所示。

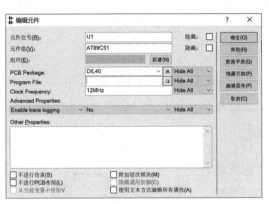

图 3-28 "编辑元件"对话框 1

图 3-29 "选中文件名"对话框

图 3-30 "编辑元件"对话框 2

（4）在 Proteus 中仿真运行：单击"运行"按钮，如果仿真运行现象不对，则查找原因，修改程序直到仿真运行现象正确为止。

执行上面程序后，发现 6 个发光二极管全亮了，这与预想的结果不符（不是循环点亮的），为什么？这是因为程序执行得太快，逐一点亮发光二极管时的间隔时间太短，在我们看来就是同时点亮了。因此，必须在点亮一个发光二极管后增加一段延时程序，使该显示状态停顿一会儿，这样人眼才能区别出来。所谓延时，就是让 CPU 做一些与主程序功能无关的操作（如将一个数字逐次减 1 直到 0）来消耗掉 CPU 的时间。

延时程序在单片机程序设计中使用非常广泛，如键盘接口中的软件消除抖动、串行通信接口程序、动态 LED 显示程序、A/D 转换等。例如，利用下列程序段就可实现延时：

```
long i;
for(i=50000;i>=0;i--);
```

即让 i 从 50000 开始不停地减 1，直至减为 0，把该程序段加入上述程序中，即可使程序运行正常，真正实现循环点亮发光二极管。完整程序如下：

```
#include<reg51.h>
void main()
{
```

```
long i;
unsigned char output=0xfe;
while(1) {
P0=output;
for(i=50000;i>0;i--);
output<<=1;
output |=1;
if(output==0xbf) output=0xfe;
}
}
```

单击"运行"按钮，6个发光二极管循环点亮，实现了案例要求。其实在 Keil μVision5 中也可以进行仿真调试，下面介绍在 Keil μVision5 中进行仿真调试的方法。

（5）Keil μVision5 仿真运行：在工程汇编、连接成功以后，按"Ctrl+F5"快捷键、单击"Debug"→"Start/Stop Debug Session"命令或单击工具栏中的按钮 @，会出现如图 3-31 所示的提示，这是因为我们运行的是 Keil μVision5 评估版，其运行的目标代码不能超过 2 KB，单击"确定"按钮进入调试状态。此时工具栏中出现了一个用于仿真运行和调试的工具条，如图 3-32 所示。

图 3-31 评估版运行的目标代码不能超过 2 KB

图 3-32 用于仿真运行和调试的工具条

图 3-32 所示的工具条中的 Debug 菜单快捷按钮从左到右依次是复位、运行、停止、单步、过程单步、执行完当前子程序、运行到当前行、下一状态、命令窗口、反汇编窗口、符号窗口、寄存器窗口、调用堆栈窗口、观察窗口、内存窗口、串行窗口、性能分析窗口、跟踪窗口、系统预览窗口、自定义工具按钮。

由于本案例中 P0 口连接 6 个发光二极管，因此我们在 Keil μVision5 仿真运行时要仿真或观察 P0 口的状态。单击"Peripherals"→"I/O-Ports"→"Port 0"命令，在界面口中会出现 P0 口的状态，需要在程序运行时改变 P0.0（"Parallel Port 0"对话框中最右下角的复选框），并观察"Parallel Port 0"对话框中各位的变化情况，其中有对号的表示该位为逻辑"1"，没有对号的表示该位为逻辑"0"，如图 3-33 所示。

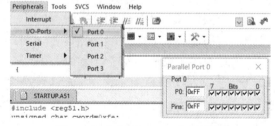

图 3-33 "Parallel Port 0"对话框

依次单击图 3-32 中最左边的两个快捷按钮，程序就开始仿真运行，可以看到 P0 口中的低 6 位中的"√"会循环消失后再现。"停止"快捷按钮由灰色变为红色，单击该按钮后，程序停止运行。

分享讨论：在本案例基础上，单片机再连接一个按键，当按键按下时，暂停循环点亮发光二极管或停止循环点亮发光二极管，其程序如何修改？请大家分组讨论并完成。

任务 3　设计流水灯

任务实施

任务实施步骤及内容详见任务 3 工单。

扫一扫看任务 3 工单

拓展延伸

3.3　循环控制

扫一扫看相关知识：循环控制语句

扫一扫看思维导图：循环控制

什么是循环？例如，洗衣机洗衣服的过程就是一个循环过程，先把衣服放入洗衣机、放入洗衣粉（液），再经过几次"放水浸泡""洗涤""漂洗""脱水"循环，即可把衣服洗干净。单片机程序中也经常使用循环结构，即单片机重复执行一条或多条指令，直到满足某种条件，才停止重复执行这些指令。循环结构分为事先测试循环结构和事后测试循环结构，它们的流程图分别如图 3-34（a）和图 3-34（b）所示。

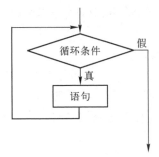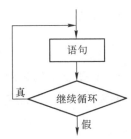

（a）事先测试循环结构的流程图　　　（b）事后测试循环结构的流程图

图 3-34　循环结构的流程图

3.3.1　循环控制语句

扫一扫看教学课件：C51 循环控制语句

1. while 语句

while 语句的一般形式为：

```
while(表达式)
    {循环体}
```

使用 while 语句时必须提供圆括号中的表达式。表达式表示循环条件，该语句的执行流程如图 3-34（a）所示，首先计算表达式的值，如果其值为真，则执行循环体中的语句，执行完后再计算表达式的值是否还为真，如果不为真，则不再执行循环体中的语句，跳出循环。

2. for 语句

for 语句是在 C51 中用得最多，也最灵活的循环语句，可以在一条语句中包括循环控制变量初始化、循环条件、循环控制变量增值等内容。for 语句的一般形式为：

```
for(表达式1；表达式2；表达式3)
    {循环体}
```

其中，表达式 1 为循环控制变量初始化表达式，表达式 2 为循环条件表达式，表达式 3 为循环控制变量增值表达式。

for 语句的执行流程如图 3-35 所示。

3. do…while 语句

前面的 while 语句和 for 语句都是事先测试循环结构，其特点是先判断循环条件表达式，再执行循环体。而 do…while 语句是事后测试循环结构，其特点是先执行语句，再判断表达式。do…while 语句的一般形式为：

```
do
    {循环体}
while(表达式);
```

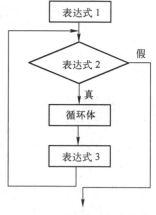

图 3-35 for 语句的执行流程

其中，表达式表示循环条件。需要注意的是，在 while(表达式)后面要加分号。do…while 语句的执行流程如图 3-34（b）所示。

3.3.2 转移语句

前面所讨论的分支结构控制语句和循环控制语句都有着自己完整的流程结构，另外还有一些流程控制语句可以改变流程，但自身并不构成完整的流程结构，这样的语句包括 break 语句和 continue 语句。

1. break 语句

break 语句的一般形式为：

```
break;
```

break 语句用来使流程跳出循环体，接着执行循环体后面的语句。break 语句不仅可以用于循环控制语句，还可用于 switch 语句，2.3.4 节已经介绍了其功能，这里不再赘述。

2. continue 语句

continue 语句的一般形式为：

```
continue;
```

continue 语句的作用是跳过本次循环中剩余的循环体语句，立即进行下一次循环。continue 语句只能用在循环语句中。

作　业

3-1　对于图 3-1 所示的电路，要求从 D12 开始，顺时针方向循环轮流点亮 3 个发光二极管。

3-2　如图 3-36 所示，与 P0 口相连的 8 个发光二极管一直出现从左向右轮流逐一点亮

的流水灯现象，当按下与 P1.0 引脚相连的 K1 键时，流水灯现象停止。

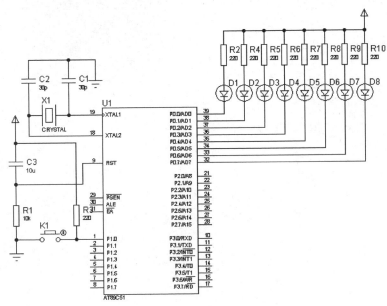

图 3-36 作业 3-2 的电路原理图

3-3 针对作业 3-2，当按下与 P1.0 引脚相连的 K1 键时，流水灯现象暂停；当松开与 P1.0 引脚相连的 K1 键时，流水灯现象继续。

3-4 要求单片机接 12 个发光二极管，逐一点亮发光二极管，请画出电路原理图并编写程序。

知识梳理与总结

本任务利用单片机并行 I/O 端口控制 12 个发光二极管实现流水灯效果，比较系统地介绍了单片机时钟电路与 CPU 时序、机器周期、Keil μVision 集成开发环境及循环程序。

本任务需要重点掌握的内容如下。

（1）单片机时钟电路与 CPU 时序、机器周期、指令周期。

（2）Keil μVision 集成开发环境。

（3）循环控制语句：for、while、do…while。

（4）转移语句：break、continue。

任务 4

设计花样流水灯

任务单

任务描述	由 MCS-51 单片机的并行 I/O 端口 P0、P2 口接 12 个发光二极管，P3.2 引脚接一个按键，当按键按下一次，12 个发光二极管模拟广告流水灯的规律改变一次
任务要求	由 P0 口连接 12 个发光二极管，P3.2 引脚接一个按键（见图 4-1），设计如下三个模拟广告流水灯的花样（规律），每当按键按下一次，流水灯的花样变换一次： （1）逆时针方向循环轮流点亮 1 个发光二极管；（2）顺时针方向循环轮流点亮 1 个发光二极管；（3）所有的红灯亮→黄灯亮→绿灯亮，周而复始  图 4-1　任务 4 电路原理图
实现方法	（1）利用 Proteus 仿真运行，实现上述任务要求。（2）在开发板等实训设备上按任务要求连线，完成程序设计并运行

任务 4　设计花样流水灯

教学导航

知识重点	（1）中断系统及中断处理过程。（2）中断控制寄存器。（3）中断服务函数的编写。（4）C51 函数定义与调用
知识难点	C51 函数定义、中断服务函数的编写
推荐教学方式	从任务入手，通过让学生完成用单片机连接 12 个发光二极管，由一个外部中断源的输入引脚控制，实现流水灯花样的变换这一任务，使学生初步掌握 C51 的中断系统及其编程
建议学时	4～6 学时
推荐学习方法	根据教师提供的电路原理图，设计单片机控制流水灯程序，利用 Proteus 完成电路原理图的绘制、程序编辑、编译、仿真运行，理解 51 单片机中断的概念、中断系统及其编程方法
必须掌握的理论知识	（1）中断系统及 51 单片机中断源。（2）中断控制寄存器。（3）中断响应过程。（4）中断服务函数定义与调用
必须掌握的技能	会编写中断服务程序
需要培育的素养	（1）首创精神、奋斗精神、奉献精神。（2）团队合作意识。（3）伟大建党精神

任务准备

4.1　中断系统

扫一扫看教学课件：中断系统结构

扫一扫看思维导图：中断系统

中断是现代计算机必须具备的功能，也是计算机发展史上一个重要的里程碑。现代计算机都具有实时处理功能，能对外界异步发生的事件做出及时的处理，这就是靠中断技术实现的，因此，准确理解中断概念和灵活掌握中断技术是学好本课程的关键之一。

4.1.1　中断的概念与作用

扫一扫看微课视频：中断系统的基本概念

1. 中断系统

什么是中断？下面我们用一个生活中的例子引入。你正在家中看书，突然电话铃响了，你不是立即合上你的书，而是在你所看到的那一页做上记号才去接电话，和来电话的人交谈，谈完后放下电话，回来继续从做记号的书页继续看书。在这个过程中，来电话就是一个中断事件，铃响是一个中断信号，提醒你必须中断目前的工作去处理另一个紧急事件，但在处理这个紧急事件前，所看的书需做记号保持原样以便接完电话后继续看，这就是中断的现场保护。类似的情况在计算机（包括单片机）中也存在。

中断是指计算机在执行某段程序的过程中，由于计算机系统内、外的某种原因，暂时中止原程序的执行，转去执行相应的处理程序，在中断服务程序执行完后，再回来继续执行被中断的原程序的过程。

2. 中断的作用

扫一扫看育人小贴士：中国共产党的"一大"曾发生中断

（1）CPU 与外围器件并行工作：解决了 CPU 速度快、外围器件速度慢的问题。外围器件在需要时向 CPU 发出中断请求，CPU 中断原有工作，执行中断服务程序，与外围器件交换数据；中断服务结束后，CPU 返回原程序继续执行。

（2）实时处理：控制系统往往有许多数据需要采集或输出，实时控制中有的数据难以估计何时需要交换，中断可为实时控制提供支持。

（3）故障处理：计算机系统的故障往往随机发生，如电源断电、运算溢出、存储器出错等。采用中断技术，一旦出现系统故障，就能及时处理。

（4）实现人机交互：人和单片机交互一般使用键盘或按键，可以通过键盘或按键采用中断的方式实现人机交互。采用中断方式时，CPU 执行效率高，而且可以保证人机交互的实时性，故中断方式在人机交互中得到了广泛应用。

4.1.2 MCS-51 单片机的中断系统

中断系统是指能实现中断功能的那部分硬件电路和软件程序。MCS-51 单片机的中断系统如图 4-2 所示，其中大部分中断电路都是集成在芯片内部的，只有 $\overline{INT0}$ 和 $\overline{INT1}$ 中断输入线上的中断请求信号产生电路分散在各中断源电路或接口芯片电路中。

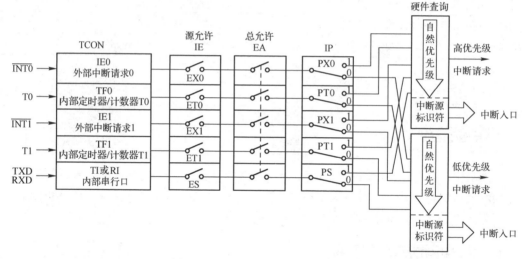

图 4-2 MCS-51 单片机的中断系统

1. 中断源

生活中有很多事件可以引起中断：有人按门铃了、电话铃响了、你的闹钟响了、你烧的水开了等诸如此类的事件，我们把可以引起中断的事件称为中断源。在单片机中，中断源是指引起中断原因的设备或事件，或发出中断请求信号的来源。

1) 外部中断源

MCS-51 单片机有 2 个外部中断源，称为外部中断 0 和 1，经由单片机上的 P3.2、P3.3 这两个外部引脚引入，分别为 $\overline{INT0}$、$\overline{INT1}$。外部中断请求信号的触发方式有电平方式和脉冲方式两种，用户通过设定定时器/计数器控制寄存器（TCON）中的 IT0 和 IT1 位的状态来选取某种方式。

在单片机中，外部中断源通常有 I/O 设备、实时控制系统中的随机参数和信息故障源等。

2) 内部中断源

（1）定时器/计数器溢出中断源：由内部定时器/计数器产生，属于内部中断。MCS-51 单片机内部有两个 16 位的定时器/计数器，对内部定时脉冲或 T0、T1 引脚上输入的外部脉冲计数，实现定时或计数功能。当定时器/计数器发生溢出时，溢出信号向 CPU 发出中断请求，表明定时时间已到或计数值满。

（2）串行口中断源：由内部串行口中断产生，属于内部中断源。当串行口接收或发送完一组串行数据时，串行口自动向 CPU 发出一个中断请求，CPU 响应中断请求后转入串行口中断服务子程序，以实现串行数据的发送和接收。

2. 中断请求标志

1）TCON 中的中断标志及其控制位

TCON 是定时器/计数器 T0 和 T1 的控制寄存器，同时锁存 T0 和 T1 的溢出中断标志及外部中断 0 和 1 的中断标志等，在 TCON 中共有 6 位与中断有关，其中低 4 位与外部中断有关，TCON 如图 4-3 所示，TCON 地址为 88H。

(MSB) 8FH	8EH	8DH	8CH	8BH	8AH	89H	88H (LSB)
D7	D6	D5	D4	D3	D2	D1	D0
TF1	TR1	TF0	TR0	IE1	IT1	IE0	IT0

图 4-3 TCON

各中断标志及其控制位的含义如下。

（1）IE0——外部中断 0（$\overline{INT0}$）的中断请求标志位。当检测到外部中断 0 引脚 P3.2 上存在有效的中断请求信号时，由硬件使 IE0 置 1。

（2）IT0——外部中断 0（$\overline{INT0}$）的中断触发方式控制位，可由软件进行置位和复位。外部中断的触发可以是电平触发（低电平有效）或脉冲触发（负跳变有效）。

当 IT0=0 时，$\overline{INT0}$ 为电平触发方式，CPU 在每个机器周期的 S5P2 期间采样 P3.2 引脚的输入电平，若采样到低电平，则使 IE0 置 1，表示 $\overline{INT0}$ 向 CPU 请求中断；若采样到高电平，则使 IE0 清零。

当 IT0=1 时，$\overline{INT0}$ 为负跳变触发方式(或称脉冲触发方式)，CPU 在每个机器周期的 S5P2 期间采样 P3.2 引脚的输入电平，如果在相继的两个机器周期采样过程中，一个机器周期采样到外部中断 0 请求为高电平，下一个机器周期采样到外部中断 0 请求为低电平，则使 IE0 置 1。直到 CPU 响应中断时，才由硬件使 IE0 清零。

提示：在电平触发方式下，若 CPU 响应中断，则不能自动清除 IE0 标志。也就是说，IE0 状态完全由 $\overline{INT0}$ 状态决定，所以在中断返回前必须撤除 $\overline{INT0}$ 的低电平；而在负跳变触发方式下，若 CPU 响应中断，则硬件会自动使 IE0 清零。

（3）IE1——外部中断 1（$\overline{INT1}$）的中断请求标志位。其含义与 IE0 相似，当检测到 P3.3 引脚上存在有效的中断请求信号时，由硬件使 IE0 置 1。

（4）IT1——外部中断 1（$\overline{INT1}$）的中断触发方式控制位。其含义与 IT0 相似，不再赘述。

（5）TF0——定时器/计数器 T0 的溢出中断请求标志位。当启动 T0 计数以后，T0 从初值开始加 1 计数，计数器最高位产生溢出时，由硬件使 TF0 置 1，并向 CPU 发出中断请求。当然 CPU 响应中断的同时，硬件将自动对 TF0 清零。

（6）TF1——定时器/计数器 T1 的溢出中断请求标志位。其含义与 TF0 相同。

2）SCON 中的中断标志位

SCON 为串行口控制寄存器，如图 4-4 所示，其低 2 位锁存串行口接收中断和发送中断标志 RI 和 TI。

(MSB) 9FH	9EH	9DH	9CH	9BH	9AH	99H	98H (LSB)
D7	D6	D5	D4	D3	D2	D1	D0
SM0	SM1	SM2	REN	TB8	RB8	TI	RI

图 4-4 SCON

各中断标志位的含义如下。

（1）TI——串行口发送中断标志。CPU 将一个数据写入发送缓冲器（SBUF）时，就启动发送。串行口每发送完一帧串行数据，由硬件置位 TI。CPU 响应中断时，并不清除 TI，必须在中断服务程序中由软件对 TI 清零。

（2）RI——串行口接收中断标志。在串行口允许接收时，串行口每接收完一帧串行数据，由硬件置位 RI。同样，CPU 响应中断时不会清除 RI，必须在中断服务程序中由软件对 RI 清零。

注意，单片机复位后，TCON、SCON 各位清零，另外所有能产生中断的标志位均可由软件置 1 或清零，由此可以获得与硬件置 1 或清零相同的效果。

3. 中断控制

（1）中断开放与关闭：中断允许寄存器（IE）对中断的开放和关闭实行两级控制。所谓两级控制，就是有一个总开关中断控制位 EA，当 EA=0 时，屏蔽所有的中断请求，即任何中断请求都不允许；当 EA=1 时，CPU 开放中断，但 5 个中断源还要由 IE 的低 5 位的各个对应控制位的状态进行中断允许控制。IE 如图 4-5 所示，IE 的地址为 A8H。

(MSB) AFH	AEH	ADH	ACH	ABH	AAH	A9H	A8H (LSB)
D7	D6	D5	D4	D3	D2	D1	D0
EA	×	×	ES	ET1	EX1	ET0	EX0

串行口中断允许位 ——
定时器/计数器T1中断允许位 ——
外部中断 0 中断允许位 ,1：允许 ,0：禁止
定时器/计数器T0中断允许位
外部中断 1 中断允许位

图 4-5 IE

【例 4-1】如果要设置外部中断 1、定时器/计数器 1 中断允许，其他不允许，请设置 IE 的值。

解：根据本例要求，设置 IE 的值如图 4-6 所示。

(MSB) AFH	AEH	ADH	ACH	ABH	AAH	A9H	A8H (LSB)
位	D7	D6	D5	D4	D3	D2	D1	D0
符号	EA	×	×	ES	ET1	EX1	ET0	EX0
值	1	0	0	0	1	1	0	0

图 4-6 例 4-1 设置 IE 的值

（2）中断优先级控制。MCS-51 单片机有两个中断优先级：高优先级和低优先级。每个中断源都可以通过编程确定为高优先级中断或低优先级中断。当有多个中断源提出中断请求时，CPU 先响应高优先级中断，然后响应低优先级中断。如果 CPU 当前正在执行低优先级中断服务程序，在开中断的条件下，它能被另一个高优先级中断请求中断，转去执行高优先级中断服务程序，然后返回被中断了的低优先级中断服务程序，这就是中断嵌套，如图 4-7 所示。

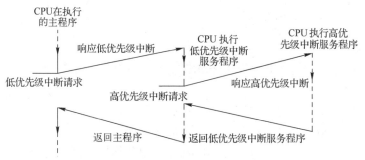

图 4-7 中断嵌套过程示意图

中断优先级是由中断优先级寄存器（IP）来设置的，IP 中的每位都可以由软件方法来置 1 或清零。若 IP 中某位设为 1，则与该位相对应的中断为高优先级，否则为低优先级，如图 4-8 所示。

(MSB) BFH	BEH	BDH	BCH	BBH	BAH	B9H	B8H (LSB)
D7	D6	D5	D4	D3	D2	D1	D0
×	×	×	PS	PT1	PX1	PT0	PX0

- 串行口中断优先级控制位 —— PS
- 定时器/计数器 T1 优先级控制位 —— PT1
- 外部中断 1 优先级控制位 —— PX1
- 定时器/计数器 T0 优先级控制位 —— PT0
- 外部中断 0 优先级控制位 —— PX0

图 4-8 IP 的控制位

由于只有两个中断优先级，所以必有一些中断处于同一优先级，也就有了中断优先权排队问题。同一优先级中的中断源的优先权排队按自然优先顺序进行，自然优先顺序由中断系统的硬件确定，用户无法自行安排，自然优先顺序如表 4-1 所示。

表 4-1 自然优先顺序

中断源	同级内优先权排列
外部中断 0	最高
定时器/计数器 T0	↓
外部中断 1	↓
定时器/计数器 T1	↓
串行口	最低

【例 4-2】如果要将定时器/计数器 T0、外部中断 1 设为高优先级，其他为低优先级，请设置 IP 的值。

解：根据本例要求，IP 设置的情况如表 4-2 所示。

表 4-2 例 4-2 设置的 IP 值

位	D7	D6	D5	D4	D3	D2	D1	D0
符号	×	×	×	PS	PT1	PX1	PT0	PX0
值	0	0	0	0	0	1	1	0

【例 4-3】在例 4-2 中，如果 5 个中断请求同时发生，求中断响应的次序。

解：根据表 4-2 设置的 IP 值，各中断源响应次序为：定时器/计数器 T0→外部中断 1→外部中断 0→定时器/计数器 T1→串行口。

3. 中断处理过程

1）中断请求

MCS-51 单片机工作时，在每个机器周期的 S5P2 期间都会查询各中断标志，判断是否有

扫一扫看微课视频：中断系统的应用

中断请求。

2）中断响应

如果查询某中断标志为 1 且中断处于允许状态，CPU 不一定马上响应该中断，还需要满足下列条件：

（1）没有同级的中断或更高级别的中断正在处理。

（2）正在执行的指令必须执行完最后一个机器周期。

（3）若正在执行 RETI，或正在访问 IE 或 IP，则必须执行完当前指令的下一条指令后方能响应中断。

3）中断服务

CPU 响应中断后将执行以下操作。

（1）撤除中断，即清除相应的中断请求标志位（TI 和 RI 必须由软件清零）。

（2）保护断点和现场，跳转到中断服务程序入口并执行中断服务程序。

（3）中断服务程序执行完成后，恢复断点和现场，并返回响应中断之前的程序继续执行。

4.1.3 中断服务函数

扫一扫看教学课件：
中断程序初始化与中断服务函数

在实际应用中，一个完整的 C51 程序往往要实现不止一个功能。例如，一个简单的秒表计数程序，需要实现内部资源的初始化、计时、数码管驱动等功能。在 C51 中，用函数实现不同的功能模块，由这些函数构成一个完整的程序。

MCS-51 单片机是通过自动调用中断服务函数来实现中断服务功能的，因此我们需要编写中断服务函数。中断服务函数的一般形式为：

```
void 函数名() interrupt m [using n]
```

中断服务函数既不能进行参数传递，也没有返回值，因此，中断服务函数的形式参数列表为空，函数类型标识符名为 void。例如，下面就是定时器/计数器 0 的定义方式：

```
void intr_time0() interrupt 1
{}
```

关键字 interrupt 后面的 m 代表中断号，是一个常量，取值范围是 0~31。C51 编译器允许 32 个中断，其中断服务函数的入口地址为 8m+3，具体使用哪些中断由具体的单片机芯片决定。MCS-51 单片机的常用中断号和入口地址如表 4-3 所示。

表 4-3 MCS-51 单片机的常用中断号和入口地址

中 断 源	入口地址	中断号
外部中断 0	0003H	0
定时器/计数器 T0	000BH	1
外部中断 1	000BH	2
定时器/计数器 T1	001BH	3
串行口	0023H	4

关键字 using 后面的 n 代表中断函数将要选择使用的寄存器组，也是一个常量，取值范围是 0~3。using 不仅可以用于中断服务函数的定义，也可以用于普通的内部函数，但不能用于外部函数。using 在定义一个函数时是一个可选项。对于中断服务函数而言，如果不使用 using，则在进入中断服务函数时，中断函数中所用到的全部工作寄存器都要入栈，函数返回之前所有入栈的寄存器出栈；如果使用

using，则在进入中断服务函数时，只将当前工作寄存器组入栈，用 using 指定的工作寄存器组的内容不变也不入栈，函数返回之前被保护的工作寄存器组出栈。

提示：（1）使用 using 可缩减中断服务函数的入栈操作时间，因此可以使中断得到更及时的处理；但使用 using 要十分小心，要保证寄存器组切换在所控制的区域内，否则会导致错误。

（2）中断函数的编写包括两部分：中断源初始化函数和中断服务函数。中断源初始化函数对中断源所需要的一些变量进行设置，其形式与其他普通函数一样；中断服务函数规定系统在发生相应的中断时要执行哪些操作。

（3）中断函数的调用过程与一般函数的调用过程相似，但一般函数是程序中事先安排好的；而何时调用中断函数事先无法确定，调用中断函数的过程是由硬件自动完成的。

【例 4-4】如图 4-9 所示，P1.3 引脚外接一个扬声器，当 P3.3 引脚（外部中断 1 输入引脚）变为低电平时，扬声器发声。源程序如下：

```c
#include<reg51.h>
sbit p13=P1^3;
void main()
{
    IT1=0; EA=1;EX1=1; p13=1;
    while(1);
}
void isr_int1()  interrupt  2//外部中断1的中断号为2
{
    int i;
    p13=p13;
    for(i=1000;i>0;i--);// i的初值设置不同，扬声器发声的声音不同
}
```

小技巧：（1）要使扬声器发声，必须采用低电平触发，当按键按下时，P3.3 引脚为低电平，则 CPU 不断响应中断。（2）主函数主要完成中断的初始化工作：①CPU开中断；②中断源中断请求的允许；③各中断源优先级设定；④外部中断请求的触发方式。

分享讨论：在例 4-4 中，如果给 IT1 赋值 1，我们就听不到扬声器发声，请学生分组讨论，这是为什么？通过这一例题的分析，请大家总结电平触发和脉冲触发的区别，以及它们分别应用在哪些场合。

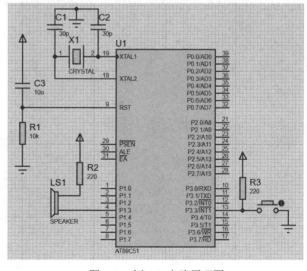

图 4-9 例 4-4 电路原理图

【例 4-5】图 4-10 是中断优先级电路原理图，P0、P2 口分别连接数码管（其工作原理见任务 8），外部中断 0、1 分别接一个按键，外部中断 1（控制 P2 口）设置为高优先级、外部中断 0（控制 P0 口）设置为低优先级，当两个中断源发出中断请求后，上面的数码管从 0 显示到 9，下面的数码管从 9 显示到 0。

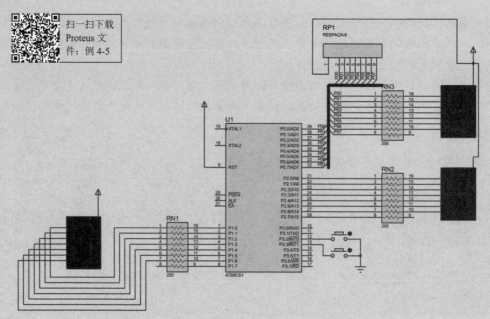

图 4-10 中断优先级电路原理图

源程序如下：

```
#include <reg51.h>
unsigned char code led[]={0xc0,0xf9,0xa4,0xb0,0x99,0x92,0x82,0xf8,0x80,0x90};
char i=0,j=9;
void delay(int);
void main(void)
  { char i=0;
    IT0=IT1=0;
    EA=EX0=EX1=1;
    PX1=1;PX0=0;
    P1=led[1];
    while(1)
    {  P1=led[i];
       delay(1000);
       i=(i+1)%10;
    }
  }
void int0(void) interrupt 0
{//由于中断服务函数是自动调用的，没有在主函数中调用，因此不需要进行原型声明
    P0=led[i++];
    delay(500);
    if(i>9) i=0;
```

```
        IE0=0;
    }
    void int1(void) interrupt 2
    {   P2=led[j--];
        delay(500);
        if(j<0) j=9;
        IE1=0;
    }
    void delay(int t)
    {   int i,j;
        for(i=t;i>0;i--)
            for(j=100;j>0;j--);
    }
```

典型案例 5　利用多参数中断方式实现花样流水灯

本任务是要求按一个按键，实现多种流水灯样式的切换。为了给读者提供完成本任务的示范，设计了本案例，如图 4-11 所示，S1～S4 通过与门连接到 P3.2（$\overline{INT0}$）引脚，按每个按键实现不同样式的流水灯：

按 S1，自左向右，轮流点亮 1 个发光二极管；
按 S2，自右向左，轮流点亮 1 个发光二极管；
按 S3，自左向右，逐一点亮，直至点亮 8 个发光二极管；
按 S4，自左向右，逐一点亮，直到点亮 8 个发光二极管，然后自右向左逐一熄灭。
请编写程序实现该效果。

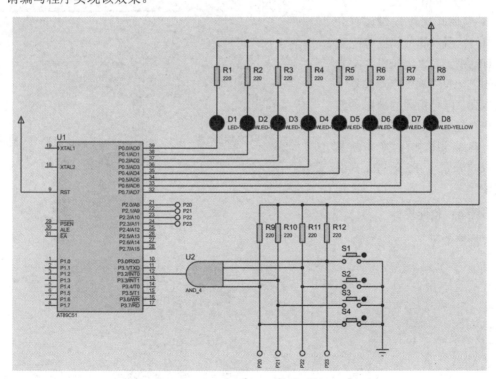

图 4-11　案例 5 电路原理图

步骤1：明确任务

本案例属于多参数中断方式，通过4个按键实现4种不同的流水灯样式。

步骤2：总体设计

选用51系列单片机AT89C51（也可选用其他的单片机），软硬件功能比较明显。

步骤3：硬件设计

打开Proteus，按图4-11所示绘制电路原理图，为了让电路原理图简洁，该电路原理图设计了8个端子，操作方法如下。

（1）选择元件选择工具栏中的"终端模式"，在元件列表区中选择默认终端（DEFAULT），在P2.0~P2.3引脚和与门的4个输入端的外侧各放置一个默认终端，使用重复布线方式，将终端与P2.0~P2.3引脚和与门的4个输入端连接。

（2）为每个默认终端给定标号。图4-11中有8个默认终端，需要给它们标号，以表明哪两个默认终端连接起来，可以使用"属性分配工具"为多个默认终端标号（包括连线），在英文状态下按键盘A键，打开"属性分配工具"对话框，在"字符串"文本框中输入"NET=P2#"，如图4-12所示，其中，"NET"为属性，"P2#"为值，#为指定的连接计数值，在"计数初值"和"计数增量"文本框中分别输入计数初值和计数增量，单击"确定"按钮，将鼠标指针移到与"P20"连接的导线上方，会出现一个绿色的小方框，此时单击鼠标左键，该导线就给定了"P20"的标号，用同样的方法为与P2.1~P2.3引脚相连的导线给定"P21""P22""P23"的标号。4个中断参数输入端的导线也用同样的方法给定标号，标号分别为"P20""P21""P22""P23"，这时再次按A键，打开如图4-12所示的"属性分配工具"对话框，在"字符串"文本框中输入"NET=P2#"，重复上面的步骤。标号相同的两根导线是连在一起的，这样图4-11所示的电路原理图中的4个中断参数输入端分别与P2.0~P2.3引脚连接。

图4-12 "属性分配工具"对话框

步骤4：软件设计

源程序如下：

```
#include <reg51.h>
#include<intrins.h>
//包含_crol_( )函数的头文件
unsigned char ctl1=0xfe,ctl2=0xff;
bit flr=1;
void main(void)
{
```

```
    IT0=0;
    EA=EX0=1;
    while (1) ;
}
void delay()
{
    unsigned int t;
```

任务4 设计花样流水灯

```c
    delay();
    ctl2 <<=1;
}
void lsd()
{
   if(flr)
   {
   for(t=30000;t>0;t--);
   }
}
void lsdltor()
{
    P0=ctl1;
    delay();
    ctl1=_crol_(ctl1,1);
}
void lsdrtol()
{
   P0=ctl1;
   delay();
   ctl1=_cror_(ctl1,1);
}
void lsdlr()
{
   if(ctl2 ==0)
   {  P0=ctl2;
      delay();
      ctl2 =0xff;
   }
   P0=ctl2;
      delay();
      ctl2 <<=1;
      if(ctl2==0)
          flr=!flr;
   }
   else
   {
      P0=ctl2;
      delay();
      ctl2>>=1;
      ctl2|=0x80;
      if(ctl2==0xff)
        flr=!flr;
   }
}
void int0() interrupt 0
{  unsigned char temp;
   P2=0xff;
   temp=P2;
   temp&=0x0f;
   switch(temp)
   {
      case 0x0e:lsdltor();break;
      case 0x0d:lsdrtol();break;
      case 0x0b:lsdlr();break;
      case 0x07:lsd();
   }
}
```

步骤5：软件调试

1) 程序编译

对源程序进行编译、连接，可能出现如图4-13所示的错误信息，这是因为使用了中断服务函数，使得程序的大小超出选定芯片的内存大小，解决方式是把Code ROM Size（程序空间大小）设置为COMPACT或LARGE即可。设置的方法及步骤如下。

（1）在Proteus的VSM Studio IDE中，右击工程名称，弹出如图4-14所示的快捷菜单，单击"工程设置"命令，打开如图4-15所示的"工程选项"对话框。

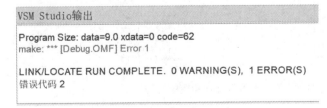

图4-13 编译出错信息

图4-14 工程快捷菜单

（2）在"工程选项"对话框中单击"选项"选项卡，选择"选项"下的"ROM("选项，对应的值分别为"SMALL)""COMPACT)""LARGE)"等，选择相应值对存储模式进行设置。

2）仿真运行

按图 4-15 所示设置好"ROM("选项后再对源程序进行编译，没有错误即可仿真运行。

图 4-15 设置"ROM("选项

任务实施

任务实施步骤及内容详见任务 4 工单。

扫一扫看任务 4 工单

拓展延伸

4.2 MCS-51 单片机引脚功能

扫一扫看教学课件：引脚功能

扫一扫看思维导图：引脚功能

本节将介绍 MCS-51 单片机的引脚功能，MCS-51 单片机芯片采用 HMOS 或 CHMOS 工艺制造，常采用 40 引脚双列直插封装（DIP），引脚排列和逻辑符号分别如图 4-16（a）和图 4-16（b）所示。由于制造工艺的限制，许多引脚都采用功能复用。

1. 主电源引脚

VCC（40 脚）：接+5 V 电源正端。

VSS（20 脚）：接+5 V 电源地端。

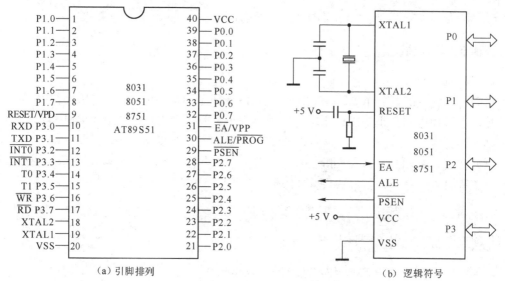

图 4-16 MCS-51 单片机引脚排列和逻辑符号

2. 外接晶体引脚

XTAL1（19 脚）：接外部石英晶体的一端。在单片机内部，它是一个反相放大器的输入端，这个放大器构成了片内振荡器。

XTAL2（18 脚）：接外部石英晶体的另一端。在单片机内部，它接至片内振荡器的反相放大器的输出端。

3. 控制信号引脚

（1）RESET/VPD（9 脚）：RESET 是复位端，若该引脚连续保持两个机器周期以上的高电平，则单片机将完成复位。VPD 是备用电源输入端，当单片机掉电或电源发生波动导致电源电压下降到一定值时，备用电源通过 VPD 端给内部 RAM 供电，保持内部 RAM 的信息，直至单片机工作电压恢复正常。

（2）ALE/$\overline{\text{PROG}}$（30 脚）：ALE 为地址锁存允许信号，在有外部扩展存储器的系统中，当 CPU 向外部存储器存取数据（程序）时，ALE 信号的下降沿锁存低 8 位地址信号。ALE 信号以 1/6 振荡器频率周期性输出，在无外部扩展存储器的系统中，ALE 信号可以作为对外输出的时钟。当 CPU 向外部 RAM 存取数据时，会丢掉一个 ALE 脉冲，这一点应注意。$\overline{\text{PROG}}$ 的功能是 8751 等内部含有 ROM 的单片机的编程脉冲输入端。

（3）$\overline{\text{PSEN}}$（29 脚）：$\overline{\text{PSEN}}$ 为外部程序存储器选通信号，输出低电平有效。在 CPU 从外部程序存储器取指令期间，每个机器周期的 $\overline{\text{PSEN}}$ 信号有效时，外部程序存储器的内容被送至 P0 口（数据总线）。$\overline{\text{PSEN}}$ 可以驱动 8 个 LSTTL 负载。

（4）$\overline{\text{EA}}$/VPP（31 脚）：$\overline{\text{EA}}$ 为外部程序存储器访问允许信号。当 $\overline{\text{EA}}$ 为低电平时，允许访问外部程序存储器。对于 ROM Less 型单片机（如 8031），使用时该引脚必须接地。VPP 为 8751 的 21 V 编程输入端。

4. 输入/输出（I/O）

（1）P0 口（39 脚～32 脚）：P0.0～P0.7 统称为 P0 口。
（2）P1 口（1 脚～8 脚）：P1.0～P1.7 统称为 P1 口，可作为准双向 I/O 端口使用。
（3）P2 口（21 脚～28 脚）：P2.0～P2.7 统称为 P2 口，可作为准双向 I/O 端口使用。
（4）P3 口（10 脚～17 脚）：P3.0～P3.7 统称为 P3 口。

4 个 8 位 I/O 端口，用来输入/输出数据、地址或控制信息。P1 口的应用最为灵活。当扩展存储器或其他具有数据端口、命令端口或状态端口的器件时，P2 口和 P0 口联合组成 16 位地址总线以便寻址。P3 口常应用第二功能。当单片机复位后，各个端口寄存器状态全是"1"（高电平）。

提示：在进行单片机应用系统设计时，除了地线和电源引脚，以下引脚必须连接相应电路。
（1）RESET 一定要连接复位电路，XTAL1 和 XTAL2 必须连接时钟电路。
（2）$\overline{\text{EA}}$ 一定要接高电平或低电平。如果用户程序要固化在所选芯片内部的程序存储器中，则该引脚应接高电平。只有在使用内部没有程序存储器的 8031 芯片时，该引脚才接低电平。这种芯片目前很少用，因此在大多数情况下该引脚接高电平。

4.3 C51 函数

在 C51 中，用函数实现不同的功能模块，由这些函数构成一个完整的程序。每个 C51 程序都必须至少有一个函数，以 main 为名，称为 main 函数或主函数。main 函数是程序的入口，main 函数之外的函数可以统称为普通函数。普通函数从用户使用的角度划分，可以分为标准函数（库函数）和用户自定义函数。标准函数由 C 编译系统提供，有固定的格式，一般不需要用户对其进行修改，可以直接调用。

4.3.1 函数的定义

1. 函数的定义

本书定义函数时使用 ANSI C 标准格式，其格式如下：

> 类型标识符　函数名(数据类型　形式参数1，数据类型　形式参数2，…)
> {函数体}

2. 函数的返回值

通常，希望通过函数调用使主调用函数得到一个确定的值，这个值就是函数的返回值。

函数的返回值是通过函数中的 return 语句获得的。return 语句将被调用函数中的一个确定值带回主调用函数中。return 后面的值可以是一个表达式。

4.3.2 函数调用

1. 函数调用的形式

函数调用的一般形式为：

> 函数名(实际参数列表);

如果被调用函数是无参数函数，则实际参数列表为空，但函数名后面的圆括号不能省略，此时函数调用的形式为：

> 函数名();

如果实际参数列表包括多个实际参数，则各参数之间用逗号隔开。

2. 形式参数和实际参数

在调用函数时，大多数情况下主调用函数和被调用函数之间有数据传递关系，其数据传递一般是通过函数的参数进行的，其中在定义函数时函数名后面圆括号中的变量名称称为"形式参数"，简称"形参"；在主调用函数调用被调用函数时，函数名后面圆括号中的表达式称为"实际参数"，简称"实参"。在函数调用时，对于有参函数来说，将实际参数的值依次传递给相对应的形式参数，因此，实际参数与形式参数的个数应该相等，类型应该一致。

作　业

4-1　如图 4-17 所示，P3.3（$\overline{INT1}$）引脚接一个按钮，P0.0～P0.7 引脚分别接一个发光二极管，现要求编写程序实现如下功能：当单击按钮（按钮按下再马上放开）时，8 个发光二极管轮流点亮一次（注意要延时）。

4-2　如图 4-18 所示，P3.2（$\overline{INT0}$）引脚接一个按钮，P0.0～P0.7 引脚分别接一个发光二极管，现要求编写程序实现如下功能：当按钮按下时，8 个发光二极管循环地逐一点亮（流水灯）；当按钮放开时，流水灯停止点亮。

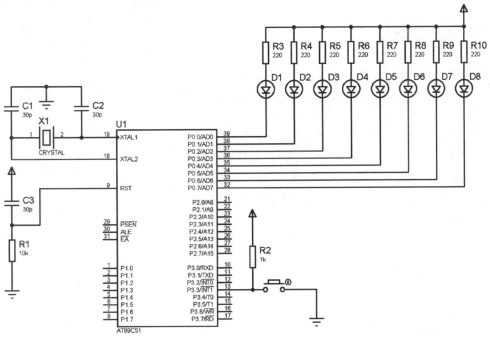

图 4-17 作业 4-1 电路原理图

4-3ˋ 如图 4-18 所示，P3.2（$\overline{INT0}$）引脚接一个按钮，P0.0～P0.7 引脚分别接一个发光二极管，现要求编写程序实现如下功能：当按钮按下时，8 个发光二极管不停地闪烁；当按钮放开时，流水灯停止闪烁。

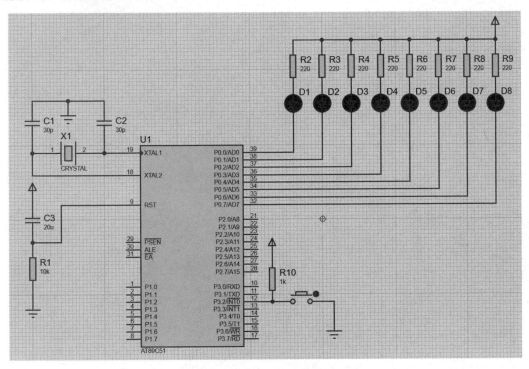

图 4-18 作业 4-2、4-3 电路原理图

知识梳理与总结

本任务通过设计花样流水灯，介绍了 C51 函数及 MCS-51 单片机中断系统的工作原理，帮助学生学会利用函数、中断系统进行单片机应用系统的设计。

本任务需要重点掌握的内容如下。

（1）MCS-51 单片机 5 个中断源的标志。

（2）两个外部中断源的触发方式及 IT0、IT1 的设置方法。

（3）中断控制的两个特殊功能寄存器 IE、IP。

（4）中断响应过程及中断服务函数的编写方法。

（5）函数定义与调用。

（6）函数参数（形式参数与实际参数）。

（7）MCS-51 单片机的引脚功能。

任务 5

设计定时控制的流水灯

任务单

任务描述	任务 4 是利用单片机的并行 I/O 端口外接流水灯，采用并行 I/O 方式控制发光二极管实现流水灯，在实现该任务时，每次点亮一个发光二极管后要延时，否则无法看到流水灯效果，本任务通过软件方法实现延时。本任务要求利用单片机的定时器/计数器，指定循环点亮发光二极管的时间
任务要求	由 P0、P2 口连接 12 个发光二极管（见图 5-1），实现如下功能： （1）从 D12 开始，顺时针方向循环轮流点亮两个发光二极管。（2）从 D1 开始，逆时针方向循环轮流点亮 1 个发光二极管 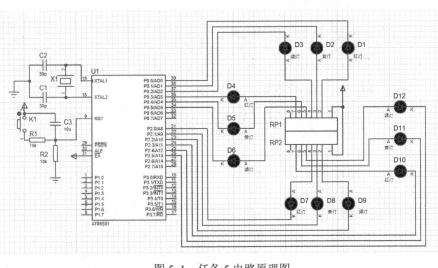 图 5-1　任务 5 电路原理图
实现方法	（1）利用 Proteus 仿真运行，按任务要求实现流水灯。（2）在实训设备上按任务要求连线，运行程序

教学导航

知识重点	(1) 定时器/计数器的控制寄存器。(2) 定时器/计数器的 4 种工作方式。(3) 一维数组的定义及其元素的引用
知识难点	定时器/计数器的方式 0 和方式 3
推荐教学方式	从任务入手，通过让学生完成流水灯的定时控制程序的编写这一任务，使学生逐渐认识定时器/计数器的作用，深化对定时器/计数器的理解，掌握应用定时器/计数器设计相关系统的方法
建议学时	6 学时
推荐学习方法	根据教师提供的电路原理图，编写程序，完成仿真调试，理解相关理论知识，学会应用
必须掌握的理论知识	(1) 单片机定时器/计数器结构。(2) 定时器/计数器工作方式及控制寄存器。(3) 一维数组的定义及数组元素的引用
必须掌握的技能	定时器/计数器应用程序的编写
需要培育的素养	(1) 工匠精神和创新意识。(2) 团队合作精神。(3) 爱国情怀和诚实守信

任务准备

5.1 定时器/计数器的结构

MCS-51 单片机有 2 个 16 位定时器/计数器，可实现编程定时，通过对系统时钟脉冲计数而获得延时，其优点如下。

(1) 可实现定时、计数功能，有利于实时控制。

(2) 不占用 CPU 时间。

(3) 定时精度高，修改方便。

5.1.1 定时器/计数器的组成

1. 定时器/计数器的结构框图

定时器/计数器的结构框图如图 5-2 所示。

定时器/计数器由 TH0、TL0、TH1、TL1、工作方式寄存器（TMOD）、控制寄存器（TCON）组成。由图 5-2 可知，2 个 16 位定时器/计数器分别由 2 个 8 位特殊功能寄存器组成，即定时器/计数器 T1 由 TH1、TL1 组成，定时器/计数器 T0 由 TH0、TL0 组成。每个定时器/计数器均可设置为定时器模式或计数器模式。在这两种模式下，又可单独设定为方式 0、方式 1、方式 2、方式 3 四种工作方式。T0 和 T1 的工作状态主要由定时器/计数器的 TMOD 及 TCON 的各位决定。其中，TMOD 用于控制和确定定时器/计数器的功能和

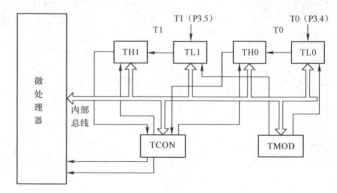

图 5-2 定时器/计数器的结构框图

工作方式；TCON 用于控制定时器/计数器的启动和停止。这两个特殊功能寄存器的内容都是通过软件设置的，系统复位时，TMOD 和 TCON 都被系统清零。

2. 定时与计数原理

定时器/计数器的核心是一个 16 位的加法计数器，当其启动后，就开始从设定的计数初值加 1 计数，计数器计数计满后归零，并自动产生溢出中断请求。计数的脉冲来源有两个，一个是由系统振荡器的 12 分频产生的，另一个是由外部脉冲信号产生的。

当 C/$\overline{T}$=0 时，定时器/计数器工作在定时器方式，输入的时钟脉冲是由晶振的输出经 12 分频后得到的，频率为晶振频率的 1/12。此时，定时器可看成对内部机器周期进行计数（一个机器周期有 12 个振荡周期），即每经过一个机器周期计数器加 1，一直计数到计满为止。从开始计数到计数满所用的时间为定时时间，显然，定时时间与振荡器的频率有关，如图 5-3 所示。

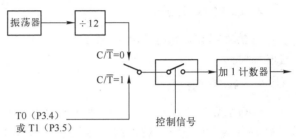

图 5-3 定时器/计数器核心结构逻辑框图

当 C/$\overline{T}$=1 时，定时器/计数器工作在计数器方式，对芯片引脚 T0（P3.4）或 T1（P3.5）上输入的外部脉冲进行计数。当外部脉冲每出现一次从 1→0 的负跳变时，计数器加 1，在每个机器周期 S5P2 期间计数器采样外部引脚输入电平，当一个机器周期采样到一个高电平，在下一个机器周期采样到一个低电平时，计数器加 1。新的计数值是在紧接着的下一个机器周期的 S3P1 期间装入计数器的。由于识别一个从 1→0 的负跳变需要两个机器周期（24 个振荡周期），所以对外部的输入信号，最高的计数频率为晶振频率的 1/24。另外，为了确保某个电平至少被采样一次，同时要求外部输入信号的每个高电平或低电平的保持时间至少为一个完整的机器周期。

初值 X 的计算方法（设最大值为 M，计数值为 N，初值为 X，T_{cy}=12÷晶振频率）：

定时方式：初值 $X=M-$定时时间$/T_{cy}$

计数方式：初值 $X=M-N$

5.1.2 TMOD

TMOD 用于控制 T0 和 T1 的动作方式，高 4 位定义 T1，低 4 位定义 T0。TMOD 的地址是 89H，它不能位寻址，它里面的内容被称为方式字，设置时必须通过 CPU 的字节传送指令一次写入。复位时，TMOD 各位均为 0，各位定义如图 5-4 所示。

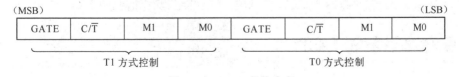

图 5-4 TMOD 各位定义

1. M1 和 M0 工作方式选择位

M1 和 M0 两位可组合成 4 种编码，分别对应 4 种工作方式，如表 5-1 所示。

表 5-1　工作方式选择位

M1	M0	方式	说明
0	0	0	13 位计数器（TH 的高 8 位和 TL 的低 5 位）
0	1	1	16 位计数器
1	0	2	自动重装入初值的 8 位计数器
1	1	3	T0：分成两个独立的 8 位计数器 T1：　停止计数

2. $C/\overline{T}$ 功能选择位

当 $C/\overline{T}$=0 时，定时器/计数器工作在定时器方式；当 $C/\overline{T}$=1 时，定时器/计数器工作在计数器方式。

3. GATE 门控位

当 GATE=0 时，允许软件控制位 TR0 或 TR1 启动定时器/计数器工作，即只要使 TCON 中的 TR0 或 TR1 置 1，就可启动定时器/计数器 T0 或 T1 工作。

当 GATE=1 时，定时器/计数器的启动受外部中断引脚（$\overline{INT0}$、$\overline{INT1}$）的控制，即只有当 $\overline{INT0}$（P3.2）或 $\overline{INT1}$（P3.3）引脚为高电平且 TR0 或 TR1 置 1 时，才能启动定时器/计数器 T0 或 T1 工作。

5.1.3　TCON

特殊功能寄存器 TCON 用于控制定时器/计数器的启动/停止，以及标志定时器/计数器的溢出中断申请，TCON 的地址是 88H，既可进行字节寻址又可进行位寻址。复位时所有位被清零，TCON 各位定义如图 5-5 所示。

（MSB）8FH	8EH	8DH	8CH	8BH	8AH	89H	88H（LSB）
TF1	TR1	TF0	TR0	IE1	IT1	IE0	IT0

图 5-5　TCON 各位定义

（1）TF1：定时器/计数器 T1 溢出标志。定时器/计数器 T1 溢出时硬件自动将此位置 1，并申请中断。进入中断服务程序后，硬件会自动将此位清零；在查询方式下必须用软件清零。

（2）TR1：定时器/计数器 T1 运行控制位。由软件置 1 或清零来启动或关闭定时器/计数器 T1。

（3）TF0：定时器/计数器 T0 溢出标志位。其功能和操作情况同 TF1。

（4）TR0：定时器/计数器 T0 运行控制位。其功能和操作情况同 TR1。

5.2　定时器/计数器工作方式

扫一扫看教学课件：定时器/计数器的工作方式

扫一扫看思维导图：定时器/计数器的工作方式

5.2.1　定时器/计数器的方式 0

扫一扫下载后看教学动画：T0 工作原理

当 M1 和 M0 两位为 00 时，定时器/计数器工作方式为方式 0。当定时器/计数器工作于方式 0 时，其计数器的位数为 13 位，如图 5-6 所示。13 位计数器由 TH0 和 TL0 的低 5 位构成，其中，TL0 中的高 3 位不用。

当 GATE=0 时，只要 TCON 中的 TR0 为 1，TL0 和 TH0 组成的 13 位计数器就开始计数；当 GATE=1 时，计数器是否计数不仅取决于 TR0=1，还取决于 $\overline{INT0}$ 引脚的情况，计数器要等到 $\overline{INT0}$ 引脚高电平才开始工作，当 $\overline{INT0}$ 引脚变为低电平时，计数器立即停止计数，显然这种情况适合于测量外界脉冲的情况。

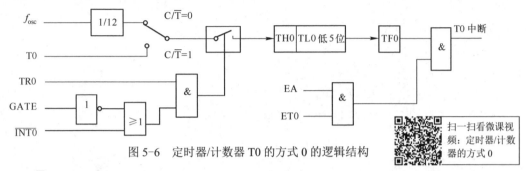

图 5-6 定时器/计数器 T0 的方式 0 的逻辑结构

当 $C/\overline{T}=0$，控制开关接通内部振荡器的 12 分频输出，此时 T0 对机器周期进行计数，即 T0 作为定时器使用。定时时间为：

$$T=(2^{13}-T0\text{ 的初值})\times T_{cy}$$

当 $C/\overline{T}=1$ 时，控制开关接通计数引脚（P3.4），此时，T0 就计数 P3.4 引脚上的脉冲个数，每检测到一个脉冲下降沿，计数就加 1，即 T0 作为计数器使用。其计数的脉冲个数 S 为：

$$S=2^{13}-T0\text{ 的初值}$$

当 TL0 的低 5 位计满溢出时，向 TH0 进位，当计数器的值全为"1"时，下次的增 1 计数将使计数器复位为全"0"。此时，TH0 溢出使中断标志位 TF0 置为"1"，并申请中断。当中断被禁止时（ET0=0），可通过查询 TF0 位是否置位来判断 T0 是否计数结束。若要使 T0 再次计数，CPU 必须在中断服务程序或程序的其他位置重新装入初值。

【例 5-1】已知单片机晶振频率为 6 MHz，试编程利用 T0 的方式 0 在 P1.0 引脚输出周期为 500 μs 的方波。

解：

（1）TMOD 初始化：00H。

（2）计数初值：

$$\text{计数初值}=2^{13}-\text{计数值}=2^{13}-\Delta T/T_{cy}$$
$$=2^{13}-250/2=1F83H=000\ 11111100\ 00011B$$

因此 TH1=0FCH，TL1=03H。

（3）TCON 初始化，TR0=1。

提示：定时器/计数器初始化编程的步骤如下。

（1）向 TMOD 中写入工作方式控制字。

（2）向定时器/计数器的 TH0、TL0（或 TH1、TL1）装入初值。

（3）启动定时器/计数器（置位 TR0/TR1）。

（4）若采用中断方式，则置位 ET0（ET1）、EA、IP 等中断寄存器。

采用查询方式时编写如下程序：

```
#include<reg51.h>
sbit P10=P1^0;
```

```
main()
{
    TMOD=0;
    TH0=0xfc;
    TL0=0x03;
    TR0=1;
    while(1)
    {
        while(TF0==0);
        TF0=0;
        P10=P10;
        TH0=0xfc; TL0=0x03;
        //TH0=252,TL0=3
    }
}
```

> 提示：定时器/计数器 T0、T1 工作在方式 0 时计数值为 13 位，其中 TL0（TL1）是低 5 位，高 8 位存放在 TH0（TH1）中，因此在计算计数初值时务必注意。本例中，计数初值不应为 TH0=1FH、TL0=83H，如果读者对十六进制不熟悉，也可这样计算 TH0=$(2^{13}-250/2)/32=252$，TL0=$(2^{13}-250/2)\%32=3$。

采用中断方式时编写如下程序：

```
#include<reg51.h>
sbit P10=P1^0;
void main()
{
    TMOD = 0X00;
    TH0=0XFC;
    TL0=0X03;
    TR0=1;
    EA=1;ET0=1;
    while(1)
    { }
}
void isr_time0(void) interrupt 1
{
    P10 =~P10;
    TH0=0XFC;TL0=0X03;
}
```

典型案例 6　音乐演奏器设计

扫一扫下载 Proteus 文件：典型案例 6

刚开始学习音乐时，老师首先让我们练习 DO（中音）、RE、ME、SO、LA、XI、DO（高音），今天我们就来设计一个帮助我们练习的演奏器。向扬声器发送不同频率的方波就会让扬声器发出不同的声音，现要求单片机接一个扬声器和按键，当单击按键（按下再放开）时，扬声器发出 DO（中音）、RE、ME、SO、LA、XI、DO（高音）的声音。

步骤 1：明确任务

本案例要设计一个演奏音阶的简易音乐演奏器，利用向扬声器发送不同频率的方波就会让扬声器发出不同声音的特性，当单击按键时，让扬声器依次发出 DO（中音）、RE、ME、SO、LA、XI、DO（高音）的声音，C 调音阶与频率之间的关系如表 5-2 所示。

任务 5　设计定时控制的流水灯

表 5-2　C 调音阶与频率之间的关系

音符	频率/Hz	音符	频率/Hz	音符	频率/Hz
低音 1（DO）	262	中音 1（DO）	523	高音 1（DO）	1046
低音 1#	277	中音 1#	554	高音 1#	1109
低音 2	294	中音 2	587	高音 2	1175
低音 2#	311	中音 2#	622	高音 2#	1245
低音 3	330	中音 3	659	高音 3	1318
低音 4	349	中音 4	698	高音 4	1397
低音 4#	370	中音 4#	740	高音 4#	1480
低音 5	392	中音 5	784	高音 5	1568
低音 5#	415	中音 5#	831	高音 5#	1661
低音 6	440	中音 6	880	高音 6	1760
低音 6#	466	中音 6#	932	高音 6#	1865
低音 7（XI）	494	中音 7（XI）	988	高音 7（XI）	1976

步骤 2：总体设计

本案例选用 51 单片机（如 AT89C51），要向扬声器发送不同频率的方波，可以参照例 5-1，利用单片机的定时器定时功能，本案例可以让定时器/计数器 T0 工作在方式 0，每隔一定时间让连接扬声器的引脚（如 P1.7）电平翻转；要求当单击按键时，扬声器发音，可以将这个按键与单片机的 P3.2 引脚连接，因此本案例使用两个中断。

步骤 3：硬件设计

根据总体设计，在 Proteus 中绘制电路原理图，如图 5-7 所示，其中，扬声器的元件符号为 SPEAKER。

步骤 4：软件设计

本案例要解决以下两个问题：
① 如何定义不同音阶的计数初值？
② 本案例要设计两个中断，这两个中断是否要设置为不同的优先级？

（1）确定不同音阶的计数初值：若要定义不同音阶的计数初值，则需要使用数组，将不同音阶的计数初值存入数组中；若要播放一个音阶，则从数组中引用相应的元素。那么这些音阶的定时初值如何确定呢？下面以中音 5（SO）为例进行说明。

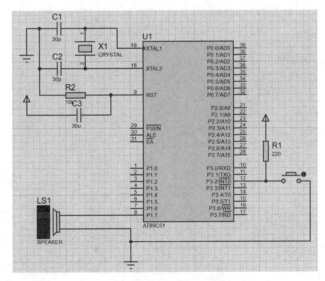

图 5-7　音乐演奏器电路

中音 5 的频率为 784 Hz，则脉冲宽度为 1/784=0.001 276 s=1 276 μs，即每 638 μs 使 P1.7 引脚电平翻转一次（由 1 变为 0 或由 0 变为 1）。

定时器/计数器 T0 的方式 0 的最大计数值为 8 192，则计数初值=8 192-637=7 555=0001110110000011B，由此可见，TH0、TL0 应赋初值为：TH0=0xec, TL0=3，为了编程方便，

我们按照刚才确定中音 5 的计数初值的方法定义从中音 DO 到高音 DO 各音阶的计数初值，并将它们定义为两个数组：

```
unsigned char code LTH0[]={0xe2,0xe5,0xe8,0xe9,0xec,0xee,0xf0,0xf1};//计数初值的高 8 位
unsigned char code LTL0[]={4, 0x0d,0x0a,0x14, 3, 8, 6, 2};//计数初值的低 5 位
```

（2）确定两个中断优先级：如果系统涉及两个中断，则要确定这两个中断的优先级，本案例使用两个中断，即外部中断 0 和定时器/计数器 T0 中断，当系统响应外部中断 0 时，启动定时器/计数器 T0 定时，计数器计数计满发生溢出时，触发定时器/计数器 T0 中断，使 P1.7 引脚电平翻转，扬声器发出音阶的声音。

本案例要求扬声器依次发出 8 个音阶的声音，意味着扬声器在每个音阶的发音持续一段时间后再发下一个音阶的声音，此时我们采用延时函数在扬声器发音一段时间后停止定时器定时，经短暂的消音后扬声器再发下一个音阶的声音。重复上述步骤，直到 8 个音阶发声结束，外部中断 0 的中断服务程序执行结束返回等待下次单击按键。

从上述过程可以看出，定时器/计数器 T0 中断要设置为高优先级，使得定时器定时到后能中断外部中断 0 的中断，否则不会给 P1.7 引脚发送一定频率的方波，扬声器也就不会发出声音。

源程序如下：

```
#include <reg51.h>
sbit SPK=P1^7;
void delay(unsigned int);
unsigned char code LTH0[]={0xe2,0xe5,0xe8,0xe9,0xec,0xee,0xf0,0xf1};
unsigned char code LTL0[]={4,0x0d,0x0a,0x14,3,8,6,2};
unsigned char i=0;
void main(void)
{
    TMOD=0;
    IT0=1;
    EA=ET0=EX0=PT0=1;
    TH0=LTH0[i];
    TL0=LTL0[i];
    while (1);
}
 void delay(unsigned int ms)
{
    unsigned char t;
    while(ms--)
        for(t=120;t>0;t--);
}
void t0() interrupt 1
{
    TH0=LTH0[i];
    TL0=LTL0[i];
    SPK=~SPK;
}
void int0() interrupt 0
```

```
        {
          for(i=0;i<8;i++)
          {
           TR0=1;
           delay(500);
           TR0=0;
           delay(50);
          }
        }
```

分享讨论：学习了案例 6 后，能否在案例 6 的基础上编写一个利用单片机控制扬声器唱"歌唱祖国"的程序？

5.2.2 定时器/计数器的方式 1

方式 1 和方式 0 基本相同，只是方式 1 的加法计数器由 16 位计数器组成，高 8 位为 TH0，低 8 位为 TL0。因此，方式 0 所能完成的功能，方式 1 都可以实现。当 M1M0=01 时，有：

作为定时器时，TMOD=00000000=01H；作为计数器时，TMOD=00000100=05H。

分享讨论：51 单片机定时器/计数器的方式 0 和方式 1 有什么异同？请大家讨论并列表分析。

【例 5-2】 设置单片机晶振频率为 6 MHz，利用定时器/计数器 T0 的方式 1 实现在 P1.0 引脚输出周期为 500 μs 的方波。

解：（1）TMOD 初始化：01H。

（2）计数初值：

$$计数初值=2^{16}-计数值=2^{16}-\Delta T/T_{cy}$$
$$=2^{16}-250/2$$
$$=65\,411=FF83H$$

因此 TH0=0FFH，TL0=83H。

（3）TCON 初始化：TR0=1。

（4）开中断：EA=1；ET0=1。

源程序如下：

```
#include<reg51.h>
sbit P10=P1^ 0;
void main()
{
    TMOD = 0X01;
    TH0=-125>>8;
    TL0=-125;
    TR0=1;
    EA=1;ET0=1;
    while(1)
    { }
}
void isr_time0(void) interrupt 1
```

小技巧：实际应用中，在利用 C51 编程时，计数初值可以直接用如下方法表示：

TH0=-125>>8;   //取计数初值的高 8 位（0FFH）

TL0=-125;   //自动取计数初值的低 8 位（83H）

不需要计算出具体的计数初值。但读者要清楚计算计数初值的原理。

```
{
    P10 =~P10;
    TH0=-125>>8;TL0=-125;
}
```

5.2.3 定时器/计数器的方式2

方式 2 使定时器/计数器作为能自动重置初值的 8 位计数器，定时器/计数器 T0 的方式 2 的逻辑结构如图 5-8 所示。

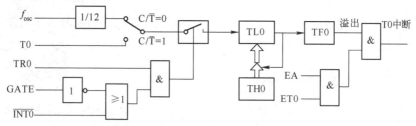

图 5-8 定时器/计数器 T0 的方式 2 的逻辑结构

只有 TL0 作为 8 位加法计数器，TH0 不参与计数，用作重置初值的常数缓冲器。当 TL0 产生溢出时，使标志 TF0 置 1，同时把 TH0 中的 8 位数据重新装入 TL0 中。也就是说，方式 2 自动加载初值的功能是以牺牲定时器/计数器范围为代价的。定时时间为

$$T=(2^8-T0\text{ 的初值})\times T_{cy}$$

其计数的脉冲个数为

$$S=2^8-T0\text{ 的初值}$$

典型案例 7 模拟啤酒生产线自动装箱系统设计

某啤酒生产线每生产 12 瓶啤酒就需要执行装箱操作，将生产出的啤酒自动装箱，其模拟电路原理图如图 5-9 所示，请用单片机实现该控制要求。

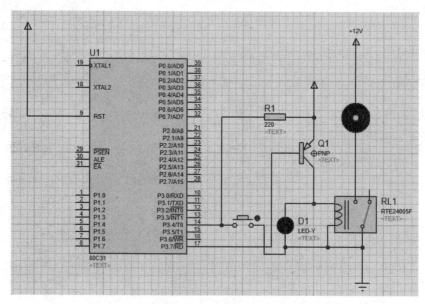

图 5-9 啤酒生产线自动装箱系统模拟电路原理图

任务 5　设计定时控制的流水灯

步骤 1：明确任务

本案例是设计模拟的啤酒生产线自动装箱系统，啤酒生产线上有一个传感器，检测到一瓶啤酒沿传送带经过传感器时，就给定时器/计数器 T0 的脉冲输入端（P3.4）发送一个低电平（本案例用一个按键来代替，P3.4 平时为高电平），这时在 P3.4 上就有一个 1→0 的跳变，计数 1 次，直到计数 12 次后生产线就执行自动装箱操作，显然这就要求定时器/计数器 T0 工作于计数器方式。

步骤 2：总体设计

本案例选用 51 单片机，使用定时器/计数器 T0 工作于计数器方式，由于计数次数不多，可以采用方式 2。

步骤 3：硬件设计

自动装箱就是驱动一台电动机转动，把 12 瓶啤酒转到装瓶区，这里用一台电动机的转动来进行模拟，设计的电路原理图如图 5-9 所示。

步骤 4：软件设计

（1）用定时器/计数器 T0 的方式 2 来实现该目的，确定方式控制字时，$C/\overline{T}$ 应置为 1、M1M0=10，TMOD 应置为 06H。

（2）计数值为 12，则计数初值=2^8-12=244=0F4H。

源程序如下：

```
#include<reg51.h>
sbit p37=P3^7;
void main()
{
    TMOD=0x06;
    TL0=0xf4;
    TH0=0xf4;
    TR0=1;
    P37=1;
    ET0=1;EA=1;
    while(1);
}
voidisr_time0() interrupt 1
{
    //以下程序段模拟啤酒自动装箱
    int i,time=600;
    P37=0;                    //驱动电动机转动
    while(time--)             //假设装箱时间是固定的
    for(i=500;i>0;i--);
    P37=1;                    //装箱结束，电动机停止转动
}
```

步骤 5：软件调试

编译程序，仿真运行。

典型案例 8　单片机控制一台舵机转动

由单片机连接一台舵机并控制其转动，由两个按钮控制其转动的角度，转动的角度自定。

步骤 1：明确任务

本案例主要解决单片机控制舵机转动的问题。舵机是一种位置（角度）伺服的驱动器，适用于那些需要角度不断变化并可以保持的控制系统。目前在高档遥控玩具，如飞机模型、潜艇模型，以及人形机器人中得到了普遍应用。

（1）舵机组成：舵机一般由变速齿轮组、可调电位器、直流电动机、控制电路板等组成，如图 5-10 所示。一般情况下，舵机的信号线为黄色或白色，电源分为 4.8 V 和 6 V 两种，分别对应不同的转矩标准。

（2）舵机控制方法：控制信号由接收机的通道进入信号调制芯片，从而获得直流偏置电压。舵机内部有一个基准电路，能产生

图 5-10　舵机组成

周期为 20 ms，宽度为 1.5 ms 的基准信号，将获得的直流偏置电压与电位器的电压进行比较，获得电压差输出。最后电压差的正负输出到电动机驱动芯片决定电动机的正反转。当电动机转速一定时，通过级联变速齿轮组带动电位器旋转，使得电压差为 0，从而使电动机停止转动。

舵机的控制一般需要一个 20 ms 左右的时基脉冲，该脉冲的高电平部分一般为 0.5～2.5 ms 的角度控制脉冲，可以利用 PWM（脉冲宽度调制）来控制舵机。

（3）PWM：通过对一系列脉冲宽度进行调制，来等效地获得所需要的波形（包括形状和波幅）。PWM 控制技术在逆变电路中应用最广泛，应用的逆变电路绝大部分是 PWM 型的，广泛应用在从测量、通信到功率控制与变换的许多领域中。

PWM 是一种对模拟信号进行数字编码的方法，即利用方波的占空比被调制的方法，来对一个具体模拟信号进行编码，PWM 波形如图 5-11 所示。

图 5-11　PWM 波形

① 占空比：在输出的 PWM 中，高电平保持的时间与该 PWM 的周期之比，称为占空比。例如，如果一个 PWM 的频率是 1 000 Hz，那么它的周期为 1 ms，如果高电平出现的时间是 0.2 ms，那么低电平出现的时间是 0.8 ms，占空比就为 0.2∶1，即 1∶5。

② 分辨率：能达到的最小占空比，称为分辨率，如 8 位的 PWM 理论的分辨率为 1∶255，16 位的 PWM 理论的分辨率为 1∶65 535。

（4）PWM 的优点：PWM 主要有以下两个优点。

① 从处理器到被控系统，信号都是数字形式的，不需要进行数模转换，让信号保持为数字形式可将噪声影响降到最小。噪声只有在强到足以将逻辑 1 改变为逻辑 0，或者将逻辑 0 改变为逻辑 1 时，才能对数字信号产生影响。

② 增强噪声抵抗能力。从模拟信号转向 PWM 可以极大地延长通信距离，在接收端，通过适当的 RC 或 LC 网络可以滤除调制高频方波，并将信号还原为模拟信号。

(5) 舵机控制。

通过调整 PWM 的占空比来控制舵机转动的角度，PWM 的周期为 20 ms，高电平持续时间为 0.5~2.5 ms，舵机输出转角与输入信号脉冲宽度的关系如图 5-12 所示。

步骤 2：总体设计

选用 AT89C51 单片机，舵机英文名称为 MOTOR-PWMSERVO。

步骤 3：硬件设计

设计如图 5-13 所示的电路。

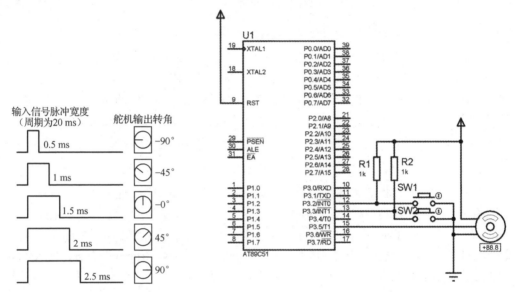

图 5-12 舵机输出转角与输入信号脉冲宽度的关系　　图 5-13 单片机控制舵机转动电路

步骤 4：软件设计

```
#include <reg51.h>
sbit PWM_out=P3^5;
sbit SW1=P3^2;
sbit SW2=P3^3;
unsigned char Pcount=0;
unsigned int PWM_value;
void main(void)
 {
    EA=ET0=1;
    TMOD=0X02;
    TH0=TL0=156;//单片机晶振频率为12 MHz，计数100次，正好为0.1 ms
    TR0=1;
    while (1)
    { if(SW1==0)
        if(SW2==0)  PWM_value=5;
        else  PWM_value=10;
```

小技巧：根据仿真运行结果，建议定时器/计数器使用方式 2。

```
        else
            if(SW2==0)  PWM_value=25;
            else  PWM_value=20;
    }
}
void timer0() interrupt 1
{ Pcount++;
    if(Pcount<=PWM_value)
        PWM_out=1;
    else
    { PWM_out=0;
        if(Pcount>200)
            Pcount=0;
    }
}
```

在本程序中，我们定义了两个全局变量：一是 PWM_value，用于控制舵机转动的角度；二是 Pcount，用于控制占空比，每次响应中断时，该变量加 1，当该变量的值小于或等于 PWM_value 时，给舵机的信号线（P0.0）送高电平，否则送低电平，直到该值超过 200（20 ms），再让其变为 0。由于定时器定时 0.1 ms 产生一次中断，如果 PWM_value 设置为 25，则 PWM 脉冲中有 2.5 ms 的高电平，则舵机正转 90°；如果 PWM_value 设置为 20，则舵机正转 45°。

步骤 5：软件调试

编译程序，对舵机的属性进行设置，Minimum Angle 和 Maximum Angle 分别表示舵机转动的最小、最大角度，默认情况分别为 -90°、+90°，也可设置成为 0°、180°。Minimum Control Pulse 和 Maximum Control Pulse 分别表示转动最小角度、最大角度所需的正脉冲时间，根据图 5-12 所示，将这两个属性分别设置为 0.5 ms 和 2.5 ms，Rotional Speed 表示转动速度。设置好舵机的属性后再仿真运行。

5.2.4 定时器/计数器的方式 3

方式 3 对于 T0 和 T1 是不相同的，只有 T0 才有方式 3；若 T1 设置为方式 3，则停止工作（其效果与 TR1=0 相同）。在方式 3 时，T0 被分成两个独立的 8 位计数器 TL0 和 TH0，如图 5-14 所示。其中，TL0 仍然使用 T0 的各控制位、引脚和溢出标志，即 C/$\overline{\text{T}}$、GATE、TR0、TF0 和 T0（P3.4）引脚、$\overline{\text{INT0}}$（P3.2）引脚。除计数位数不同于方式 0、方式 1 外，其功能、操作与方式 0、方式 1 完全相同，可定时也可计数。而 TH0 占用 T1 的控制位 TF1 和 TR1，同时占用了 T1 的中断，其启动和关闭仅受 TR1 置 1 或清零控制。TH0 规定只能用作定时器功能，对机器周期计数；只能用于简单的内部定时，不可对外部脉冲进行计数。

当 T0 工作于方式 3 时，TH0 控制 T1 的中断，T1 的功能受到限制，它不能置位 TF1，也不再受 TR1 和 $\overline{\text{INT1}}$ 的限制。在这种情况下，T1 虽可以选择方式 0、方式 1 和方式 2，但由于 TR1 和 TF1 被 TH0 借用，故不能产生溢出中断请求；当计数器计满溢出时，只能将输出送往串行口。所以在这种情况下，T1 通常用作串行口波特率发生器，或者用于不需要中断的场合。因 T1 的 TR1 被占用，因此其启动和关闭较为特殊，当设置好工作方式时，T1 即自动开始运行。若要停止操作，只需送入一个设置 T1 为方式 3 的方式字即可。定时器/计数器 T0 的方式 3 的逻辑结构如图 5-14 所示。

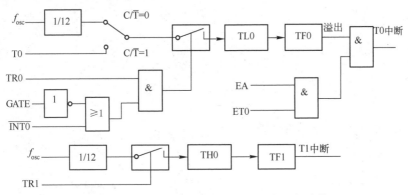

图 5-14 定时器/计数器 T0 的方式 3 的逻辑结构

【例 5-3】已知系统晶振频率为 12 MHz，试编程用 T0 的方式 3 实现 1 s 的延时（设每秒让 P0.0 引脚所接的发光二极管闪烁一次）。

解：TMOD 初始化：07H。

TH0 作为定时器，定时时间为 250 μs（每 250 μs 让 TL0 计数 1 次），初值为 $2^8-250=06H$。
TL0 作为计数器，计数 200 次（计 200 次的时间为 50 ms），初值为 $2^8-200=38H$。

再定义一个变量 count，初值为 0，每隔 50 ms 让 count 加 1，当加到 20 时时间正好为 1 s。delay 函数流程图如图 5-15 所示。

源程序如下：

```
#include<reg51.h>
sbit P00=P0^0;
sbit P34=P3^4;
unsigned char count;
void delay()
{
    count=0;
    while(count<20)
    {
        while(TF0==0)
        {
            while(TF1==0);
            P34=0;TH0=6;TF1=0;
            P34=1;
        }
        TL0=0x38;count++;TF0=0;
    }
}
main()
{
    TMOD=7;
    TH0=0x06;
    TL0=0x38;
    TR0=1;TR1=1;
    while(1)
```

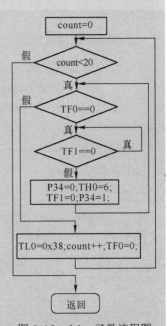

图 5-15 delay 函数流程图

```
        {
            P00=P00;
            delay();
        }
}
```

典型案例 9　定时控制流水灯

已知系统晶振频率为 6 MHz，采用 T0 的方式 1 实现延时，即实现如图 5-16 所示的由 P1 口控制的 8 个发光二极管以 100 ms 的间隔从内至外循环点亮。

步骤 1：明确任务

使用单片机根据指定电路进行连接，按照指定要求编写程序，总体设计和硬件设计均省略。

步骤 2：软件设计

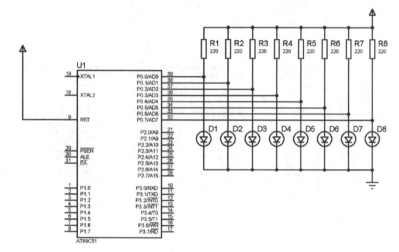

图 5-16　流水灯接线图

已知系统晶振频率为 6 MHz，可知 T_{cy} 为 2 μs，则：

$$X=2^{16}-100\ ms/T_{cy}=65\ 536-100\ 000\ \mu s/2\ \mu s=15\ 536=3CB0H$$

即定时 100 ms 的时间初值为：

$$TH0=3CH，TL0=0B0H$$

也可直接写为：TH0=-50 000>>8，TL0=-50 000。

参考程序如下：

```
#include<reg51.h>
unsigned char cword[]={0x18,0x24,0x42,0x81};    //图5-16中发光二极管是共阴
//极连接的，要使其亮需给相应引脚送1
unsigned char i=0;
void main()
{
    TMOD=1;
    TH0=-50000>>8;
    TL0=-50000;
    TR0=1;EA=1;ET0=1;
    P0=cword[i];
    while(1);
}
void isr_time0() interrupt 1
{
```

```
        TH0=-50000>>8;
        TL0=-50000;
        P0=cword[i++];
        if(i>=4)  i=0;
    }
```

步骤 3：软件调试

编译程序，仿真运行，并对程序进行一定调试。

任务实施

任务实施步骤及内容详见任务 5 工单。

拓展延伸

5.3 数组

案例 9 及任务 4 的例 4-5 均使用了数组，数组分一维数组和二维数组，数组是一组变量，具有相同的数据类型，这些变量是所属数组的成分分量，称为数组元素。

5.3.1 一维数组

1. 一维数组的定义和初始化

1）一维数组的定义

一维数组定义的一般形式为：

```
数据类型  数组名[整型常量表达式]={值列表};
```

其中，数组名要符合标识符的命名规则，整型常量表达式用于确定数组的大小，即数组元素的数量，"={值列表}"是可选项，当定义数组时可以通过输入以逗号分隔的一个或多个值来初始化数组。例如，以下语句定义了一个数组。

```
unsigned char a[10];
```

其中，数组的数据类型是 unsigned char，因此其数组元素的数据类型也是 unsigned char；数组的名字是 a；数组包含 10 个数组元素。

2）一维数组的初始化

所谓数组初始化，就是在定义数组的同时通过"={值列表}"给其中的元素赋初值。

```
unsigned int test_array[5]={0x00, 0x40, 0x80, 0xC0, 0xFF};
```

数组中有 5 个数组元素，分别初始化为 0x00、0x40、0x80、0xC0 和 0xFF。当对全部数组元素赋初值时，可以不指定数据长度，对上面的数组按如下方法定义：

```
unsigned int test_array[]={0x00, 0x40, 0x80, 0xC0, 0xFF};
```

有时在定义数组时，不一定给所有元素赋初值，也可以对数组的部分元素初始化，例如：

```
unsigned char a[10]={1,2,5,9,3};
```

定义数组 a 有 10 个元素,但花括号内只提供了 5 个初值,这表示只给前面 5 个元素分别赋初值 1、2、5、9、3,后面 5 个元素的值均为 0,此时定义数组,数组的长度不能省略。

2. 一维数组元素的引用

可以像其他变量一样使用数组中的元素,如可以对数组元素赋值或进行数学运算。在使用数组元素前必须对数组进行定义,并且只能逐个引用数组元素,而不能一次引用整个数组。数组元素的表示形式为:

```
数组名[下标]
```

下标可以是整型常量或整型表达式,例如:

```
int n=5;
```

a[5]和 a[n]的意义一样。

3. 字符数组

字符数组表示存放字符型数据的数组,字符数组中每个元素存放一个字符,虽然我们上面在介绍一维数组的定义和引用时,定义的数组类型是 unsigned char,但这是为了节省存储空间,数组元素都是 8 位的整数。

1)字符数组的定义和初始化

字符数组的定义方法和一维数组的定义方法类似。其实,前面的不少例子就是定义的字符数组,例如:

```
unsigned char a[10]={'C', '5', '1'};
```

需要注意的是,如果花括号中提供的初值个数(字符个数)大于数组长度,则作为语法错误处理;如果初值个数小于数组长度,则只将这些字符赋给数组中前面的那些元素,其余的元素自动定义为空字符(\0)。因此,上面语句定义的数组的状态如图 5-17 所示。

图 5-17 字符数组的存储状态

字符数组初始化时可以用一个字符串来提供初值,此时可忽略数组长度,例如:

```
static char a[]="Welcome you!"    //这是和普通的一维数组初始化不同的地方
```

数组 a 的长度自动定为 13。用这种方式,编程人员不必数出一个字符数组中包含多少个字符,尤其在赋初值的字符个数较多时比较方便。

2)字符数组元素的引用

可以引用字符数组中的一个元素而得到一个字符。

5.3.2 二维数组

一维数组的元素可以是基本数据类型的,也可以是构造类型的。事实上,二维数组可以看成一种特殊的一维数组,这种特殊的一维数组的每个数组元素又都是一个一维数组。如果把一维数组比作数学中的向量,那么二维数组就可以比作数学中的矩阵。

1. 二维数组的定义和初始化

二维数组定义的一般形式为：

```
数据类型  数组名[常量表达式1][常量表达式2]={值列表};
```

其中，常量表达式 1（行下标）和常量表达式 2（列下标）定义了一个常量表达式 1（行）×常量表达式 2（列）的数组。例如：

```
int  a[3][4];
```

定义了一个名为 a 的 3×4（3 行 4 列）的数组，数组中的每个数组元素都是 int 型的。数组中共有 3×4=12 个元素，其具体分布如图 5-18 所示。

```
              第0列      第1列      第2列      第3列
    第0行     a[0][0]    a[0][1]    a[0][2]    a[0][3]
    第1行     a[1][0]    a[1][1]    a[1][2]    a[1][3]
    第2行     a[2][0]    a[2][1]    a[2][2]    a[2][3]
```

图 5-18 二维数组中数组元素的分布

如前所述，可以把 a 看成一个一维数组，有 3 个元素 a[0]、a[1]、a[2]，每个元素又是一个包含 4 个元素的一维数组，其具体分布如图 5-19 所示。

```
    a[0] ──  a[0][0]    a[0][1]    a[0][2]    a[0][3]
    a[1] ──  a[1][0]    a[1][1]    a[1][2]    a[1][3]
    a[2] ──  a[2][0]    a[2][1]    a[2][2]    a[2][3]
```

图 5-19 二维数组的元素看作一维数组时，数组元素的分布

此处把 a[0]、a[1]、a[2]看成一维数组名，这种处理方法在数组初始化和用指针表示时很方便。

二维数组的元素在存储器中是按行存放的，即先顺序存放第一行的元素，再顺序存放第二行的元素，以此类推，如图 5-20 所示。

```
  → a[0][0] → a[0][1] → a[0][2] → a[0][3] ┐
  ┌─────────────────────────────────────────┘
  └ a[1][0] → a[1][1] → a[1][2] → a[1][3] ┐
  ┌─────────────────────────────────────────┘
  └ a[2][0] → a[2][1] → a[2][2] → a[2][3] →
```

图 5-20 二维数组的元素在存储器中的分布

对二维数组的初始化有以下 5 种方法。

（1）分行给二维数组赋初值，每行用花括号括起来，行与行之间的花括号用逗号分隔，例如：

```
unsigned char a[2][3]={{1,2,3},{4,5,6}};
```

（2）将所有数据写在一个花括号内，按数组排列的顺序对各元素赋初值，例如：

```
unsigned char a[2][3]={1,2,3,4,5,6};
```

这种赋初值的方式与方式（1）相同，但是用方式（1）赋初值比较好，一行对一行，界限清楚；而用方式（2），如果数据多，写成一大片，容易遗漏，也不容易检查。

（3）只对部分元素赋初值，例如：

```
unsigned char a[2][3]={{1,2,3},{}};
```

不赋初值的行的元素都为 0，因此，上面的赋值语句等价于：

```
unsigned char a[2][3]={{1,2,3},{0,0,0}};
```

(4) 只对各行的某些元素赋初值，其他没有赋值的元素为 0，例如：

```
unsigned char a[2][3]={{1,2} ,{4}};
```

(5) 对全部元素都赋初值，这种方式定义数组时第一维的长度可以不指定，但第二维的长度不能省略，例如：

```
unsigned char a[][3]={{1,2,3},{4,5,6}};
```

或

```
unsigned char a[][3]={1,2,3,4,5,6};
```

2. 二维数组的引用

二维数组的元素的表示形式为：

数组名[第一维下标][第二维下标]

其中，下标可以是整型常量或变量，也可以是整型表达式，如 a[0][2]、a[2-1][3*1]。在使用数组元素时，要注意下标值应在已定义的数组大小的范围之内。例如，定义一个 3 行 4 列的数组 a[3][4]，该数组的元素只能是 a[0][0]～a[2][3]，不可能有元素 a[3][4]。

作　业

5-1 如图 5-21 所示，P0.0～P0.7 引脚分别接一个发光二极管，现要求编写程序实现如下功能：让 8 个发光二极管循环地逐一点亮（流水灯），利用定时器/计数器使每个发光二极管点亮间隔的时间为 0.5 s。

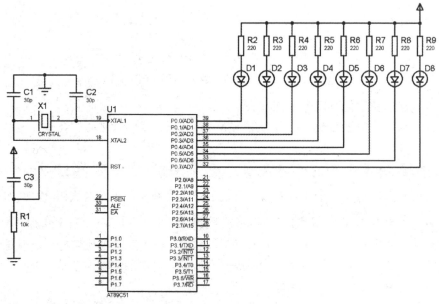

图 5-21　作业 5-1 电路原理图

5-2　让单片机的某个引脚与一个扬声器和按键相连，当单击按键时，扬声器发出 C 调高音 1（DO）的声音。

5-3　单片机晶振频率为 12 MHz，利用 T0 的方式 0 实现 1 s 延时，每隔 1 s 使 P1.0 引脚电平翻转一次。

知识梳理与总结

本任务利用定时器/计数器来控制流水灯的延时，介绍了 MCS-51 单片机的定时器/计数器的工作原理，有助于学生学会利用定时器/计数器进行单片机应用系统的设计。

本任务需要重点掌握的内容如下。

（1）MCS-51 单片机定时器/计数器的结构及两个特殊功能寄存器 TMOD、TCON。

（2）利用定时器/计数器的 4 种工作方式编写应用程序，特别是方式字和计数初值的确定方法。

（3）数组，包括一维数组和二维数组。

任务 6 交通信号灯控制系统的设计与制作

任务单

扫一扫看育人小贴士：关注交通安全，坚守职业道德

任务描述	相信许多读者都会开车，当车开到路口时不会忘记要按路口的交通信号灯安全驾驶；"红灯停、绿灯行"是我们都要遵守的交通规则，否则就会造成交通秩序的混乱，甚至发生交通事故。本任务就是由我们自己设计一个交通信号灯控制系统，用单片机的 P0、P2 口连接 12 个发光二极管，分别代表 4 个路口的红、绿、黄灯，初始态为 4 个路口的红灯全亮，接着东西路口绿灯亮，南北路口红灯亮，东西路口方向通车；延时 30 s 后，东西路口绿灯闪烁 3 次后熄灭，黄灯亮 3 s 后，东西路口红灯亮，而同时南北路口绿灯亮，南北路口方向通车；延时 30 s，南北路口绿灯闪烁 3 次后熄灭，黄灯亮 3 s 后，再切换到东西路口绿灯亮，南北路口红灯亮，东西路口方向通车；之后重复以上过程。同时单片机还连接 4 个数码管，分别显示东西路口、南北路口的交通信号灯亮剩余的时间
任务要求	（1）自行设计用 MCS-51 单片机连接 12 个发光二极管和 4 个数码管，实现带时间显示的交通信号灯系统功能。（2）按上述设计的电路原理图设计交通信号灯控制系统程序。（3）按上述设计的电路原理图制作出硬件电路，调试成功
实现方法	（1）利用 Proteus 仿真软件对设计的电路及程序进行调试。（2）绘制电路板，焊接元件。（3）硬件仿真，固化程序

教学导航

知识重点	（1）单片机晶振电路和复位电路。（2）数码管的静态显示、动态显示。（3）1602 字符型 LCM 的引脚功能。（4）1602 字符型 LCM 的指令集。（5）1602 字符型 LCM 与单片机的连接
知识难点	数码管的静态显示、动态显示、LCM 指令集的使用
推荐教学方式	从任务入手，通过让学生完成简单交通信号灯控制系统的设计与制作这一任务（包括硬件设计与制作、软件设计与程序烧录），使学生基本掌握单片机应用系统的设计、制作、调试及运行
建议学时	16 学时
推荐学习方法	通过完整的交通信号灯控制系统原理图设计、硬件制作、程序设计、仿真调试、程序烧录及运行，理解相关理论知识，学会小型单片机系统的设计与实现

续表

必须掌握的理论知识	（1）单片机复位电路。（2）单片机最小系统。（3）LED 数码管结构及分类。（4）数码管的静态显示、动态显示、LED 点阵显示。（5）1602 字符型 LCM 的引脚功能。（6）1602 字符型 LCM 的指令集及使用。（7）1602 字符型 LCM 与单片机的连接方法
必须掌握的技能	（1）完成小型单片机系统的硬件设计制作与软件设计调试。（2）利用 Proteus 绘制印制板电路图。（3）熟练设计 LED 显示器连接电路及程序
需要培育的素养	（1）安全意识和职业道德。（2）工匠精神和劳动精神。（3）家国情怀

任务准备

本任务是要完成一个完整的交通信号灯控制系统的设计与制作，为使学生顺利完成任务，先从一个简单的交通信号灯控制系统案例入手，再在这个案例基础上增加数码管来显示各路口相关交通信号灯剩余的时间，以完成完整的交通信号灯控制系统的设计，并完成 PCB 设计，制作硬件电路板，焊接元件，将程序烧录到单片机芯片中，直到实现交通信号灯控制功能。

6.1 单片机复位电路与最小系统

6.1.1 单片机复位电路

1. 复位工作方式

复位操作可使单片机内部的一些部件恢复到某种预先确定的状态。MCS-51 单片机复位操作后内部各特殊功能寄存器的状态如表 6-1 所示。其中，除了端口锁存器、DPTR 和 SBUF 的所有特殊功能寄存器都被硬件自动写入 0，而端口锁存器初始化为 FFH，DPTR 初始化为 07H，SBUF 不定。内部 RAM 不受复位操作的影响，但在单片机接通电源时，RAM 内容不定。

单片机进入复位状态的条件是：在内部振荡器运行时，复位输入端 RST 至少保持两个机器周期（24 个振荡周期）为高电平。当 CPU 采样到复位信号后，启动复位时序，完成复位操作。

表 6-1 MCS-51 单片机复位操作后内部各特殊功能寄存器的状态

特殊功能寄存器	复位值	特殊功能寄存器	复位值
PC	0000H	TMOD	00H
ACC	00H	TCON	00H
B	00H	TH0	00H
PSW	00H	TL0	00H
SP	07H	TH1	00H
DPTR	0000H	TL1	00H
P0～P3	FFH	TH2（52 子系列）	00H
IP（51 子系列）	×××00000B	TL2（52 子系列）	00H

续表

特殊功能寄存器	复位值	特殊功能寄存器	复位值
IP（52 子系列）	××000000B	RCAP2H（52 子系列）	00H
IE（51 子系列）	0××00000B	RCAP2L（52 子系列）	00H
IE（52 子系列）	0×000000B	SCON	00H
SBUF	不定	PCON（HMOS 工艺）	0×××××××B
		PCON（CHMOS 工艺）	0×××0000B

2. 上电复位电路

上电复位是常用的复位方式，常用的上电复位电路如图 6-1 所示，当 VCC 接通电源时，即可实现单片机的上电复位。为了保证复位成功，RST 引脚必须保持足够时间的高电平，以使振荡器起振并持续两个机器周期以上的时间。图 6-1 中，上电复位电路保持 RST 引脚为高电平的时间取决于电容的电容值和充电速率。同时应注意，上电时 VCC 的上升时间应小于几十毫秒。振荡器起振时间取决于振荡器频率，10 MHz 晶振起振时间一般为 1 ms；1 MHz 晶振起振时间一般为 10 ms。如果单片机上电时不能正常复位，那么片内特殊功能寄存器，特别是 PC 可能没有进入初始化状态，使 CPU 从不定地址开始执行程序，从而影响程序的正确执行。

3. 按键复位电路

在单片机系统中，除设置上电复位功能外，通常还要设置按键复位功能；在程序运行时，通过复位按键强制 CPU 进入复位状态。图 6-2 所示为兼具上电复位和按键复位的复合电路，该电路除具有上电复位功能外，还可以按电路中的 RESET 键实现复位，此时电源 VCC 经两个电阻分压，在 RST 端产生一个复位高电压。

分享讨论：对于图 6-1 和图 6-2 中的复位电路，请讨论下，如何比较准确地确定出电容值和电阻值？

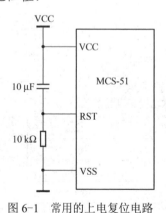

图 6-1 常用的上电复位电路

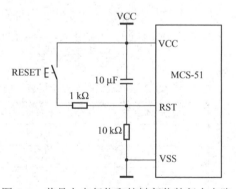

图 6-2 兼具上电复位和按键复位的复合电路

6.1.2 单片机最小系统

维持单片机运行的最基本的配置系统，构成单片机最小系统。

扫一扫看教学课件：单片机最小系统

扫一扫看思维导图：单片机最小系统

任务6 交通信号灯控制系统的设计与制作

对于 8051、8751 片内有 RAM、EPROM 的系统来讲，单片机与晶振电路、开关、电阻、电容等构成的复位电路组成单片机最小系统，如图 6-3 所示。

典型案例 10　简单模拟交通信号灯控制系统设计

在单片机最小系统下实现简单交通信号灯控制。用 12 个发光二极管分别代表 4 个路口的红、绿、黄灯，初始态为 4 个路口的红灯全亮，接着东西路口绿灯亮，南北路口红灯亮，东西路口方向通车；20 s 后，东西路口绿灯熄灭，黄灯开始闪烁，每隔 1 s 闪烁 1 次，闪烁 3

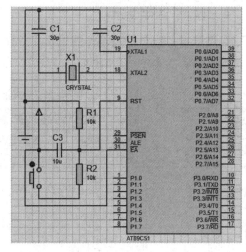

图 6-3　单片机最小系统

次后，东西路口红灯亮，同时南北路口绿灯亮，南北路口方向通车；20 s 后，南北路口绿灯熄灭，黄灯开始闪烁，每隔 1 s 闪烁 1 次，闪烁 3 次后，再切换到东西路口绿灯亮，南北路口红灯亮，东西路口方向通车；之后重复以上过程。

步骤 1：明确任务

本案例是针对本任务给出的一个简化的模拟交通信号灯控制系统。

步骤 2：总体设计

扫一扫下载 Proteus 文件：典型案例 10

本案例选用 AT89 系列单片机，配备晶振电路和复位电路，晶振频率为 12 MHz。

步骤 3：硬件设计

根据本案例要求，设计的电路原理图如图 6-4 所示。为了方便电路连接，P0 口的低 6 位分别接西、北路口的红、黄、绿灯（发光二极管，采用共阳极的连接方式），P2 口的低 6 位分别接东、南路口的红、黄、绿灯。

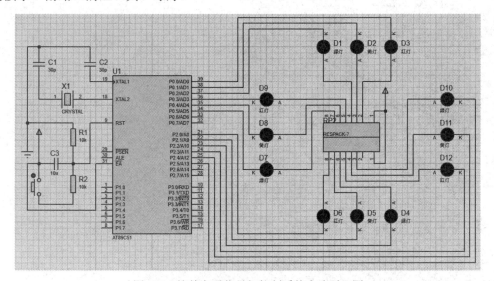

图 6-4　简单交通信号灯控制系统电路原理图

步骤4：软件设计

根据本案例要求及设计的电路原理图，各路口的灯亮的规律与P0、P2口的取值有关系，其规律如表6-2所示。

表6-2 交通信号灯控制系统真值表

规律	P2.5 东路口绿灯	P2.4 东路口黄灯	P2.3 东路口红灯	P2.2 南路口绿灯	P2.1 南路口黄灯	P2.0 南路口红灯	P0.5 西路口绿灯	P0.4 西路口黄灯	P0.3 西路口红灯	P0.2 北路口绿灯	P0.1 北路口黄灯	P0.0 北路口红灯	十六进制数
所有路口的红灯全亮	1	1	0	1	1	0	1	1	0	1	1	0	0x36
东西路口绿灯亮，南北路口红灯亮	0	1	1	1	1	0	0	1	1	1	1	0	0x1e
东西路口黄灯亮，南北路口红灯亮	1	0	1	1	1	0	1	0	1	1	1	0	0x2e
东西路口红灯亮，南北路口绿灯亮	1	1	0	0	1	1	1	1	0	0	1	1	0x33
东西路口红灯亮，南北路口黄灯亮	1	1	0	1	0	1	1	1	0	1	0	1	0x35

本系统涉及两个定时时间，一个是每个路口的绿灯亮20 s，另一个是黄灯闪烁（亮→灭，或灭→亮）时间间隔1 s（每隔0.5 s黄灯状态转换一次），显然最容易实现的方法就是利用定时器，可以用定时器0控制路口绿灯亮的时间，用定时器1控制黄灯状态转换的时间间隔，但是两个定时器的定时都不能达到20 s或0.5 s，所以可以让两个定时器都工作于方式1，定时时间为50 ms，引进两个变量time（初值为400）和timey（初值为10），当定时器发出中断时，这两个变量分别减1，直到为0时达到定时时间。

根据以上分析，TMOD应赋值为0x11，两个定时器计数次数为50 000次。编写程序如下：

```
#include<reg51.h>
unsigned int time=20*20;
unsigned char timey=10,county=6;
//绿灯亮20 s，黄灯状态转换时间间隔为0.5 s，共转换6次
unsigned char allr=0x36;              //所有路口的红灯全亮
unsigned char ewg_snr=0x1e;           //东西路口绿灯亮，南北路口红灯亮
unsigned char ewy=0x2e;               //东西路口黄灯亮，南北路口红灯亮
unsigned char sng_ewr=0x33;           //东西路口红灯亮，南北路口绿灯亮
unsigned char sny=0x35;               //东西路口红灯亮，南北路口黄灯亮
sbit P01=P0^1;                        //北路口黄灯控制位
sbit P04=P0^4;                        //西路口黄灯控制位
sbit P21=P2^1;                        //南路口黄灯控制位
sbit P24=P2^4;                        //东路口黄灯控制位
bit ewg=1;                            //刚才是否是东西路口绿灯亮
main()
{
    unsigned int i;
    P0=P2=allr;
    for(i=50000;i>0;i--);
```

任务6 交通信号灯控制系统的设计与制作

```c
        P0=P2=ewg_snr;              //东西路口绿灯亮，南北路口红灯亮
        TMOD=0x11;                  //定时器1和定时器0均工作于方式1
        TL0=-50000;TH0=-50000>>8;   //两个定时器均定时50 ms
        TL1=-50000;TH1=-50000>>8;
        EA=1;ET0=1;ET1=1;           //开总中断和定时器0、定时器1中断
        TR0=1;
        while(1);
}
void isr_time0() interrupt 1       //定时器0的中断服务程序
{
        TL0=-50000;TH0=-50000>>8;   //注意编写定时器0方式1的中断服务函数时，
                                    //要给TL0、TH0赋初值
        time--;
        if(time==0)
        {
            TR0=0;TR1=1;            //定时器0停止定时，启动定时器1，以便黄灯每隔0.5 s
                                    //转换一次状态
            time=400;
            if(ewg)                 //如果刚才是东西路口绿灯亮，此时要使东西路口黄灯亮
            { P0=ewy;P2=ewy; }
            else                    //表明刚才是南北路口绿灯亮，此时要使南北路口黄灯亮
            { P0=sny;P2=sny; }
        }
}
void isr_time1() interrupt 3//定时器1的中断服务程序
{
        TL1=-50000;TH1=-50000>>8;
        timey--;
        if(timey==0)
        {
            timey=10;
            county--;
            if(county)              //0.5 s时间到，但3次闪烁还没有结束，连接黄灯的端口取
                                    //反，使其闪烁
            {
                if(ewg)             //东西路口绿灯亮过以后，东西路口黄灯闪烁
                { P04=P04;P24=P24;}
                else                //南北路口绿灯亮过以后，南北路口黄灯闪烁
                { P01=P01;P21=P21;}
            }
            else
            {
                county=6;           //黄灯3次闪烁结束，路口正常通车，黄灯闪烁的路口亮红灯，
                                    //另一方路口亮绿灯
                if(ewg)
                { P0=sng_ewr;P2=sng_ewr;}
                else
                { P0=ewg_snr;P2=ewg_snr;}
```

```
            TR1=0;TR0=1;   //定时器1停止定时,定时器0启动,以便让绿灯亮20 s
            ewg = ewg;
        }
    }
}
```

步骤5：软件调试

编译程序，单击"运行"按钮，如果能够按照案例要求运行，则表明硬件、软件设计没有问题，否则硬件、软件设计存在问题，需要进行修改，直到按照案例要求正常运行，即可进行下一步。

步骤6：硬件制作与联调

（1）利用Proteus创建工程，其中第4步有两个选择，之前所有案例都是选择第一个选项"不创建PCB布版设计"，本案例选择第二个选项，即选择"从选中的模板创建PCB布版设计"，如图6-5所示，单击"Next"按钮，打开如图6-6所示的PCB的起始对话框，单击"Next"按钮，打开如图6-7所示的PCB钻孔设置对话框，对钻孔进行设置，单击"Next"按钮，打开PCB预览对话框，如图6-8所示。

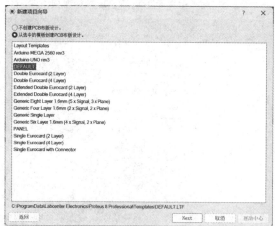

图6-5 创建PCB布版设计

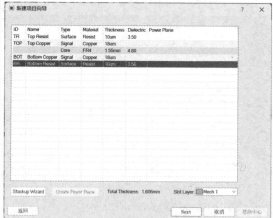

图6-6 PCB的起始对话框

图6-7 PCB钻孔设置对话框

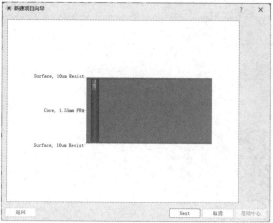

图6-8 PCB预览对话框

（2）前期准备。

① 电气规则检查。在"工具"菜单中单击"电气规则检查"命令，检查弹出的报告中有无错误、警告信息，如图 6-9 所示，如果报告中有错误、警告信息，则要根据错误、警告信息对电路原理图进行修改。

② 检查元件及封装。本案例中，按键元件比较特殊，需要对其属性进行设置才能将其加载到 PCB 中。在按键元件上单击鼠标右键，单击"编辑属性"命令，打开"编辑元件"对话框，在"元件

图 6-9 电气规则检查报告

位号"文本框中输入"K1"，并取消勾选"不进行 PCB 布版"复选框，如图 6-10 所示，单击"确定"按钮设置完毕。

单击工具栏中的图标，打开设计浏览器窗口，如图 6-11 所示。设计浏览器作为原理图和 PCB 之间的连接桥梁，是原理图设计环境提供的一个强大的原理图导航检查工具，其中列出了原理图中所有元件的型号、参数和封装。本案例中，通过该窗口可以看到 12 个发光二极管和按键的封装列高亮显示"丢失"，说明这些元件缺少封装。

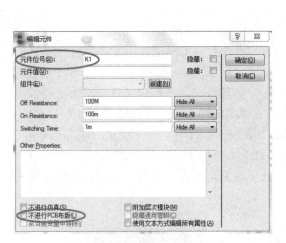

图 6-10 "编辑元件"对话框

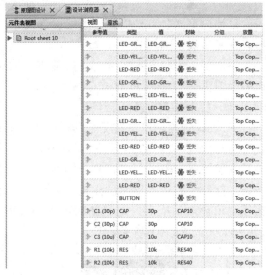

图 6-11 设计浏览器窗口

③ 添加封装。本案例中，发光二极管在 Proteus 库中有对应的封装，因此可以直接为其添加封装。

在设计浏览器窗口中对准某个缺少封装的发光二极管，单击鼠标右键，在弹出的快捷菜单中单击"显示原理图部件"命令，系统将导航到该元件在原理图中的位置；也可以直接返回原理图，在原理图设计窗口中选择该元件。对选定的发光二极管单击鼠标右键，在弹出的快捷菜单中单击"封装工具"命令，打开"封装元件"对话框，单击"增加"按钮，打开"选

取封装"对话框,在"关键字"文本框中输入"led",在右侧列表框中找到对应的元件并选择该封装,如图 6-12 所示,单击"确定"按钮返回"封装元件"对话框。

在"封装元件"对话框左侧元件引脚列表中,先单击发光二极管 A 引脚的 A 列空白处,然后单击右侧封装预览窗口中的 A 焊盘,这时左侧元件引脚列表的 A 列空白处显示"A",即将发光二极管的 A 引脚与封装的 A 焊盘对应上了。也可以通过在 A 列空白处直接输入"A"字符将 A 引脚与 A 焊盘对应上。用相同的操作将 K 引脚设置好。如图 6-13 所示,所有焊盘呈高亮显示,表示该元件已经完成封装映射。单击"分配封装"按钮,在打开的对话框中依次单击"OK""保存封装""是"按钮,至此与该元件同名的 4 个发光二极管的封装也一并添加完毕。

图 6-12 "选取封装"对话框

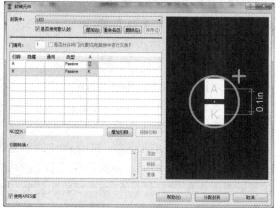
图 6-13 "封装元件"对话框

设计浏览器会自动更新,继续检查发光二极管封装设置情况,根据上述操作添加并完成所有发光二极管的封装。

(3)制作封装。本案例中,按键 K1 的封装需要先制作再添加。单击工具栏中的"PCB 布版"图标 ,进入 PCB 布版编辑窗口,其中的蓝框表示当前图纸的边缘。下面为按键 K1 制作一个名为 BUTTON 的封装。

① 创建焊盘。单击左侧工具栏中的圆形通孔焊盘工具,如图 6-14 (a) 所示,由于此模式下的对象选择器列表中没有内径 50th、外径 80th 样式的焊盘,需要创建一个名为 C-80-50 的新焊盘。单击 图标,在打开的对话框中进行如图 6-14 (b) 所示的设置,单击"确定"按钮,打开"编辑圆形焊盘样式"对话框,进行如图 6-14 (c) 所示的设置,单击"确定"按钮退出该对话框后,这个新的焊盘样式就可以从对象选择器中选取了。(注:Proteus 中 1 th=1/1 000 inch=0.025 4 mm)。

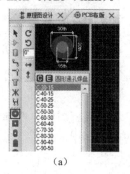
(a)

(b)

(c)

图 6-14 创建焊盘

② 焊盘放置。单击"视图"菜单中的"公制/英制切换"命令或者工具栏中的图标 m，将单位切换为 mm。单击"视图"菜单中的"snap 0.5 mm"命令，将可移动的最小网格设置为 0.5 mm。

在 PCB 布版编辑窗口中放置 4 个所选取的焊盘。单击工具栏中的"切至伪原点"图标，将左下角焊盘设置为原点。分别移动另外 3 个焊盘，使三个焊盘按图 6-15 所示排列，同时观察 PCB 布版编辑窗口下方显示的坐标值，其中焊盘横向间距为 6.5 mm，纵向间距为 4.5 mm，依次双击焊盘，打开"编辑单个引脚"对话框，在"编号"文本框中输入引脚序号，如图 6-16 所示。

③ 绘制丝印。选择丝印层，单击左侧工具栏中的"矩形"图标 和"圆形"图标，按照图 6-17 所示绘制封装的轮廓。

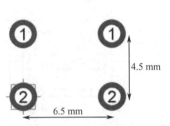
图 6-15 放置焊盘

图 6-16 "编辑单个引脚"对话框

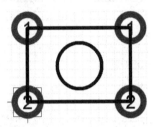
图 6-17 绘制丝印

④ 保存封装。选中整个封装图形，单击鼠标右键，在弹出的快捷菜单中单击"制作封装"命令，打开"制作封装"对话框，输入封装名称 BUTTON，设置封装类型等相关信息，如图 6-18 所示。

单击"确定"按钮后，按键 K1 的封装制作完成。为其添加该封装的方法如前文所述。

（4）设计 PCB：设计浏览器窗口中显示所有元件均已有合适的封装，接下来单击工具栏中的"PCB 布版"图标，重新加载网络表到 PCB 编辑器。

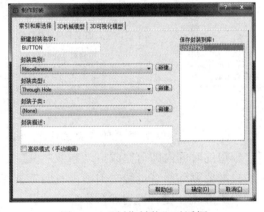
图 6-18 "制作封装"对话框

① 设计规则。单击"工艺"菜单中的"设计规则管理器"命令，打开"设计规则管理器"对话框，默认"设计规则"选项卡中的最小安全间距设置，单击"网络类型"选项卡，设置电源（POWER）和信号（SIGNAL）的走线样式，如图 6-19 和图 6-20 所示。

② 布局。单击左侧工具栏中的"元件模式"图标，选择器中列出了从原理图加载过来的所有元件，首先将单片机 U1 放置到板中央，可以看到每放一个元件到编辑区，左边选择器中就少一个元件。依次将元件放置到编辑区，并经适当旋转后按照图 6-21 所示布局。

③ 规划电路板。本案例对电路板的大小和外形无特殊要求，仅需要根据元件布局的情况设置一个矩形框。

单击左侧工具栏中的"矩形"图标，然后在层选择器中选择当前图层为"Board Edge"。将鼠标指针移动到左上角开始位置，并单击鼠标左键，将鼠标拖曳到右下角合适位置，再次单击鼠标左键完成电路板板边的绘制，如图 6-22 所示。

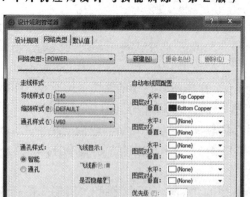

图 6-19 电源规则设置　　　　　　　　图 6-20 信号规则设置

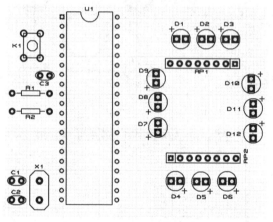

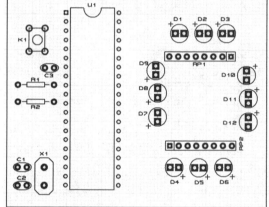

图 6-21 元件布局参考　　　　　　　　图 6-22 绘制板边后的布局图

④ 布线。单击"工具"菜单中的"自动布线"命令；或者单击工具栏中的 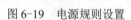 图标，在比较短的时间内即可完成自动布线。观察电路板的走线情况，删除不合理走线后，手工走线。如果需要删除所有走线，则单击左侧工具栏中的"导线模式"图标，框选整个电路板，按键盘中的 Delete 键，即可删除所有走线。

手工走线时，先设置为"导线模式"，然后改变层选择器到顶层或底层铜箔层。单击要连线的一个焊盘开始放置导线，移动鼠标，导线会跟随鼠标移动，如果想要一个拐角，最好在需要拐角的地方单击鼠标左键确定一个锚，同时就确认了前面绘制的走线，继续后续的走线路径，直到移动到目标焊盘，单击鼠标左键完成导线的放置。本例的布线可参考图 6-23。

⑤ 放置覆铜。单击"工具"菜单中的"电源覆铜生成器"命令，在打开的对话框中选择网络"GND=POWER"，设置覆铜在底层铜箔层，并设置边界线型为 T10，覆铜离板边的安全间距使用默认值。单击"确定"按钮，退出对话框后，会看到整个 PCB 的底层已经覆铜，如图 6-24 所示。采用同样的方法对顶层铜箔层覆铜。

⑥ 3D 预览。单击工具栏中的"3D 观察器"图标，将会在另一个页面打开并加载 PCB 的 3D 视图，可看到 PCB 设计的真实立体效果，如图 6-25 所示，对整个 PCB 的设计进行最后的检查。设计完全满足要求就可以进行制板了。

任务 6 交通信号灯控制系统的设计与制作

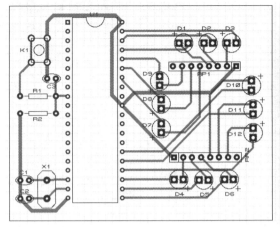

图 6-23 模拟交通信号灯控制系统 PCB

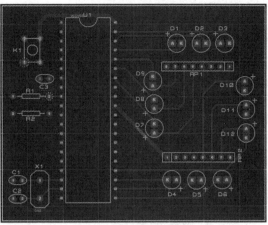

图 6-24 覆铜后的 PCB

（5）制作硬件。上述 4 步完成了 PCB 的设计，之后就可以制作电路板，购买元件，将元件焊接到电路板上，进行简单的调试，主要是为了发现元件是否焊接好。这一步要讲究工艺规范，元件排放应整齐美观，焊接要精细，防止虚焊漏焊，做到精益求精。

步骤 7：考机定型

利用相应单片机的烧录设备及其配套烧录软件将程序烧录到

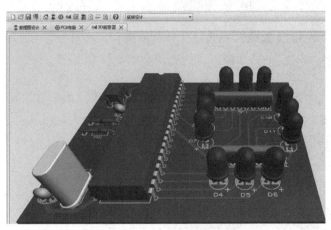

图 6-25 PCB 设计的真实立体效果

芯片上，再进行硬件电路的检查，特别是单片机芯片不能接反，确保元件焊接、连接没有问题，就可通电联调，若发现问题，则进行修改（包括程序、硬件设计），直到满足任务要求。

6.2 单片机控制数码管显示

单片机系统中常用的显示设备有 LED（Light Emitting Diode，发光二极管）数码管、LCD（Liquid Crystal Display，液晶显示器）等。LED 数码管、LCD 有两种显示结构：段显示（7 段、米字形等）和点阵显示（5×8、8×8 点阵等）。

6.2.1 LED 数码管结构

LED 数码管内部由多个发光二极管组成。根据内部发光二极管的连接方式，LED 数码管在结构上又分为共阴极型 LED 数码管和共阳极型 LED 数码管两种，如图 6-26 所示。

共阴极型 LED 数码管内部发光二极管的阴极连在一起，接低电平。共阳极型 LED 数码管内部发光二极管的阳极连在一起，接高电平。单个数码管内部共有 8 个发光二极管，7 个为字段，可组成字形，第 8 个为小数点。故对于单个数码管，有人称其为七段数码显示，也有人称其为八段数码显示。

a、b、c、d、e、f、g 分别为 7 个发光段引脚，dp 为小数点引脚，9 脚接电源或接地端，共 10 个引脚。数码管工作时每段需串联一个限流电阻，而不能用一个电阻放在共阳极或共阴极端，否则，由于各发光段的参数不同，容易引起某段过流而烧坏数码管。另外，电阻值的选取只要保证发光二极管正常发光即可。一般单个数码管电流控制在 10～20 mA 比较合适。电流太大会增大耗电量，而电流太小又无法得到足够的发光度。

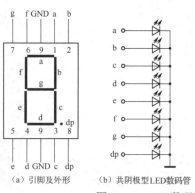

图 6-26 LED 数码管

（a）引脚及外形　（b）共阴极型LED数码管　（c）共阳极型LED数码管

6.2.2 LED 数码管显示字形与字段码的关系

LED 数码管发光原理分两种情况：共阴极型 LED 数码管如图 6-26（b）所示，a、b、c、d、e、f、g 各引脚输入高电平有效。只要哪个引脚输入为高电平，对应的发光二极管就会发亮。共阳极型 LED 数码管如图 6-26（c）所示，这种结构的数码管的 a、b、c、d、e、f、g 各引脚输入低电平有效。只要哪个引脚输入低电平，对应的发光二极管就会发亮。通过点亮不同的发光段可组成不同的字形。输入数码管 dp、g、f、e、d、c、b、a 的二进制码称为字段码（或称为字形码、段码），数码管显示的结果为字形。表 6-3 所示为 LED 数码管显示字形与字段码的关系。

表 6-3 LED 数码管显示字形与字段码的关系

显示字形	共阳极字段码	共阴极字段码	显示字形	共阳极字段码	共阴极字段码
0	C0H	3FH	9	90H	6FH
1	F9H	06H	A	88H	77H
2	A4H	5BH	b	83H	7CH
3	B0H	4FH	C	C6H	39H
4	99H	66H	d	A1H	5EH
5	92H	6DH	E	86H	79H
6	82H	7DH	F	8EH	71H
7	F8H	07H	"熄灭"	FFH	00H
8	80H	7FH			

在表 6-3 中，各发光段 a、b、c、d、e、f、g 及 dp 与数据线的对应关系是 D0～D7，即 a 对应 D0，b 对应 D1，以此类推，dp 对应 D7。各发光段与数码管引脚的对应关系如图 6-26（a）所示。需把共阳极型 LED 数码管按照引脚 a、b、c、d、e、f、g、dp 的顺序分别接于单片机 P1 口的 P1.0～P1.7，如图 6-27 所示。由于 P1 口在输出时具有锁存功能，因此只要用指令向 P1 口送入字段码，

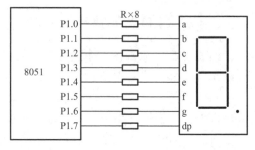

图 6-27 LED 数码管与 P1 口连接电路

数码管就可显示出所需字形。例如，对于共阳极型 LED 数码管，向 P1 口送入 0x88 时，其显示 "A"。使用多个数码管显示多位数字时，还要由位选电路决定在哪一位显示。

【例 6-1】利用如图 6-27 所示的电路实现循环显示 0~9，假设图中的 LED 数码管为共阳极型 LED 数码管。

```
#include<reg51.h>
void main()
{
  int i,j;
  unsigned  char  led_code[]={0xc0,0xf9,0xa4,0xb0,0x99,0x92,0x82,0xf8,0x80,0x90};
  for(i=0;i<6;i++)
  { P1=led_code[i];              //输出字段码
    for(i=10000;i>0;i--);        //延时
  }
}
```

6.2.3 LED 数码管显示方式

例 6-1 只连接了一个数码管，直接将字段码赋值给 P1 就能显示相应的数字，但是当单片机连接多个数码管显示多位数字时，则需要由位选电路决定让哪一位数码管显示，根据显示控制方式的不同，数码管的显示方式分为静态显示和动态显示。

1. 静态显示

静态显示的特点是每个数码管必须接一个 8 位锁存器，用于锁存待显示的字段码。向锁存器送入一次字段码后，显示字形一直保持，直到送入新字段码为止。这种方法的优点是占用 CPU 时间少，显示便于监测和控制；缺点是硬件电路比较复杂，成本较高。

图 6-28 中，每个数码管接一个 8 位锁存器 74LS373，当 P2.0、P2.1、P2.2 引脚分别为低电平时，将 P0 口数据（字段码）传送到各显示锁存器上。

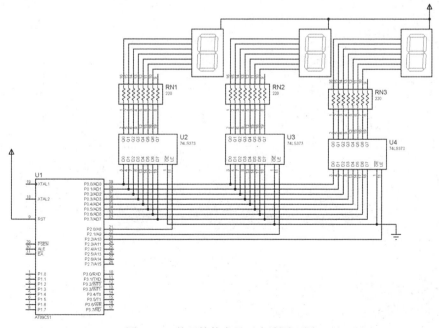

图 6-28 数码管静态显示电路原理图

【例6-2】根据图6-28所示的数码管静态显示电路原理图,在三个数码管中分别显示0~2。
源程序如下:

```c
#include<reg51.h>
unsigned char seg[10]={0xc0,0xf9,0xa4,0xb0,0x99,0x92,0x82,0xf8,0x80,0x90};
void main()
{
  unsigned int i;
  unsigned int ctr=0xfe;      //用于控制数码管显示的位
  P2=0xff;
  for(i=0;i<3;i++)
  {
    P0=seg[i];
    P2&=ctr;    //让P2.0、P2.1、P2.2引脚分别由高电平变为低电平,实现字段码的锁存
    ctr<<=1;
  }
  while(1);
}
```

扫一扫下载 Proteus 文件: 例6-2

2. 动态显示

将所有数码管的段选线并联在一起,通过控制位选信号来控制数码管的点亮。所谓动态扫描显示,即轮流向各位数码管送入字段码和相应的位选信号,利用发光二极管的余辉和人眼视觉的暂留作用,使人感觉好像各数码管同时都在显示。动态显示的亮度比静态显示要差一些,所以动态显示电路中的限流电阻应略小于静态显示电路中的限流电阻。数码管动态显示电路原理图如图6-29所示。

扫一扫看微课视频:数码管的动态显示

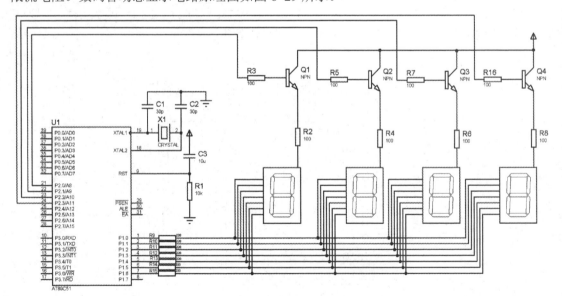

图6-29 数码管动态显示电路原理图

【例6-3】利用如图6-29所示的数码管动态显示电路原理图,编程实现数码管从左至右分别显示0~3,向单片机P1口送入的欲显示数字的字段码作为数码管的段选,P2.0~P2.3为数码管的位选信号,图中数码管为共阴极型数码管。

任务6 　交通信号灯控制系统的设计与制作

源程序如下：

```c
#include<reg51.h>
unsigned char seg[10]={0x3f,0x06,0x5b,0x4f,0x66,0x6d,0x7d,0x07,0x7f,0x70};
unsigned char con[4]={0xfe,0xfd,0xfb,0xf7};
unsigned int i=0;
main()
{
    TMOD=2;
    TH0=6;TL0=6;
    EA=1;ET0=1;TR0=1;
    while(1);
}
void isr_time0() interrupt 1
{
    P2=con[i];
    P1=seg[i];
    i++;
    if(i==4) i=0;
}
```

以上是4个数码管同时显示4个数字，如果要循环显示，则把延时时间设置高一点即可。

提示：在Proteus中仿真运行上述程序时，发现4个数码管不是同时显示的，可以看出软件仿真与实物运行有差距，因此利用Proteus进行数码管动态显示时不使用单个数码管，而是根据需要使用多位数码管显示器，参见案例11设计倒计时器。

典型案例11　设计倒计时器

设计一个倒计时器，初始状态为23时59分59秒，每隔1 s，秒数减1。

步骤1：明确任务

本案例最核心的任务是要设计延时1 s的功能，每延时1 s，秒数减1。

步骤2：总体设计

选用AT89系列单片机。

采用定时器0的方式1来完成定时1 s，设单片机晶振频率为12 MHz，显然方式1最多只能定时60 ms，因此要定义一个全局变量count，初值为100，定时器0定时10 ms，每10 ms让变量count减1，当减到0时，时间正好为1 s，以此类推。

步骤3：硬件设计

倒计时器电路原理图如图6-30所示，单片机与6位数码管显示器连接。

C51 单片机应用设计与技能训练（第 2 版）

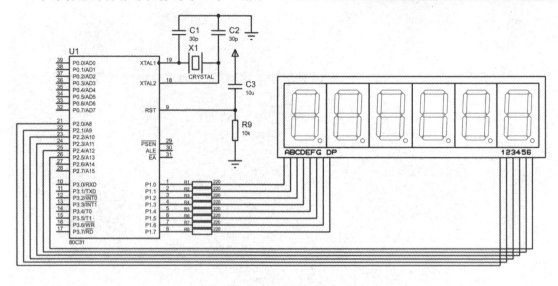

图 6-30 倒计时器电路原理图

步骤 4：软件设计

```c
#include<reg51.h>
unsigned char seg[10]={0xc0,0xf9,0xa4,0xb0,0x99,0x92,0x82,0xf8,0x80,0x90};
unsigned char con[6]={0x1,0x2,0x4,0x8,0x10,0x20};
char mm=59;
char ss=59;
char hh=23;
unsigned char count=100;
main()
{
    TMOD=1;
    TH0=-10000>>8;TL0=-10000;
    EA=1;ET0=1;TR0=1;
    while(1);
}
void isr_time0() interrupt 1
{
    unsigned int i=0,j;
    unsigned char time[6];
    TH0=-10000>>8;TL0=-10000;
    count--;
    if(count==0)
    {
        count=100;
        ss--;
        if(ss<0)
        { ss=59;mm--;
            if(mm<0)
```

```
            {  mm=59;hh--;
                 if(hh<0)
                 hh=23;
            }
       }
       time[0]=hh/10;time[1]=hh%10;
       time[2]=mm/10;time[3]=mm%10;
       time[4]=ss/10;time[5]=ss%10;
       for(i=0;i<6;i++)
       {
           P2=con[i];
           if(i==1||i==3)
           P1=seg[time[i]]&0x7f;      //在显示小时和分钟个位数的数码管上多显示一个点
           else P1=seg[time[i]];
           for(j=100;j>0;j--);        //每个数码管亮后必须延时，否则只有一个亮
       }
   }
```

分享讨论：请学生分组讨论数码管的静态显示和动态显示的区别，以及编程时有何不同。案例 11 是采用定时方式实现动态显示的，除了使用定时方式，能否直接使用循环来实现？请大家仿真试试。

6.2.4 LED 点阵显示控制

在现代工业控制和一些智能化仪器仪表中，越来越多的场所需要用点阵图形显示器显示数字、字母或汉字，如日常生活中经常见到的电梯楼层的显示与一些户外广告，都用 LED 点阵作为显示器。

LED 电视机实质上也是点阵图形显示器，其显示方式是先根据所需要的字符提取字符点阵（如 16×16 点阵），再将点阵文件存入 ROM，形成新的字符编码；而在使用时则需要先根据新的字符编码组成语句，再由单片机根据新编码提取相应的点阵进行显示。LED 点阵中要用到的一个典型数据结构就是二维数组。

LED 点阵显示器把很多个发光二极管按矩阵方式排列在一起，通过对每个 LED 进行发光控制，来完成各种图形或文字显示。LED 点阵由一个一个点（发光二极管）组成，要显示某个点，就让该点发光，因此，要显示图形或文字时，首先把要显示的图形或文字转换成点阵图形，再按照显示控制的要求以一定的格式形成显示数据。

这样依照所需显示的图形、文字，按显示屏的各行各列逐点填写显示数据，就可以构成一个显示数据文件。显示图形的数据文件，其格式相对自由，只要能够满足显示控制的要求即可，例如，可以用一个 5×7（5 列 7 行）LED 点阵显示数字 "1" 或 "2"，如图 6-31 所示。

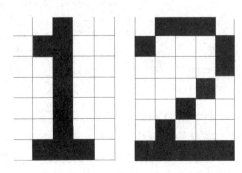

图 6-31　5×7 LED 点阵

把同一列发光二极管的阳极连接在一起,把所有同一行的阴极连接在一起,先送出对应第 1 列发光二极管亮灭的数据,选通第 1 列发光二极管使其点亮一段时间后熄灭;再送出对应第 2 列发光二极管亮灭的数据,选通第 2 列发光二极管使其点亮相同的时间后熄灭,以此类推,第 5 列发光二极管熄灭之后又重新点亮第 1 列发光二极管,这样反复轮流显示,当这样轮流的速度足够快时(每秒 24 次以上),由于人眼的视觉暂留现象就能看到显示屏上稳定的显示了。

5×7 LED 点阵电路如图 6-32 所示。以显示"1"为例,可以用端口 1(P1)的低 7 位控制行的显示(最低位对应最上端的发光二极管),用端口 3(P3)的低 5 位控制列的显示。从左到右每列的显示数据依次为 0x7f、0x3d、0x00、0x3f、0x7f。因此可以用下面的数组表示"1":

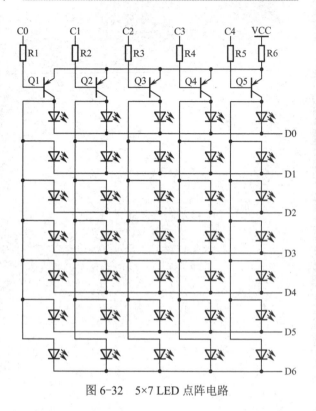

图 6-32　5×7 LED 点阵电路

```
{0x7f,0x3d,0x00,0x3f,0x7f }
```

同理,可以用下面的数组表示"2":

```
{0x3d,0x1e,0x2e,0x36,0x39}
```

因此可以构造一个二维数组,这个二维数组由 0~9 的一维字形数组构成,也就是下面的这个数组:

```
unsigned char code digit_code[10][5]=
{{0x41,0x3e,0x3e,0x3e,0x41},    //0
 {0x7f,0x3d,0x00,0x3f,0x7f},    //1
 {0x3d,0x1e,0x2e,0x36,0x39},    //2
 {0x5d,0x3e,0x36,0x36,0x49},    //3
 {0x67,0x6b,0x6d,0x00,0x6f},    //4
 {0x58,0x3a,0x3a,0x3a,0x46},    //5
 {0x43,0x35,0x36,0x36,0x4f},    //6
 {0x7e,0x0e,0x76,0x7a,0x7d},    //7
 {0x49,0x36,0x36,0x36,0x49},    //8
 {0x79,0x36,0x36,0x56,0x61}     //9
};
```

5×7 LED 点阵的控制电路如图 6-33 所示。由于 LED 点阵中发光二极管的数量较多,单片机本身的端口达不到控制的要求,因此对于 LED 点阵的控制一般要对单片机的端口进行扩展。本例主要介绍二维数组的应用,故对这个问题没有过多地考虑,仍直接用单片机端口作为列驱动。详细的端口扩展方法将在任务 7 中进行介绍。

任务 6　交通信号灯控制系统的设计与制作

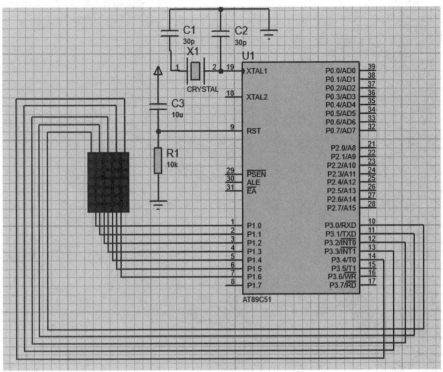

图 6-33　5×7 LED 点阵的控制电路

例如，当需要显示"5"的第 2 列时，可以用如下代码实现：

```
P1=digit_code[5][2];    //发送"5"的第 2 列编码
P2=0x02;
```

典型案例 12　在 LED 点阵显示器上循环显示数字

扫一扫下载 Proteus 文件：典型案例 12

根据如图 6-33 所示的电路，在 LED 点阵显示器上循环显示 0~9 十个数字。

步骤 1：明确任务

本案例是利用如图 6-33 所示的电路，在 LED 点阵显示器上循环显示 0~9。

步骤 2：总体设计

使用普通单片机芯片即可，如 AT89C51 等，假设单片机晶振频率为 24 MHz。

步骤 3：硬件设计

利用 Proteus 按图 6-33 所示绘制电路原理图。

步骤 4：软件设计

显示驱动在定时器 0 的中断服务程序中完成。定时器 0 每 4 ms 产生一次中断，每次中断更新一次列显示数据和列选通，从而使得 5 列 LED 轮流显示，每列显示 4 ms，因此刷新频率可以达到 50 Hz。

在程序中定义了一个 delay 函数，该函数是一个延时函数，确定了轮流显示字符时每个字符显示的时间；定时器 0 初始化为 24 MHz 下的 4 ms 中断，这个 4 ms 是显示某个字符时

每列显示的持续时间，5列循环显示，直到上述的 delay 函数所确定的时间段耗完，转去显示下一个字符，这个延时很重要，否则看不到显示的字符。

源程序如下：

```c
#include<reg51.h>
unsigned char code digit_code[10][5]=
{
    {0x41,0x3e,0x3e,0x3e,0x41},// 0
    {0x7f,0x3d,0x00,0x3f,0x7f},// 1
    {0x3d,0x1e,0x2e,0x36,0x39},// 2
    {0x5d,0x3e,0x36,0x36,0x49},// 3
    {0x67,0x6b,0x6d,0x00,0x6f},// 4
    {0x58,0x3a,0x3a,0x3a,0x46},// 5
    {0x43,0x35,0x36,0x36,0x4f},// 6
    {0x7e,0x0e,0x76,0x7a,0x7d},// 7
    {0x49,0x36,0x36,0x36,0x49},// 8
    {0x79,0x36,0x36,0x56,0x61} // 9
};
unsigned char number=0;
unsigned char column=0;
void delay();
void main()
{
    init_time0();
    while(1)
    {
        delay();
        number =(number +1) %10;//下一时间段要显示的数字
    }
}
void delay()
{
    unsigned i,j;
    for(i=0;i<1000;i++)
    for(j=0;j<500;j++);
}
void init_time0()
{
    TMOD = (TMOD&0xf0)| 0x01;     //定时器0采用方式1
    TL0=-8000;                    //取-8000的低8位
    TH0=(-8000)>>8;               //取-8000的高8位
    TR0=1;
    EA=1;ET0=1;
}
void isr_time0() interrupt 1     //定时器0中断服务函数，外部晶振频率为24 MHz
{
    TL0=-8000;                                //取-8000的低8位
```

```
        TH0=(-8000)>>8;              //取-8000的高8位
        column=(column+1)%5;         //本次将要点亮的列
        P1=digit_code[number][column];
        P3=(0x01<<column);
    }
```

步骤5：软件调试

编译程序，仿真运行。

典型案例13　带数码管显示的交通信号灯控制系统

步骤1：明确任务

本案例在案例10的基础上，增加了两个数码管用于显示路口绿灯亮所剩余的时间。初始态为4个路口的红灯全亮，接着东西路口绿灯亮，南北路口红灯亮，东西路口方向通车；20 s后，东西路口绿灯熄灭，黄灯开始闪烁，每隔1 s闪烁1次，闪烁3次后，东西路口红灯亮，同时南北路口绿灯亮，南北路口方向通车；20 s后，南北路口绿灯熄灭，黄灯开始闪烁，每隔1 s闪烁1次，闪烁3次后，再切换到东西路口绿灯亮，南北路口红灯亮，东西路口方向通车；之后重复以上过程。

步骤2：总体设计

与案例10一样，选用AT89系列单片机。

步骤3：硬件设计

为了节省单片机的并行口，可将南北路口的红灯、绿灯、黄灯分别连接在一起，东西路口也是一样，这样只需要一个并行口就可控制4个路口的12个交通信号灯，设计的电路原理图如图6-34所示。

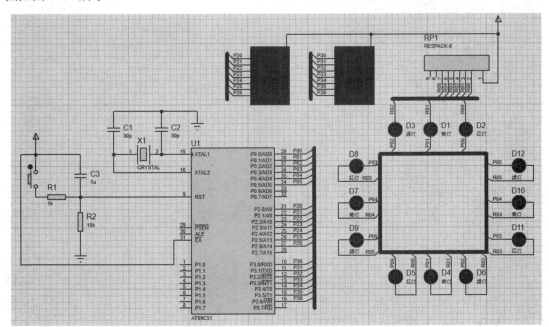

图6-34　带数码管显示的交通信号灯控制系统电路原理图

步骤4：软件设计

参见案例10，本案例只需在此基础上增加时间显示，两个数码管分别代表绿灯亮剩余时间的十、个位数，而显示十、个位数的数码管分别由 P2、P3 口控制，因此直接把剩余时间的十、个位数字取出来，将其字段码分别送给 P2、P3 口即可。编写程序如下。

```c
#include<reg51.h>
unsigned char time=20,dup=20;
unsigned char timey=10,county=6;
//绿灯亮20 s, 黄灯状态转换时间间隔为0.5 s, 共转换6次
unsigned char allr=0x1b;          //所有路口的红灯全亮
unsigned char ewg_snr=0x1e;       //东西路口绿灯亮，南北路口红灯亮
unsigned char ewy=0x1d;           //东西路口黄灯亮，南北路口红灯亮
unsigned char sng_ewr=0x33;       //东西路口红灯亮，南北路口绿灯亮
unsigned char sny=0x2b;           //东西路口红灯亮，南北路口黄灯亮
unsigned char led[]={0xc0,0xf9,0xa4,0xb0,0x99,0x92,0x82,0xf8,0x80,0x90};
sbit P01=P0^1;
sbit P04=P0^4;
bit ewg=1;                        //刚才是否是东西路口绿灯亮
main()
{
    unsigned int i;
    P0=allr;P1=0;
    for(i=50000;i>0;i--);
    P0=ewg_snr;
    P2=led[time/10];
    P3=led[time %10];
    TMOD=0x11;
    TL0=-50000;TH0=-50000>>8;
    TL1=-50000;TH1=-50000>>8;
    EA=1;ET0=1;ET1=1;
    TR0=1;
    while(1);
}
void isr_time0() interrupt 1
{
    TL0=-50000;TH0=-50000>>8;
    dup--;
    if(dup==0)                    //dup减至0表示1 s 定时时间到
    {
        dup=20;
        time--;
        P2=led[time/ 10];         //显示剩余时间的十位数字
        P3=led[time %10];         //显示剩余时间的个位数字
        if(time==0)
        {
            TR0=0;TR1=1;          //定时器0停止定时,启动定时器1,以便黄灯每隔0.5 s
                                  //转换一次状态
            time=20;
            if(ewg)
            {
                P0=ewy;
```

```
                }
                else
                {
                    P0=sny;
                }
            }
        }
    }
    void isr_time1() interrupt 3
    {
        TL1=-50000;TH1=-50000>>8;
        timey--;
        if(timey==0)
        {
            timey=10;
            county--;
            if(county)
            {
                if(ewg)
                P01=~P01;
                else
                P04=~P04;
            }
            else
            {
                county=6;
                if(ewg)
                    P0=sng_ewr;
                else
                    P0=ewg_snr;
                TR1=0;TR0=1;
                P2=led[time/10];
                P3=led[time %10];
                ewg = ~ewg;
            }
        }
    }
```

任务实施

任务实施步骤及内容详见任务 6 工单。

扫一扫看微课视频：作品制作焊接技术

扫一扫看任务 6 工单

拓展延伸

扫一扫看思维导图：Proteus 绘制 PCB 图

6.3 Proteus 绘制 PCB 图

PCB（Printed Circuit Board，印制电路板）由绝缘基板和附在其上的印制导电图形（焊盘、过孔和铜膜导线等），以及图文（元件轮廓、型号和参数）等构成。它的作用是为电子元件提供支撑和定位，实现电路板上各元器件间的电气连接。没有焊接任何元件的电路板称为基板，也称为印制线路板（Printed Wiring Board，PWB）。

PCB 本身的基板由绝缘隔热且不易弯曲的材质制作而成，在表面可以看到的细小线路材料是铜箔，原本铜箔是覆盖在整块板子上的，而在制作过程中部分铜箔被蚀刻掉，留下来的部分就变成网状的细小线路。这些线路称为导线或布线，用来提供 PCB 上元件的电路连接。

Proteus PCB 设计平台是 Proteus 布线和编辑软件，它主要有以下特点。

（1）支持 16 个铜箔层、2 个丝印层、4 个机械层。
（2）内嵌基于形状的自动布线器。
（3）丰富的元件库（包括 IPC7351 封装库和标准的 SMT 封装库）。
（4）支持引脚交换和门优化，有自动回注功能。
（5）3D 元件和 PCB 预览。
（6）输出格式适合多数的打印机或绘图仪，以及适用于制板 Gerber 文件。

6.3.1 PCB 设计界面

启动 PCB 的方法有两种：一是在新建工程时，创建 PCB Layout 文件；二是如果在创建工程时没有创建 PCB Layout 文件，则单击主工具栏中的图标 ⚙，也可以创建 PCB Layout 文件。PCB 设计界面如图 6-35 所示，与原理图编辑界面类似，PCB 设计界面主要包括菜单栏、工具栏、预览窗口、对象选择器及工作区（编辑区）等。

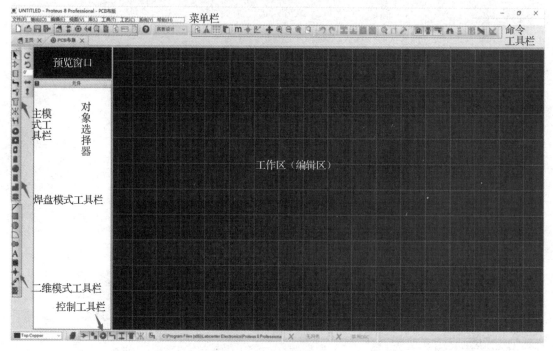

图 6-35　PCB 设计界面

1. 菜单栏

菜单栏包括文件（File）、输出（Output）、视图（View）、编辑（Edit）、库（Library）、工具（Tools）、工艺（Technology）、系统（System）和帮助（Help）共 9 个菜单。

2. 命令工具栏

命令工具栏主要包括主工具栏、视图工具栏、编辑工具栏和布局工具栏。主工具栏的功

任务6 交通信号灯控制系统的设计与制作

能与原理图编辑界面的一样,其他工具栏的具体功能如表6-4所示,该表中工具栏的显示与隐藏可通过单击"视图"→"工具条配置"命令在打开的对话框中进行设置,如图6-36所示。

表6-4 工具栏功能介绍

工具栏	图标	对应菜单命令	功能
视图工具栏		视图→刷新显示(Redraw Display),R	刷新编辑窗口
		视图→板水平镜像,F	电路板水平旋转
		视图→切换栅格,G	网格切换
		视图→编辑图层颜色,Ctrl+L	层颜色设置及层设置
	m	视图→切换公制/英制,M	公制/英制单位切换
		视图→切至伪原点,O	设置伪坐标原点
		视图→切换极坐标,Z	旋转极坐标原点
		视图→光标居中,F5	以光标的中心放大PCB版图
		视图→缩小,F6;视图→放大,F7	放大和缩小PCB版图
		视图→全局观看,F8	显示整张PCB版图
		视图→局部放大	将选中区域放大
编辑工具栏		编辑→撤销,Ctrl+Z;编辑→重做,Ctrl+Y	撤销和恢复
			复制选中的对象
			移动选中的对象
			旋转选中的对象
		库→选取封装	从封装库中选取封装
		库→制作封装	制作封装
		库→分解标记对象	分解封装
布局工具栏			自动导线转角切换
			自动导线缩颈
			自动布线样式选择
		工具→搜索并标记	查找并标注
	U1 U2 U3	工具→自动注释器	自动标注
		工具→自动布局	自动布局
		工具→自动布线	自动布线
			设计规则管理器

3. 编辑区

在编辑区内设计电路板边界,在电路板边界内可以放置元件、封装及其他对象,进行布局、布线等操作,编辑区的放大、缩小、移动等操作与原理图设计的操作一样。

4. 对象选择器

单击模式工具栏中的某一模式图标,可以显示该模式下的对象。例如,单击"封装模式"图标,对象选择器内显示所有已经从封装库取出的封装或者通过网络表导入原理图中的元件的封装,如图6-37所示。

图 6-36 "显示/隐藏工具栏"对话框

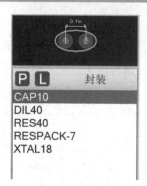

图 6-37 预览窗口与对象选择器

5. 预览窗口

预览窗口有以下三大功能。

（1）在选择模式下，该窗口作为 PCB 编辑区预览窗口，移动光标可以预览编辑区，其中蓝色框表示工作区，绿色框表示当前编辑区的可见区域。

（2）在非选择模式下，该窗口用于显示模式工具内容，例如，图 6-37 显示 CAP10 封装的预览情况。

（3）单击"旋转"按钮时，该窗口用于旋转显示。

6. 控制工具栏

控制工具栏位于界面的最下面，包括 Layer Selector（层选择器，）、Selection Filter（选择过滤器）、ERC Status（ERC 状态信息栏，）、DRC Status（DRC 检测实用信息栏）和 Coordinate（坐标）五大部分。其中选择过滤器包括 PCB 层过滤器、元件选择模式、选择二维图形模式、选择引脚模式、布线过滤器、过孔过滤器、覆铜过滤器、飞线过滤器和导线选择过滤器，其相应工具如图 6-38 所示。

图 6-38 选择过滤器工具

7. 模式工具栏

模式工具栏包括主模式工具栏、焊盘模式工具栏和二维模式工具栏，具体含义如表 6-5 所示。

表 6-5 模式工具栏

模式	图标	功能
主模式工具栏	▶	选择模式，用于选择元件
	▷	元件模式，用于放置、新建元件
	▯	封装模式，用于选取、放置和编辑封装
	⌐	导线模式，用于手动放置铜膜导线。对象选择器中提供了多种类型的铜膜导线
	⊥	过孔模式，在对象选择器中列出了各种类型的过孔，可以放置、编辑和创建过孔
	T	覆铜模式，用于放置和编辑覆铜
	✕	飞线模式，用于手工放置和编辑飞线
	⋈	网络高亮模式，对象选择器中列出了所有网络名，双击相应的网络名或者先单击网络名，再单击对象选择器的 T 按钮，该网络会高亮显示

续表

模式	图标	功能
焊盘模式工具栏		圆形直插式焊盘模式
		方形直插式焊盘模式
		椭圆形直插式焊盘模式
		边缘连接焊盘模式，放置板插头（金手指）
		放置圆形 SMT 焊盘
		旋转方形单面焊盘，具体尺寸可以在对象选择器中选择
		放置多边形 SMT 焊盘
		焊盘栈模式，主要用于放置测试点
二维模式工具栏		绘制直线模式，用于在创建封装、符号等时绘制直线
		绘制方框模式，用于在创建封装、符号等时绘制矩形二维图形
		绘制圆形模式，用于在创建封装、符号等时绘制圆形二维图形
		绘制圆弧模式，用于在创建封装、符号等时绘制圆弧二维图形
		绘制任何闭合曲线模式，用于在创建封装、符号等时绘制闭合曲线二维图形
		文本模式，用于在 PCB Layout 中放入文字
		符号模式，用于从符号库中选择各种符号
		标记模式，用于在创建或编辑元件符号、各种终端和引脚时产生各种标记符号
		测距模式，用于测量两点间的距离

6.3.2 PCB 菜单

1. "文件"菜单

"文件"菜单如图 6-39 所示，单击"电路板信息"命令，弹出板卡描述信息，主要描述板卡引脚数、过孔数、铜膜导线长度等信息。

2. "输出"菜单

"输出"菜单如图 6-40 所示，主要提供打印和输出相关格式文件的功能。

图 6-39 "文件"菜单

图 6-40 "输出"菜单

3. "库"菜单

"库"菜单的主要功能包括封装库管理、封装制作,以及焊盘、过孔和铜膜导线等制作,具体功能如图 6-41 所示。

4. "编辑"菜单

"编辑"菜单的主要功能包括撤销、重做、剪切、复制等,具体功能如图 6-42 所示。

5. "工具"菜单

"工具"菜单的主要功能包括快速布线、布局和搜索等,具体功能如图 6-43 所示。

图 6-41 "库"菜单

6. "视图"菜单

"视图"菜单如图 6-44 所示。

图 6-42 "编辑"菜单　　图 6-43 "工具"菜单　　图 6-44 "视图"菜单

7. "工艺"菜单

"工艺"菜单的主要功能包括设计规则管理器、设置栅格捕捉等,具体功能如图 6-45 所示。

8. "系统"菜单

"系统"菜单主要用于设置 PCB Layout 系统环境参数,具体功能如图 6-46 所示。

9. "帮助"菜单

"帮助"菜单如图 6-47 所示。

图 6-45 "工艺"菜单　　图 6-46 "系统"菜单　　图 6-47 "帮助"菜单

6.4 1602 字符型 LCM

LCD（Liquid Crystal Display，液晶显示器）是一种被动式的显示器，即液晶本身并不发光，而是利用液晶经过处理后能改变光线方向的特性，达到显示图形或文字的目的。LCD 具有功耗低、抗干扰能力强等优点，因此得到了广泛应用，例如在手机、MP4/MP5、笔记本电脑和计算器上看到的都是液晶显示屏。由于 LCD 的控制必须使用专用的驱动电路，且 LCD 面板的接线需要采用特殊技巧，再加上 LCD 面板十分脆弱，因此 LCD 一般不会单独使用，而是将 LCD 面板、驱动与控制电路组合成 LCD 模块（Liquid Crystal Display Module，LCM）一起使用。

LCM 的种类繁多，可以根据不同的场合、不同的需要选择不同类型的 LCM，本书主要介绍 1602 字符型 LCM（两行显示，每行可显示 16 个字符）。

6.4.1 1602 字符型 LCM 的结构

1. 1602 字符型 LCM 的特点

1602 字符型 LCM 通常采用日立公司生产的控制器 HD44780 作为 LCM 的控制器，其外形如图 6-48 所示，其特点如下。

（1）显示质量高：由于 1602 字符型 LCM 每个点在收到信号后就一直保持那种色彩和亮度，恒定发光，因此画质高且不会闪烁。

（2）数字式接口：1602 字符型 LCM 都是数字式的，与单片机系统的接口连接更加简单可靠，操作更加方便。

图 6-48　1602 字符型 LCM

（3）体积小、质量小：1602 字符型 LCM 通过显示屏上的电极控制液晶分子状态来达到显示的目的，在质量上比相同显示面积的传统显示屏要小得多。

（4）功耗低：相对而言，1602 字符型 LCM 的功耗主要消耗在其内部的电极和驱动 IC 上，因而其耗电量比其他显示屏要小得多。

2. 1602 字符型 LCM 的引脚功能

1602 字符型 LCM 通常有 16 个引脚，也有 14 个引脚的。当选用 14 个引脚的 1602 字符型 LCM 时，该 LCM 没有背光。下面介绍 1602 字符型 LCM 的 16 个引脚功能，如表 6-6 所示。

表 6-6　1602 字符型 LCM 的引脚功能

引脚号	符号	状态	功能	备注
1	VSS		电源地	
2	VDD		+5 V 逻辑电源	
3	V0		液晶驱动电源（用于调节对比度）	
4	RS	输入	寄存器选择（1：数据；0：指令）	
5	R/$\overline{W}$	输入	读、写操作选择（1：读；0：写）	

续表

引脚号	符号	状态	功能	备注
6	E	输入	使能信号，数据读写操作控制位，向LCM发送一个脉冲，LCM与单片机之间将进行一次数据交换	
7～14	DB0～DB7	三态	数据总线（最低位DB0，最高位DB7），可用8位连接，也可只用高4位连接	
15	E1		背光电源线（通常为+5 V，并串联一个电位器，可调节亮度）	14个引脚的1602字符型LCM没有这两个引脚
16	E2		背光电源地线	

提示：对LCM的读写操作必须符合读写操作时序，并要有一定的延时。

（1）读操作时，先设置RS和R/$\overline{W}$状态，再设置E信号为高电平，这时从数据口读取数据，最后将E信号置为低电平。

（2）写操作时，先设置RS和R/$\overline{W}$状态，再设置数据，最后产生E信号的脉冲。

6.4.2 1602字符型LCM与单片机的连接

1602字符型LCM与单片机之间的连接主要有以下两种。

1. 直接访问方式连接

由单片机的读引脚（$\overline{RD}$引脚）、写引脚（$\overline{WR}$引脚）和高位地址线中的2.7引脚共同控制LCM的E端，由高位地址线中的P2.0引脚、P2.1引脚分别与RS端和R/$\overline{W}$端相连，由单片机的P0口和LCM的DB0～DB7端相连。这样就构成了三总线（数据总线、地址总线和控制总线）的连接方式，如图6-49所示，在软件控制上也比较简单，通过访问外部地址的方式就能访问LCM。但是，在使用这种连接方式时需要注意单片机的控制总线时序和地址总线时序，必须要与LCM所需要的时序相匹配，否则将无法访问。

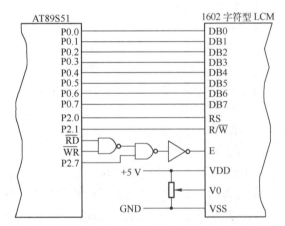

图6-49 LCM与单片机的直接访问方式连接电路

2. 间接控制方式连接

直接访问方式连接电路中需要增加与非门和反相器，原理图看似很简单，但在实际焊接时，增加两个器件就增加了很多麻烦，另外增加器件也意味着增加了故障点，所以在实际使用时并不采用此电路。间接控制方式连接电路如图6-50所示，利用HD44780所具有的4位数据总线的功能，简化电路接口，间接控制方式连接电路省去了4位数据线，电路连接十分简单，也没有多余的器件，对于一般应用来说非常方便。由于LCM本身为速度较慢的器件，每次数据传输需要几十微秒至几毫秒的时间，如果采用间接控制方式访问，每传送一个字节的数据需要访问两次LCM，这将占用大量的时间，使CPU变得繁忙，甚至影响CPU处理其他数据的传输速度。所以在实际的硬件电路连接中常采用如图6-51所示的电路。采用这种连接方式不能构成三总线的结构,所以不能通过地址的形式直接访问,而是需要按照 LCM 的方式进行数据的传输,同时由于数据总线使用了 8 条,所以在数据传输的时间上与直接访问的时间相同,速度较间接控制方式提高了一倍,缩短了 CPU 对 LCM 的访问时间。

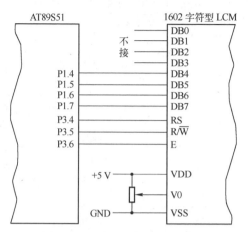

图 6-50　间接控制方式连接电路

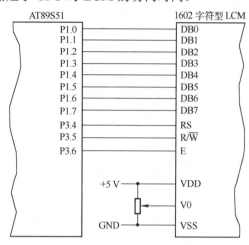

图 6-51　常用的 LCM 与单片机的连接电路

6.4.3　1602 字符型 LCM 的应用

1. 1602 字符型 LCM 的字符集

1602 字符型 LCM 内部的字符发生存储器(CGROM)存储了 160 个不同的点阵字符图形,这些字符包括阿拉伯数字、英文字母的大小写、常用的符号等,每个字符都有一个固定的码值,刚好与 ASCII 码表中的数字和字母相同,比如大写的英文字母"A"的代码是 01000001B(41H),显示时模块把地址 41H 中的点阵字符图形显示出来,我们就能看到字母"A"。因此在需要显示数字和字母时,只需要向 LCM 送入 ASCII 码即可。

1602 字符型 LCM 除了有 CGROM,还有自定义字符 RAM(Character Generate RAM,CGRAM,可自行定义 8 个 5×7 点阵字符和 4 个 5×10 点阵字符)和数据显示存储器(Data Display RAM,DDRAM)。

2. 1602 字符型 LCM 的指令集

1602 字符型 LCM 具有较丰富的指令集,如表 6-7 所示。

扫一扫看微课视频:液晶显示器 1602 指令集

表 6-7　1602 字符型 LCM 指令集

功能	控制线		数据线								执行时间 /ms	功能说明
	RS	R/$\overline{W}$	DB7	DB6	DB5	DB4	DB3	DB2	DB1	DB0		
清屏	0	0	0	0	0	0	0	0	0	1	1.64	清屏,光标归位(清 DDRAM 和 AC 值)
光标归位	0	0	0	0	0	0	0	0	1	*	1.64	地址计数器 AC 清零,DDRAM 数据不变,光标移到左上角
输入方式设置	0	0	0	0	0	0	0	1	I/D	S	0.04	设置字符进入时的屏幕移位方式
显示开关控制	0	0	0	0	0	0	1	D	C	B	0.04	设置显示开关、光标开关、闪烁开关
显示光标移位	0	0	0	0	0	1	S/C	R/L	*	*	0.04	设置字符与光标移动

续表

功能	控制线		数据线								执行时间/ms	功能说明
	RS	R/$\overline{W}$	DB7	DB6	DB5	DB4	DB3	DB2	DB1	DB0		
功能设置	0	0	0	0	1	DL	N	F	*	*	0.04	工作方式设置（初始化命令）
CGRAM 地址设置	0	0	0	1	CGRAM 地址						0.04	设置 6 位的 CGRAM 地址以读写数据
DDRAM 地址设置	0	0	1	DDRAM 地址							0.04	设置7位的DDRAM地址以读写数据 第 1 行：80H～8FH；第 2 行：C0H～CFH
忙标志/地址计数器	0	1	BF	由最后写入的 DDRAM/CGRAM 地址设置指令设置的 DDRAM/CGRAM 地址							0.04	读忙标志及地址计数器 AC 值 BF=1：忙；BF=0：不忙，准备好
写数据	1	0	写入 1 字节数据，需要先设置 RAM 地址								0.04	向 CGRAM/DDRAM 写入 1 字节数据
读数据	1	1	读取 1 字节数据，需要先设置 RAM 地址								0.04	从 CGRAM/DDRAM 读取 1 字节数据（一般很少用）

表 6-7 中控制字符的含义如下。

（1）I/D 表示读写数据后，地址计数器 AC 值递增还是递减。I/D=1：递增；I/D=0：递减。

（2）S=0：显示屏不移动；S=1：如果 I/D=1 且有字符写入，则显示屏左移，否则显示屏右移。

（3）D=1：显示屏开，否则显示屏关。

（4）C=1：光标出现在地址计数器所指的位置；C=0：光标不出现。

（5）B=1：光标闪烁；B=0：光标不闪烁。

（6）S/C=0：如果 R/L=0，则光标左移，否则光标右移；S/C=1：如果 R/L=0，则字符和光标左移，否则字符和光标右移。

（7）DL=1：数据长度为 8 位；DL=0：使用 DB7～DB4，共 4 位数据位，分两次送 1 字节。

（8）N=0：单行显示；N=1：双行显示。

（9）F=1：5×10 点阵字体；F=0：5×7 点阵字体。

提示：（1）从表 6-7 中可以看出，对 LCM 的基本操作主要有 4 种：写命令、写数据、读状态和读数据，由 LCM 的 3 个控制引脚 RS、R/$\overline{W}$ 和 E 的不同组合状态来确定。另外，每个基本操作都应给引脚 E 一个正脉冲。

（2）在进行写命令、写数据和读数据三种操作之前，必须先进行读状态操作，查询忙标志；当忙状态 BF 为 0 时，才能进行这三种操作。

（3）LCM 上电时，都必须按照一定时序对 LCM 进行初始化操作，主要分以下 4 步。

① 设置 LCM 工作方式。

② 设置显示状态。

③ 清屏，将光标设置为第 1 行第 1 列。

④ 设置输入方式，设置光标移动方向并确定整体显示是否移动。

（4）当写一个显示字符后，如果没有再给光标重新定位，则 DDRAM 地址会自动加 1 或减 1，加或减由输入方式字设置。特别注意，第 1 行的首地址为 0x80，第 2 行的首地址为 0xc0，并不连续。

典型案例 14　液晶显示大湾区欢迎词

利用基于 HD44780 芯片的 1602 字符型 LCM 显示两行字符 "I love you!" 和 "China"。

1. 明确任务

本案例要求利用 LCD 显示两行字符。

扫一扫下载 Proteus 文件：典型案例 14

2. 总体设计

本案例选用 AT89C51 作为单片机芯片，单片机与 LCD 连接可以采用间接连接方式。

3. 硬件设计

根据图 6-51 设计的电路原理图如图 6-52 所示，1602 字符型 LCM 英文名称为 LM016L。

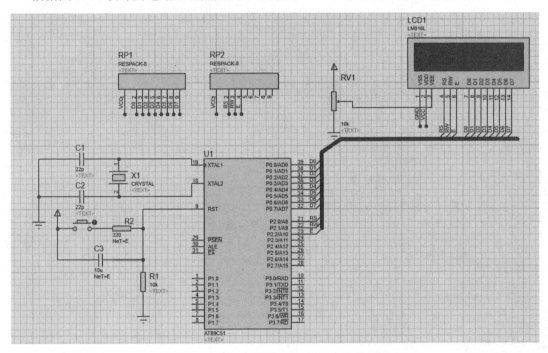

图 6-52　1602 字符型 LCM 显示电路原理图

4. 软件设计

本案例源程序由 main.c 和 lcd.c 两个文件构成，前者完成文字显示，后者是通用的 LCD 显示控制程序，其他程序如果需要使用 1602 字符型 LCM，可直接复制并添加 lcd.c 文件。

```c
//lcd.c 源程序
//液晶控制与显示程序
#include<reg51.h>
unsigned char count;
sbit  rs=P2^0;
sbit  rw=P2^1;
sbit  en=P2^2;
void delay(unsigned int delay)
{
    unsigned char delay1;
```

```c
        for(;delay>0;delay--)
            for(delay1=10;delay1>0;delay1--);
    }
    //LCD判忙函数
    unsigned char busy()
    {
        unsigned char lcd_status;
        rs=0;                           //寄存器选择
        rw=1;                           //读状态寄存器
        en=1;                           //开始读
        delay(100);
        lcd_status=P0;
        en=0;
        return lcd_status;
    }
    //向LCD写命令函数
    void WR_Com(unsigned char temp)
    {
        while((busy()&0x80)==0x80);     //忙等待
        rs=0;                           //选择命令寄存器
        rw=0;                           //写
        P0=temp;
        en=1;en=0;
    }
    //向LCD写数据函数
    void WR_Data(unsigned char dat)
    {
        while((busy()&0x80)==0x80);
        rs=1;rw=0;                      //向LCD写数据
        P0=dat;
        en=1;en=0;
    }
    //向LCD写入显示数据函数
    //入口条件：LCD首行地址（指示第一行还是第二行）和待显示数组的首地址
    void disp_lcd(unsigned char addr,unsigned char *pstr)
    {
        unsigned char i;
        WR_Com(addr);
        delay(100);
        for(i=0;i<16;i++)
        {
            WR_Data(pstr[i]);
            delay(100);
        }
    }
    //LCD初始化函数
    void lcd_init()
    {
        WR_Com(0x38);     //设置数据长度为8位、双行显示、5×7点阵字符
        delay(100);
        WR_Com(0x01);     //清屏
        delay(100);
        WR_Com(0x06);     //字符进入模式：屏幕不动，字符后移
```

```
        delay(100);
        WR_Com(0x0c);        //显示开,光标关
        delay(100);
}
//main.c 主程序
unsigned char love[16]="I love you!";
unsigned char china[]="China";
void lcd_init();          //函数原型说明
void disp_lcd(unsigned char,unsigned char *);//函数原型说明
void main()
{
    int i=0;
    lcd_init();
    disp_lcd(0x82,love);
    while(1)
    {
        disp_lcd(0xc0,china+i);
        i++;
        if(i>strlen(china)) i=0;
        delay(10000);
    }
}
```

作 业

6-1 由单片机连接 6 行 4 列的发光二极管阵列,要求让这一阵列显示数字"8",利用 Proteus 进行仿真。

6-2 利用静态显示方式由一个单片机连接 4 个数码管(7 段码),显示"8051"4 个数字。

6-3 利用静态显示方式由一个单片机连接 4 个数码管,分别显示"0123""2345""4567" "6789"4 组数字,每隔 0.5 s 改变 1 组。

6-4 利用动态显示方式由一个单片机连接 6 个数码管,分别显示"012345""234567" "456789""6789AB""89ABCD""ABCDEF"6 组数字,每隔 1 s 改变 1 组。

6-5 把 LCD 设计成一个上下滚屏的广告屏(显示内容自定),试实现之。

知识梳理与总结

通过完成简单交通信号灯控制系统的硬件电路设计与制作、软件程序的设计与调试,以及完整系统的运行,学生可全面学习 Proteus PCB、单片机复位电路、最小系统。

本任务以模拟简单的交通信号灯控制系统为案例对单片机应用系统开发完整的过程进行了详细介绍,为学生今后设计制作比较复杂的单片机应用系统打下了良好的基础。

本任务重点内容如下。

(1)单片机复位电路的设计。

(2)单片机最小系统组成。

(3)LED 数码管结构及显示方式,单片机与数码管连接方法及其程序的设计。

(4)LED 点阵显示控制。

(5)Proteus PCB 基本操作。

任务 7 基于扩展口的交通信号灯控制系统设计

任务单

任务描述	任务 6 利用单片机设计交通信号灯控制系统,但是单片机并行口只有 32 个引脚,如果 12 个交通信号灯中每个灯都连接一个单片机引脚,再有 4 个数码管至少需要 12 个引脚来控制,这样会导致引脚不够用,为此本任务将利用并行口的扩展功能来设计一个更复杂的交通控制系统,要求单片机连接 12 个绿、黄、红三色发光二极管、4 个数码管、2 个拨码开关,分别对应 4 个路口的交通信号灯及时间显示,拨码开关用于设置路口绿灯亮的时间(初始值为 20),东西路口绿灯亮够时间后(绿灯亮剩余 10 s 内由该路口的数码管显示剩余时间),黄灯亮 3 s,同时南北路口红灯亮(红灯亮剩余 10 s 内由该路口的数码管显示剩余时间),东西路口黄灯亮 3 s 后,红灯亮,同时南北路口绿色亮同样的时间,在黄灯亮 3 s 后红灯亮。周而复始
任务要求	(1)自行设计基于扩展口的交通信号灯控制系统电路。(2)编写控制程序,以实现任务描述的效果
实现方法	(1)利用 Proteus 仿真软件对设计的电路及程序进行调试。(2)绘制电路扩展板,焊接元件,硬件仿真,烧录程序

教学导航

知识重点	(1)外部总线结构、锁存器、总线驱动器。(2)存储器芯片结构及存储器的扩展
知识难点	存储器扩展芯片地址确定
推荐教学方式	从任务入手,通过让学生完成基于扩展口的交通信号灯控制系统设计这一任务,使学生掌握单片机 I/O 端口扩展、存储器扩展
建议学时	8 学时
推荐学习方法	通过硬件电路设计及制作、软件编程、仿真调试与系统运行,理解相关理论知识,学会应用
必须掌握的理论知识	(1)外部总线结构、锁存器、总线驱动器。(2)存储器芯片结构及存储器扩展的方法。(3)扩展的存储器芯片地址范围的确定
必须掌握的技能	利用相关芯片扩展 I/O 端口及存储器扩展技术
需要培育的素养	(1)解决问题的能力。(2)安全意识和创新意识

任务准备

7.1 单片机的简单扩展

7.1.1 外部总线结构

MCS-51 单片机外部引脚可以构成如图 7-1 所示的三总线结构,即地址总线(AB)、数据总线(DB)、控制总线(CB)。各种扩展电路的外接芯片都是通过三总线与单片机连接的。

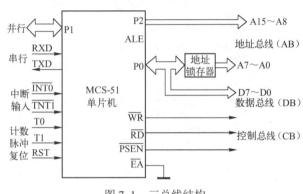

图 7-1 三总线结构

1. 地址总线

地址总线用来传送存储单元或外部设备的地址,由 P0 和 P2 口提供。

(1)高 8 位地址总线:P2 口提供高 8 位地址线。

(2)低 8 位地址总线:P0 口提供低 8 位地址线,由于 P0 口分时复用作为地址/数据双重总线,除提供地址外,还要作为数据口,地址/数据分时控制输出。为避免地址和数据的冲突,低 8 位地址必须用锁存器锁存。也就是在 P0 口外加一个锁存器,锁存器输出低 8 位地址。锁存器的锁存扩展信号由单片机的 ALE 控制信号提供,当 ALE 为下降沿时控制锁存器锁存低 8 位地址。

2. 数据总线

数据总线用来传送数据和指令码,MCS-51 单片机由 P0 口提供数据线,其宽度为 8 位,为三态双向口。单片机通过 P0 口向外部传送数据、指令和信息。

3. 控制总线

控制总线用来传送各种控制信息。单片机中用于系统扩展的控制线共有 5 根,它们分别是 $\overline{RD}$、$\overline{WR}$、$\overline{PSEN}$、ALE、$\overline{EA}$。

(1)$\overline{RD}/\overline{WR}$:用于扩展外部数据存储器的读/写控制。单片机对外部数据存储器某个单元进行读/写时,自动产生 $\overline{RD}/\overline{WR}$ 信号。

(2)$\overline{PSEN}$:用于扩展外部程序存储器的读控制,当单片机向外部程序存储器读指令或数据时,该信号有效。

(3)ALE:用于锁存 P0 口输出的低 8 位地址信息。

(4)$\overline{EA}$:内部/外部程序存储器选择信号。当 $\overline{EA}=0$ 时,不论是否有内部程序存储器,都只访问外部程序存储器;当 $\overline{EA}=1$ 时,系统从内部程序存储器开始执行程序。内部程序存储器地址空间为 0x0000~0xFFF,共 4 KB 空间,外部程序存储器地址空间为 0x1000~0xFFFF,共 60 KB 空间。

7.1.2 地址锁存器和总线驱动器

1. 地址锁存器

常用单片机的地址锁存器的芯片有带三态缓冲输出的 8D 锁存器 74LS373 和 8282，还有带清除端的 8D 锁存器 74LS273，如图 7-2 所示。

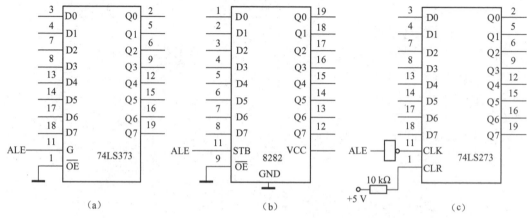

图 7-2 地址锁存器

当 74LS373 和 8282 作为地址锁存器时，且三态端 $\overline{OE}$ 有效、使能端 G/STB 为高电平时，输出随输入变化；当使能端 G/STB 电平由高变低时，输出端 8 位信息被锁存，直到使能端 G/STB 再次有效，其使能端 G/STB 可以直接和单片机的锁存控制信号 ALE 直接相连，这样通过 ALE 下降沿可以进行地址锁存。74LS373 的功能表如表 7-1 所示，8282 的功能表和 74LS373 的功能表相似，表中的 G 端和 8282 的 STB 端相对应。

74LS273 是带清除端 CLR 的 8D 锁存器，只有清除端为高电平时才具有锁存功能（CLR 端为低电平时，Q 端输出为低电平），锁存控制端为 CLK，从低电平变到高电平（上升沿）时，D0～D7 的数据通过芯片，CLK 为低电平时将数据锁存。因此，74LS273 作为地址锁存器时，单片机的 ALE 端输出必须通过一个反相器才可以接到 74LS273 的 CLK 端，以满足锁存数据的要求。74LS273 的真值表如表 7-2 所示。

表 7-1 74LS373 的功能表

输入			输出
$\overline{OE}$	G（LE）	D	Q
L	H	H	H
L	H	L	L
L	L	×	Q 不变
H	×	×	高阻态

表 7-2 74LS273 的真值表

输入			输出
CLR	CLK	D	Q
L	×	×	L
H	↑（上升沿）	H	H
H	↑（上升沿）	L	L
H	L	×	Q 不变

2. 总线驱动器

当单片机外接芯片较多，超出总线负载能力时，必须加总线驱动器。总线驱动器可增强单片机对外围接口电路的驱动能力，而且可以起到对负载波动的隔离作用。总线驱动器根据驱动的方向可以分为单向总线驱动器和双向总线驱动器。在系统三总线中，地址总线和控制总线是单向的，信号总是由单片机的CPU向外围接口电路发送，因此，地址总线和控制总线的驱动器应选用单向驱动器。常用的单向总线驱动器有74LS244、74LS241等。单向总线驱动器有8个三态驱动器，分成两组，分别由三态控制端$\overline{1G}$、$\overline{2G}$控制；由于P2口始终输出地址高8位，连接时74LS244的三态控制端$\overline{1G}$和$\overline{2G}$接地，P2口与驱动器输入线对应相连，如图7-3（a）所示。

数据总线是双向的，因此数据总线的驱动器应选用双向总线驱动器。常用的双向总线驱动器有74LS245，如图7-3（b）所示。双向总线驱动器有16个三态驱动器，每个方向有8个，在控制端$\overline{G}$有效（低电平）的情况下，由DIR端控制驱动方向，DIR=1时方向由A到B（输出允许），DIR=0时方向由B到A（输入允许）。P0口与74LS245输入线相连，$\overline{G}$端接地，保证数据线畅通。MCS-51单片机的$\overline{RD}$和$\overline{PSEN}$相与后接DIR，使得$\overline{RD}$和$\overline{PSEN}$有效时，74LS245处于输入状态，其他时间处于输出状态。

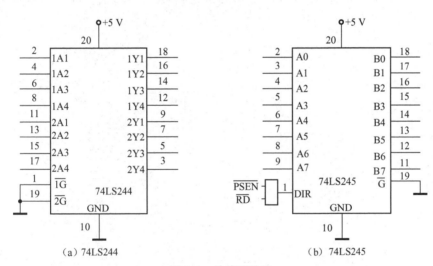

图7-3　总线驱动器

7.1.3　并行I/O端口简单扩展

单片机可以利用地址锁存器和总线驱动器扩展并行I/O端口，在进行扩展时，会遇到很多问题，如端口冲突、信号传输不稳定、锁存器和驱动器使用不当等问题，读者要善于分析并予以解决，还要注意防止出现安全问题，包括信号干扰、短路等。

1. 用锁存器扩展简单输出口

当输出数据时，接口电路应具有锁存功能。

（1）用74LS377扩展8位输出口：图7-4展示了一个用锁存器74LS377扩展简单输出口的接口电路。74LS377为带有允许输出端的8D锁存器。D1~D8为其输入口，输出口为Q1~Q8，CLK为时钟控制端，上升沿锁存。图7-4中，P0口的P0.0和P0.1引脚分别作为地址选择线与两个74LS377的片选控制端E相连，使得两个74LS377的口地址分别为0xFFFE和0xFFFD。当某一个74LS377输出口被选中，且CLK端电平正跳时，P0口数据锁存到74LS377的输出端，从而实现数码管的静态显示。

C51 单片机应用设计与技能训练（第2版）

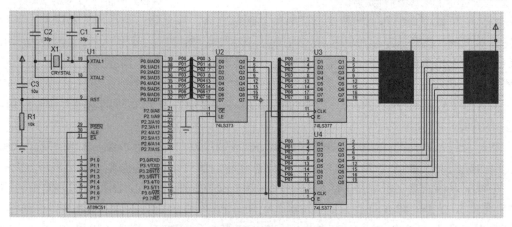

图 7-4　用 74LS377 扩展 8 位输出口

【例 7-1】用单片机扩展口控制秒表。根据如图 7-4 所示的电路，用 2 个数码管实现一个秒表的功能，编写程序如下：

```
#include<reg51.h>
#include<absacc.h>
#define addr377_1   XBYTE[0XFFFE]
#define addr377_2   XBYTE[0XFFFD]
unsigned char led[10]={0xc0,0xf9,0xa4,
0xb0,0x99,0x92,0x82,0xf8,0x80,0x90};
unsigned time=0,count=20;
void isr_time0();
void main()
{
    addr377_1=addr377_2=led[0];
    TMOD=01;
    TH0=-50000>>8;TL0=-50000;
    EA=1;ET0=1; TR0=1;
    while(1);
}
void isr_time() interrupt 1
{
    TH0=-50000>>8;TL0=-50000;
    count--;
    if(count==0)
    {
        count=20;
        time=(time+1)%60;
        addr377_1=led[time/10];
        addr377_2=led[time %10];
    }
}
```

小技巧：这是指定外部设备端口地址的常用方法，记得要包含 absacc.h。

分享讨论：本例采用 74LS377 扩展输出口，能否把 74LS377 改为 74LS373 呢？如果能改的话，程序是否需要修改？请大家讨论。

任务 7　基于扩展口的交通信号灯控制系统设计

（2）用 74LS373 扩展简单输出口：图 7-5 展示了用两个锁存器 74LS373 扩展简单输出口的接口电路（接 16 个发光二极管）。

74LS373 为带有允许输出端的 8D 锁存器。D0~D7 为输入口，Q0~Q7 为输出口，LE 为时钟控制端，上升沿锁存。图 7-5 中，P2 口的 P2.7、P2.6 引脚作为片选端与 74LS373 的 LE 端相连，当 P2.7 引脚为 1 时，可使与 U3 相连的发光二极管点亮；当 P2.6 引脚为 1 时，可使与 U2 相连的发光二极管点亮。具体是哪些发光二极管点亮要根据单片机输出的字段码决定。

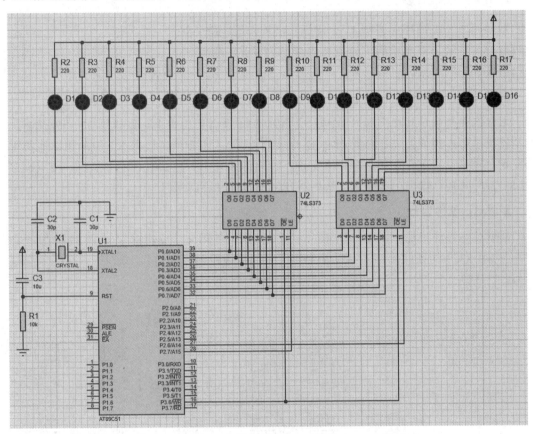

图 7-5　用 74LS373 扩展简单输出口

【例 7-2】用单片机扩展口控制流水灯。利用如图 7-5 所示的电路，使 16 个发光二极管实现从左至右逐一点亮的流水灯效果，编写程序如下：

```c
#include<reg51.h>
sbit p27=P2^7;
sbit p26=P2^6;
sbit p36=P3^6;
unsigned char cword=0xfe;
void main()
{
    unsigned int i,j;
    p27=1;p26=0;p36=0;
    while(1)
    {
        for(i=0;i<8;i++)
        {
            P0=cword;
            for(j=50000;j>0;j--);
            cword = (cword<<1)|1;
        }
        P0=cword;
        cword=0xfe;
        p27 =~p27; p26 =~p26;
    }
}
```

典型案例 15　单片机控制霓虹灯

由单片机连接 31 个发光二极管，设计成如图 7-6 所示的图形，使其从外向内逐一点亮相应的发光二极管，请设计电路及程序实现该功能。

步骤 1：明确任务

本案例要求由单片机连接 31 个发光二极管，构造成一个比较复杂的图形，让其按照一定规律点亮相关发光二极管，来模拟霓虹灯的效果。

步骤 2：总体设计

图 7-6　霓虹灯造型

本案例需要由单片机连接 31 个发光二极管，4 个并行口最多可以连接 32 个外部端口，但是如果需要连接的发光二极管超过 32 个就麻烦了，为了让读者根据本案例的思路连接更多的发光二极管设计更复杂的造型，本案例不直接使用 4 个并行口进行连接，而是使用锁存器 74LS373 扩展并行输出口来设计，选用 AT89C51 单片机来实现。

步骤 3：硬件设计

根据总体设计设计如图 7-7 所示的电路原理图。使用 4 个 74LS373 连接 31 个发光二极管，当 74LS373 的使能端 G（LE）由高电平变为低电平时，即可将 P0 口送过来的信息锁存下来。

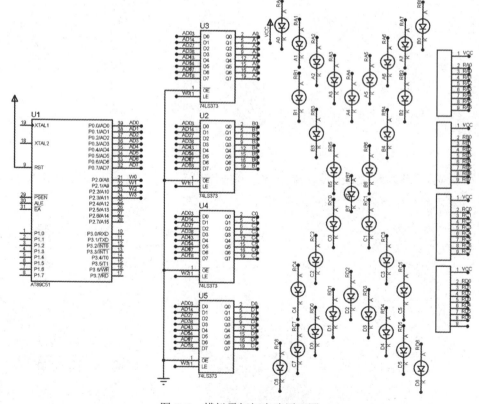

图 7-7　模拟霓虹灯电路原理图

步骤4：软件设计

为了方便描述，根据如图 7-6 所示的霓虹灯造型，各发光二极管分别与 4 个 74LS373 连接，其连线的标号如表 7-3 所示，即每列最上面的发光二极管（除最右列外）与 U3 的输出口连接，其连线标号分别为 A0～A7，其他详见表 7-3。按照如图 7-6 所示的造型图，本案例拟让各发光二极管按照从外向内的规律循环亮灯，该造型共有 9 列，从外向内亮灯，则分为 5 次亮灯，其真值表如表 7-4 所示。

表 7-3 发光二极管连线标号分布表

A0	A1	A2	A3	A4	A5	A6	A7	B0
	B1						B2	
		B3				B4		
			B5		B6			
				B7				
			C0		C1			
		C2				C3		
	C4						C5	
C6	C7	D0	D1	D2	D3	D4	D5	D6

表 7-4 亮灯真值表

亮灯顺序	亮灯的标号	A 线	B 线	C 线	D 线
第一次亮灯	A0、C6、B0、D6	11111110	11111110	10111111	10111111
第二次亮灯	A1、B1、C4、C7、A7、B2、C5、D5	01111101	11111001	01001111	11011111
第三次亮灯	A2、B3、C2、D0、A6、B4、C3、D4	10111011	11100111	11110011	11101110
第四次亮灯	A3、B5、C0、D1、A5、B6、C1、D3	11010111	10011111	11111100	11110101
第五次亮灯	A4、B7、D2	11101111	01111111	11111111	11111011

程序如下：

```c
#include <reg51.h>
#include <absacc.h>
char i=0,count=10;
unsigned char led[][4]={{0xfe,0xfe,0xbf,0xbf},{0x7d,0xf9,0x4f,0xdf},
{0xbb,0xe7,0xf3,0xee},{0xd7,0x9f,0xfc,0xf5},{0xef,0x7f,0xff,0xfb}};
unsigned char ctl[]={0xfe,0xfc,0xf8,0xf0};void main(void)
{
    TMOD=1;
    TH0=-50000>>8;TL0=-50000;
    EA=ET0=TR0=1;
    P2=0Xff;
    while (1);
}
void t0() interrupt 1
{
    char j;
    TH0=-50000>>8;TL0=-50000;
    count--;
    if(count==0)
    {
        P2=0Xff;
        for(j=0;j<4;j++)
        { P0=led[i][j]; P2=ctl[j]; }
        count=10;
        i++;
        if(i==5) i=0;
    }
}
```

步骤5：软件调试

编译程序，仿真运行。

2. 用74LS244扩展8位输入口

对于常态输入数据，其接口电路应能进行三态缓冲。图7-8展示了一个用74LS244扩展8位输入口的接口电路。

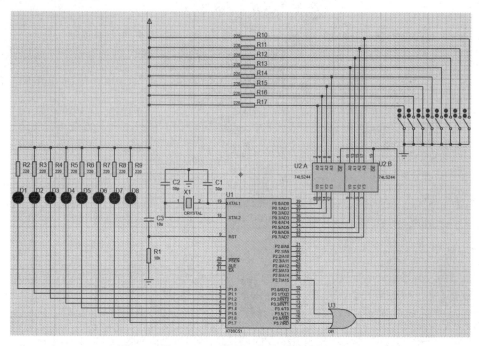

图7-8 用74LS244扩展8位输入口的接口电路

74LS244为三态输出的8总线缓冲驱动器。$\overline{OE}$为控制端，当$\overline{OE}=0$时，输入信号Ai传送至Yi；当$\overline{OE}=1$时，输出Yi呈高阻状态。在图7-8中，三态门由P2.7和$\overline{RD}$相"或"控制；当二者同时为低电平时，选通74LS244，则输入设备的信息（本例为各开关的开合状态）送到单片机P0口。由于图7-8中的输入在P2.7为低电平时有效，因此74LS244的地址为7FFFH。为了把按键的开合情况反映出来，图7-8中由P1口连接输出设备（8个发光二极管）。

【例7-3】用单片机扩展输入口进行开关控制。利用如图7-8所示的电路，实现由8个开关控制8个发光二极管亮灭的功能，编写程序如下：

```
#include<reg51.h>
#include<absacc.h>
#define addr244  XBYTE[0X3FFF]//74LS244的地址为0x3FFF
void main()
{
    unsigned char mdata;
    while(1)
    {
        mdata=addr244;//从74LS244中读取数据（开关的开合状态）
        P1=mdata;
    }
}
```

任务 7　基于扩展口的交通信号灯控制系统设计

提示：（1）在进行接口扩展时，如果扩展的接口较多，为避免地址冲突，应对其进行统一编址。

（2）要考虑总线的负载能力：MCS-51 单片机的 P0 口作为数据总线，其负载能力为 8 个 LS 型 TTL 负载；P2 口作为地址总线，其负载能力为 4 个 LS 型 TTL 负载，如果超载，则需要增加总线驱动器。

典型案例 16　利用 74LS373 扩展并行口设计交通信号灯控制系统

本案例根据本任务要求进行了一定的简化，旨在帮助读者根据本案例的示范顺利完成本任务。本案例要求 4 个路口的交通信号灯不直接与单片机连接，而是通过 74LS373 来连接，剩余时间显示用两个两位数码管来模拟，东西路口的数码管显示绿灯亮的剩余时间时，南北路口的数码管显示红灯亮的剩余时间，红灯显示时间应该是另一路口绿灯、黄灯显示时间之和。先是东西路口绿灯亮 20 s，同时南北路口红灯亮，然后东西路口黄灯亮 3 s 再红灯亮，东西路口红灯亮时南北路口绿灯亮 20 s 再黄灯亮 3 s，周而复始。

步骤 1：明确任务

本案例实现的功能与任务 6 类似，显然在实现任务 6 时单片机的并行口引脚基本用完，本案例将利用地址锁存器 74LS373 扩展并行输出口来实现。

步骤 2：总体设计

本案例采用 AT89C51 作为主控芯片，通过地址锁存器 74LS373 扩展并行输出口来连接 12 个发光二极管，交通信号灯可以分两组，一组为东南路口，另一组为西北路口，分别与一个 74LS373 连接，东南路口和西北路口的交通信号灯规律一样，2 个 74LS373 可以由单片机的同一个引脚控制，每个 74LS373 只需要连接 6 个引脚。

步骤 3：硬件设计

根据总体设计，电路原理图如图 7-9 所示。2 个 74LS373 的 LE 端与单片机的 P0.7 引脚连接，当该引脚变为低电平时锁存信号，使 4 个路口的交通信号灯按规律亮灯。2 组数码管的字段码由 P1 口提供，位选线由 P3 口的低 4 位控制。

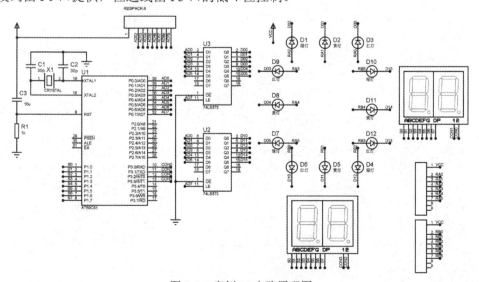

图 7-9　案例 16 电路原理图

步骤4：软件设计

```c
#include<reg51.h>
unsigned char timeg=20;countg=100;        //绿灯亮20 s
unsigned char timey=3,county=100;         //黄灯亮3 s
unsigned char ewg_snr=0x1e;               //东西路口绿灯亮，南北路口红灯亮
unsigned char ewy=0x2e;                   //东西路口黄灯亮，南北路口红灯亮
unsigned char sng_ewr=0x33;               //东西路口红灯亮，南北路口绿灯亮
unsigned char sny=0x35;                   //东西路口红灯亮，南北路口黄灯亮
unsigned char seg[10]={0xc0,0xf9,0xa4,0xb0,0x99,0x92,0x82,0xf8,0x80,0x90};
unsigned char con[]={0x1,0x2,0x4,0x8};
unsigned char tgreen,tred;                //绿灯、红灯亮的剩余时间变量
bit ewg=1;                                //东西路口绿灯亮的标志
void isr_time0();
main()
{
  unsigned int i,t;
  P0=0xff;
  P0=ewg_snr;
  TMOD=0x11;                              //定时器1和定时器0均工作于方式1
  TL0=-10000;TH0=-10000>>8;               //两个定时器均定时10 ms，以便数码管正常显示
  TL1=-10000;TH1=-10000>>8;
  EA=1;ET0=1;ET1=1;
  TR0=1;
  while(1)
  {
   tgreen=timeg;tred=timeg+timey;
   if(ewg)
      { for(i=0;i<2;i++)
          { P3=con[i];P1=seg[tgreen%10];tgreen/=10;   //显示绿灯亮的剩余时间
            for(t=200;t>0;t--);
          }
        for(i=0;i<2;i++)
          { P3=con[i+2];P1=seg[tred%10];tred/=10;     //显示红灯亮的剩余时间
            for(t=200;t>0;t--);
          }
      }
        else
        {
            for(i=0;i<2;i++)
            { P3=con[i+2];P1=seg[tgreen%10];tgreen/=10;
              for(t=200;t>0;t--);
            }
            for(i=0;i<2;i++)
            { P3=con[i];P1=seg[tred%10];tred/=10;
              for(t=200;t>0;t--);
            }
```

```c
          }
       }
    }
   void t0() interrupt 1
   {
       TL0=-10000;TH0=-10000>>8;
        countg--;
        if(countg==0)
        {countg=100;timeg--;
        }
     if(timeg==0)         //绿灯亮的剩余时间为0时，黄灯亮，此时不要恢复timeg的初值
     {
       TR0=0;TR1=1;       //定时器0停止定时，启动定时器1，以便黄灯亮3 s
       if(ewg)
          P0=ewy;
        else
          P0=sny;
     }
    P0|=0x80;
   }
   void isr_time1() interrupt 3    //定时器1的中断服务程序
   {
    TL1=-10000;TH1=-10000>>8;
    county--;
    if(county==0)
    {
       county=100;
        timey--;
        if(timey==0)
        {
        timeg=20;timey=3;
         if(ewg)
            P0=sng_ewr;
          else
            P0=ewg_snr;
         TR1=0;TR0=1;
         ewg = ~ewg;
         }
      }
      P0|=0x80;
   }
```

步骤5：软件调试

编译程序，仿真运行。

任务实施

任务实施步骤及内容详见任务7工单。

拓展延伸

7.2 存储器的扩展

7.2.1 程序存储器的扩展

MCS-51 单片机具有 64 KB 的程序存储器空间，其中 8051、8751 片内有 4 KB 的程序存储器，8031 片内无程序存储器。当采用 8051、8751 单片机而程序超过 4 KB，或采用 8031 单片机时，就需对程序存储器进行外部扩展。

外扩的存储器芯片通过地址总线、数据总线和控制总线与单片机相连接。

地址线是单向输入的，其数目与芯片容量有关。例如，当芯片容量为 2 KB×8 时，地址线有 11 根，即 $2^{11}=2048$；当芯片容量为 16 KB×8 时，地址线有 14 根，即 2^{14}。

数据线是双向的，既可输入，也可输出，其数目与数据位数有关。例如，2 KB×8 的芯片，其数据线有 8 根。

控制线主要有读/写控制线与片选线两种。由于可以扩展多个存储器芯片，需要用片选信号来确定哪个芯片被选中。读/写控制线决定芯片进行读/写操作。

1. 程序存储器芯片

典型的 EPROM 芯片（Intel 公司）有：2716（2 KB×8）、2732（4 KB×8）、2764（8 KB×8）、27128（16 KB×8）、27256（32 KB×8）、27512（64 KB×8）等。

（1）2764 的特点：2764 是 8 KB×8 的紫外线擦除、电可编程只读存储器，是 28 脚双列直插式器件，单一+5 V 供电，工作电流为 75 mA，维持电流为 35 mA，读出时间最大为 250 ns。

EPROM 的一个重要优点是可以擦除重写，而且允许擦除的次数超过上万次。一片新的或擦除干净的 EPROM 芯片，每个存储单元存储的数据都是 0FFH。要对一片使用过的 EPROM 芯片进行编程，则首先应将其放到专门的擦除器上进行擦除操作，擦除器利用紫外线照射 EPROM 的窗口，一般经过 15~20 min 即可擦除干净。

（2）引脚说明：2764 引脚图如图 7-10 所示。

D0~D7：8 根双向数据线，正常工作时为数据输出线，编程时为数据输入线。

A0~A12：13 根地址输入线，用于选择芯片内部的一个存储单元。

$\overline{CE}$：选择存储器芯片信号。当该信号为 0 时，表示选中此芯片，$\overline{CE}$ 无效，其他信号线不起作用。

$\overline{OE}$：输出允许信号，低电平有效。当该信号为 0 时，芯片中的数据可由 D0~D7 端输出。

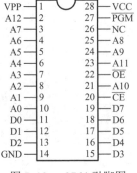

图 7-10　2764 引脚图

$\overline{PGM}$：编程脉冲输入端。对 EPROM 编程时，在该端加上编程脉冲。读操作时，该信号为 1。

VCC：+5 V 主电源端。

VPP：编程电压输入端。编程时应在该端加上编程高电平，不同的芯片对 VPP 值要求不一样，可以是+12.5 V、+15 V、+21 V、+25 V等。

GND：接地端。

（3）2764的工作方式：2764具有读出、编程、校验等工作方式，各种工作方式如表7-5所示。

表7-5　2764的工作方式

工作方式	$\overline{CE}$	$\overline{OE}$	$\overline{PGM}$	VPP	VCC	D0~D7
读出	L	L	H	+5 V	+5 V	输出（在线）
维持	H	×	×	+5 V	+5 V	高阻
编程	L	H	L	+21 V	+5 V	输入（离线）
编程校验	L	L	H	+21 V	+5 V	输出
编程禁止	H	×	×	+21 V	+5 V	高阻

2. 单片程序存储器芯片的扩展

（1）地址总线的连接：2764有8 KB的存储空间其地址线有13根，而MCS-51单片机有64 KB的寻址空间其地址线有16根。在低位地址线一一对应连接完［低8位地址由P0口输出，与74HC573（与74LS373类似）的D0~D7相连，地址锁存器Q0~Q7接到2764的地址线A0~A7，作为低8位地址信息］，单片机剩余的地址线可以空着不连接，详细连接情况如图7-11所示。

（2）数据总线的连接：2764与单片机的数据总线都是8位的，所以2764的数据线D0~D7与8051的P0.0~P0.7依次连接即可。

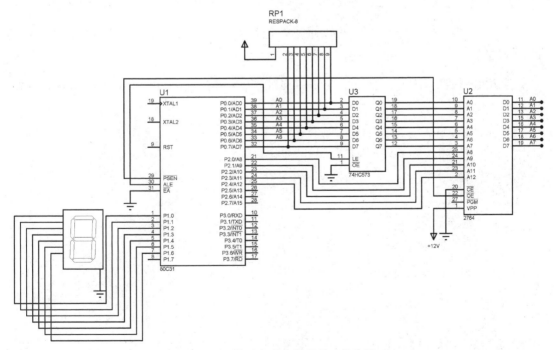

图7-11　单片程序存储器芯片的扩展

（3）片选端及控制总线的连接：图7-11所示的电路所用的单片机芯片为80C31，其中没有程序存储器，因此要将$\overline{EA}$直接接地，以便程序从扩展的外部程序存储器启动。

存储器片选端的连接非常重要，如果单片机扩展了多片存储器芯片，它的连接往往是单片机剩余的高位地址线，这样就决定了各存储器在系统中的地址范围。由于这里只是一片存储器芯片的扩展，所以片选端$\overline{CE}$直接接地就可以了。

在 MCS-51 单片机中，因数据线和低 8 位地址线都由 P0 口提供，数据线和地址线分时复用，所以将 8051 的 P0 口与锁存器 74HC573 的 D0~D7 相连，如图 7-11 所示，ALE 端与 74HC573 的 LE 端相连，利用 ALE 的下降沿锁存低 8 位地址信息。

提示：在扩展程序存储器时，一定要注意将单片机以下两个引脚连接好。

（1）$\overline{PSEN}$与 2764 的$\overline{OE}$相连，如果$\overline{PSEN}$不与 2764 的$\overline{OE}$连接的话，将无法从 2764 中取指令。

（2）在图 7-11 中，$\overline{EA}$接地表示只选择外部程序存储器，当单片机上电复位时，PC=0000H，单片机自动从 2764 的单元中取指令。如果用户程序没有全部放到外部程序存储器中，要注意将$\overline{EA}$接高电平。

3. 扩展程序存储器的使用

存储器扩展电路是单片机应用系统的功能扩展部分，只有当应用系统的软件设计完成后，才能把程序通过特定的编程工具固化到扩展的程序存储器中。程序存储器不仅可以存放程序，还可以存储固定的表格，如数码管的字段码、汉字字库码等，如果要在扩展的程序存储器中定义表格，应在变量声明时使用 code 关键字，例如：

```
    unsigned char code  led[]={0xc0,0xf9,0xa4,0xb0,0x99,0x92,0x82,0xf8,0x80,
0x90};
            //将 0~9 的共阳极型数码管字符码表定义到程序存储器中
```

在程序存储器中定义表格后，可以通过变量赋值实现从扩展的程序存储器中读出所定义的表格数据。

【例 7-4】根据如图 7-11 所示的程序存储器扩展电路连接图，编写程序实现在数码管上循环显示 0~9。

```
    #include <reg51.h>
    unsigned char code led[]={0x3f,0x06,0x5b,0x4f,0x66,0x6d,0x7d,0x07,0x7f,
0xf};
    void main(void)
    {  char i;
       unsigned int  ti,tx;
       while (1)
        for(i=0;i<10;i++)
        {P1=led[i];
         for(tx=1000;tx>0;tx--)
          for(ti=100;ti>0;ti--);
        }
    }
```

7.2.2 数据存储器的扩展

MCS-51 单片机的内部一般都仅有 128 字节或 256 字节的 RAM 数据存储器，在大多数的应用场合中，MCS-51 单片机内部的 RAM 都能够满足系统要求。在某些应用场合需要定义大量的数据变量或采集和处理实时的数据时，仅靠内部 RAM 是远远不够的，必须扩展外部数据存储器。

数据存储器和程序存储器使用相同的 64 KB 地址空间，但两者却是相互独立的存储空间，具有各自独立的控制信号线和读/写操作指令。同时，外部数据存储器和其他 I/O 接口芯片的扩展统一编址，占用共同的地址空间，扩展时必须保证两者的地址没有重复，即 CPU 对某一地址的操作和外围器件是一一对应的。

1. 数据存储器芯片

典型的 SRAM 芯片（Intel 公司）有：6216（2 KB×8）、6264（8 KB×8）、62128（16 KB×8）等。

1）并行 SRAM 6264 的特点

6264 是 8 KB×8 的静态随机存储器芯片，采用 CMOS 工艺制造，+5 V 单一电源供电，额定功耗为 200 mW，典型存取时间为 200 ns，采用 28 脚双列直插式封装。6264 引脚图如图 7-12 所示。

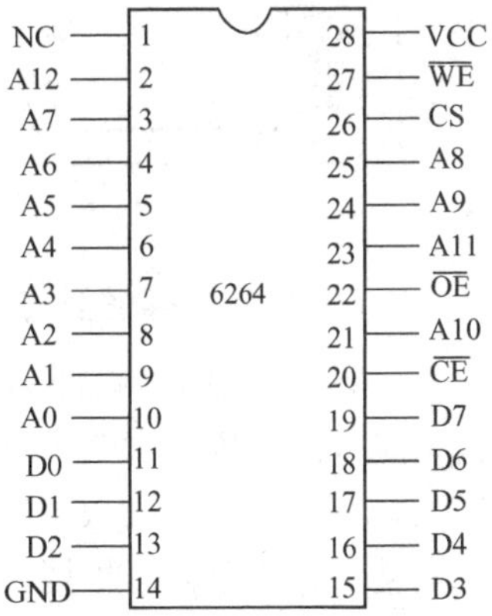

2）引脚说明

（1）A0～A12：13 位地址线。

（2）D0～D7：8 位数据线。

（3）$\overline{CE}$：片选信号线 1（低电平有效）。当 $\overline{CE}$=0 时，该芯片被选中工作；否则，该芯片不被选中工作。

图 7-12 6264 引脚图

（4）CS：片选信号线 2，仅当 CS 为高电平、$\overline{CE}$ 为低电平时，才能选通该芯片。

（5）$\overline{OE}$：读选通信号输入线（低电平有效）。

（6）$\overline{WE}$：写允许信号输入线（低电平有效）。

（7）VCC：+5 V 主电源。

（8）GND：接地端。

3）工作方式

6264 的工作方式有 4 种，如表 7-6 所示。

表 7-6 6264 的工作方式

$\overline{WE}$	$\overline{CE}$	CS	$\overline{OE}$	方式	D0～D7
×	1	×	×	未选中	高阻抗
×	×	0	×	未选中	高阻抗
1	0	1	1	输出禁止	输入（离线）
0	0	1	1	写	DIN
1	0	1	0	读	DOUT

2. 单片数据存储器芯片的扩展

6264 数据存储器的扩展：数据存储器与程序存储器的电路连线类似，只是控制信号线 $\overline{RD}$、$\overline{WR}$ 分别连接 6264 的读/写信号线 $\overline{OE}$ 和 $\overline{WE}$，如图 7-13 所示，这里不再赘述。

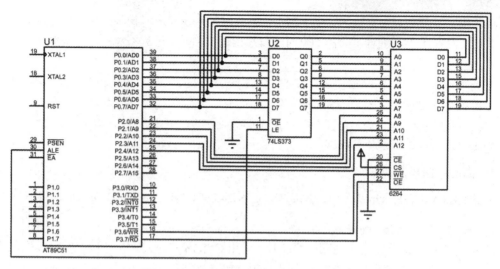

图 7-13　单片数据存储器芯片的扩展电路

3. 多片数据存储器芯片的扩展

在实际应用中，可能需要扩展多片数据存储器芯片（同样也可能要扩展程序存储器芯片，其扩展方法一样，本节只介绍多片数据存储器芯片的扩展）。如果用 6264 扩展 64 KB×8 的 SRAM 就需要 8 片 6264 芯片。在多片存储器芯片扩展电路中，通过地址总线发出的地址，选择某一存储单元。扩展多片存储器芯片要进行如下的选择。

片选：选择存储器芯片，片选信号用于选择不同的存储器芯片存取数据。

字选：选中该芯片中的相应存储单元。

1）线选法

线选法是指单片机剩余高位地址线直接连接各存储器片选线。

采用线选法扩展 3 片 6264 芯片的电路如图 7-14 所示。

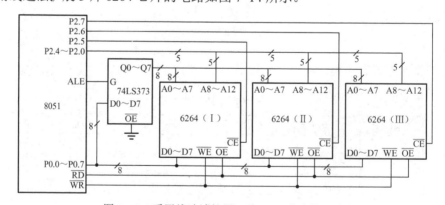

图 7-14　采用线选法扩展 3 片 6264 芯片的电路

图 7-14 中，3 片 6264 芯片的地址范围分别是：

Abi:	15 14 13 12	11 10 9 8	7 6 5 4	3 2 1 0	~	15 14 13 12	11 10 9 8	7 6 5 4	3 2 1 0	地址范围
I	1 1 0 0	0 000	0000	0000	~	1 1 0 1	1 111	1111	1111	0xC000~0xDFFF
II	1 0 1 0	0 000	0000	0000	~	1 0 1 1	1 111	1111	1111	0xA000~0xBFFF
III	0 1 1 0	0 000	0000	0000	~	0 1 1 1	1 111	1111	1111	0x6000~0x7FFF

从上述地址可以看出,采用线选法有以下特点。
(1)各芯片间地址不连续。
(2)有相当数量的地址不能使用,否则会造成片选混乱。
(3)扩展方法比较简单,只需直接连接片选端到高位地址即可。

2)地址译码法

地址译码法就是利用单片机剩余高位地址线通过地址译码器译码输出片选信号,选择存储器芯片。地址译码法将地址划分为连续的地址空间块,避免了地址的间断。常用的译码器芯片有 74LS138、74LS139 等。74LS138 引脚图如图 7-15 所示,该芯片有 3 位选择输入线和 8 位译码输出线,最多能接 8 片芯片的片选端。74LS138 真值表如表 7-7 所示。

表 7-7 74LS138 真值表

G1	$\overline{G2A}$	$\overline{G2B}$	C	B	A	$\overline{Y7}$	$\overline{Y6}$	$\overline{Y5}$	$\overline{Y4}$	$\overline{Y3}$	$\overline{Y2}$	$\overline{Y1}$	$\overline{Y0}$
1	0	0	0	0	0	1	1	1	1	1	1	1	0
1	0	0	0	0	1	1	1	1	1	1	1	0	1
1	0	0	0	1	0	1	1	1	1	1	0	1	1
1	0	0	0	1	1	1	1	1	1	0	1	1	1
1	0	0	1	0	0	1	1	1	0	1	1	1	1
1	0	0	1	0	1	1	1	0	1	1	1	1	1
1	0	0	1	1	0	1	0	1	1	1	1	1	1
1	0	0	1	1	1	0	1	1	1	1	1	1	1
其他状态	×	×	×	1	1	1	1	1	1	1	1

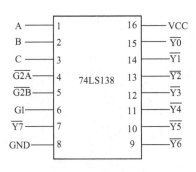

图 7-15 74LS138 引脚图

(1)部分译码:地址译码器仅使用了部分地址,地址与存储单元不一一对应。部分译码也会浪费大量的存储单元,对于要求存储器容量较大的微机系统,一般不采用此法。但对于单片机系统来说,由于实际需要的存储器容量不大,采用部分译码器可以简化译码电路。部分译码方式扩展数据存储器的电路框图如图 7-16 所示。

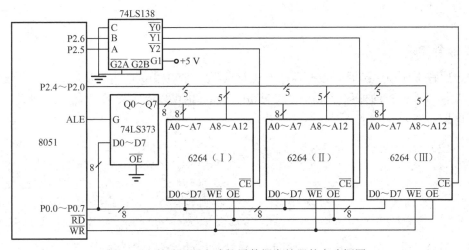

图 7-16 部分译码方式扩展数据存储器的电路框图

各存储器芯片的地址空间如下。

Abi:	15 14 13 12	11 10 9 8	7 6 5 4	3 2 1 0	~	15 14 13 12	11 10 9 8	7 6 5 4	3 2 1 0	地址范围
I	× 0 0 0	0 0 0 0	0 0 0 0	0 0 0 0	~	× 0 0 1	1 1 1 1	1 1 1 1	1 1 1 1	0x0000~0x1FFF
II	× 0 1 0	0 0 0 0	0 0 0 0	0 0 0 0	~	× 0 1 1	1 1 1 1	1 1 1 1	1 1 1 1	0x2000~0x3FFF
III	× 1 0 0	0 0 0 0	0 0 0 0	0 0 0 0	~	× 1 0 1	1 1 1 1	1 1 1 1	1 1 1 1	0x4000~0x5FFF

（2）完全译码：地址译码器使用了全部剩余的地址线，地址与存储单元一一对应，如图 7-17 所示。

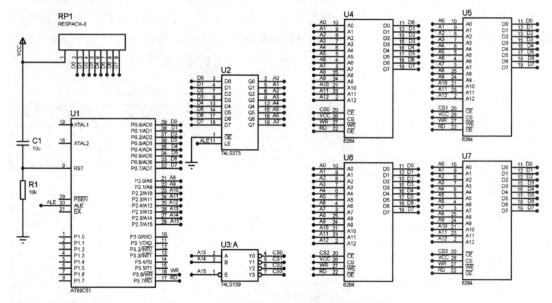

图 7-17 完全译码方式实现数据存储器扩展

根据图 7-17 可知，每片 6264 芯片的地址空间如下。

Abi:	15 14 13 12	11 10 9 8	7 6 5 4	3 2 1 0	~	15 14 13 12	11 10 9 8	7 6 5 4	3 2 1 0	地址范围
U4	0 0 0 0	0 0 0 0	0 0 0 0	0 0 0 0	~	0 0 0 1	1 1 1 1	1 1 1 1	1 1 1 1	0x0000~0x1FFF
U5	0 0 1 0	0 0 0 0	0 0 0 0	0 0 0 0	~	0 0 1 1	1 1 1 1	1 1 1 1	1 1 1 1	0x2000~0x3FFF
U6	0 1 0 0	0 0 0 0	0 0 0 0	0 0 0 0	~	0 1 0 1	1 1 1 1	1 1 1 1	1 1 1 1	0x4000~0x5FFF
U7	0 1 1 0	0 0 0 0	0 0 0 0	0 0 0 0	~	0 1 1 1	1 1 1 1	1 1 1 1	1 1 1 1	0x6000~0x7FFF

4. 软件编程

如果要在程序中对扩展的数据存储器进行读/写，应在变量声明时使用 pdata 和 xdata 标识符，其中，pdata 指向外部存储区的低 256B，xdata 则可以指定外部存储区的 64 KB 范围内的任何地址，例如：

```
unsigned char xdata exflag=0;
unsigned int pdata exarray[10];
char xdata exstring[20] _at_ 0x0020;//定义数组 exstring 存放在外部数据存储器中，
                //而且数组的首地址为外部数据存储器的 0x0020
float pdata exvalue;
```

在外部存储器中定义变量后，就可以通过变量赋值实现对外部数据存储器的读/写操作。

【例 7-5】如图 7-18 所示，在单片机扩展数据存储器后，为了验证向外部数据存储器所写的数据，特别设计 P1 口接 8 个发光二极管，从所写入的外部数据存储器中读取数据，再从 P1 口中输出。

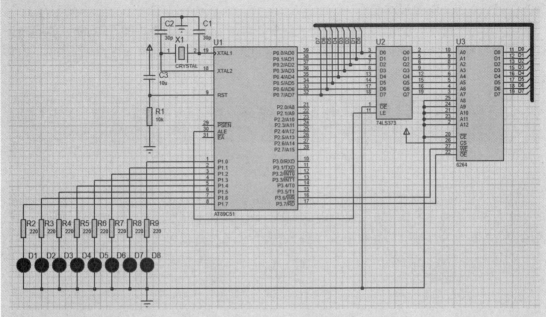

图 7-18　扩展外部数据存储器电路原理图

编写程序如下：

```
#include<reg51.h>
unsigned char xdata DATABUFF[100] _at_  0x00;//外部RAM, 地址从 0x00 开始
void delay();
void main()
{
    unsigned char cword;
    int i;
    for(i=0;i<100;i++)
    DATABUFF[i]=i;
    for(i=0;i<100;i++)
    {
        cword=DATABUFF[i];
        P1=cword;
        delay();
    }
    while(1);
}
void delay()
{
    unsigned int i,j;
    for(i=1000;i>0;i--)
    for(j=100;j>0;j--);
}
```

按照前面学习的方法，利用 Proteus 对上述程序进行调试，方法如下。

（1）单击"仿真"按钮，系统开始全速运行，可以看到写入 P1 口的数据由 P1 口连接的发光二极管以二进制数形式显示。

（2）单击"暂停"按钮，系统暂时停止运行，单击"调试"菜单中的"Memory Contents-U3"命令，打开"Memory Contents-U3"窗口，可以看到外部 RAM 中的数据，如图 7-19 所示。

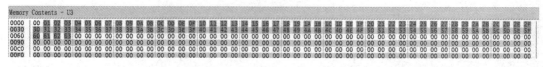

图 7-19　查看外部 RAM 中的数据

【例 7-6】利用完全译码实现数据存储器扩展。用单片机扩展 4 片 SRAM 6264 芯片，给第一片存储器芯片中的低 100 个单元送 0～99，第二、三、四片存储器芯片的低 100 个单元存储的值与第一片存储器芯片相对应的单元存储的值的关系如下：

X2（i）=2*X1（i）
X3（i）=100-X1（i）
X4（i）=5*X1（i）

源程序如下：

```
#include <reg51.h>
unsigned char xdata DATABUFF0[100] _at_ 0x1f00;//0000H～1FFFH
unsigned char xdata DATABUFF1[100] _at_ 0x3000;//2000H～3FFFH
unsigned char xdata DATABUFF2[100] _at_ 0x4000;//4000H～5FFFH
unsigned int xdata DATABUFF3[100] _at_ 0x6000;//6000H～7FFFH
void main(void)
{ int i;
  for(i=0;i<100;i++)
      DATABUFF0[i]=i;
  for(i=0;i<100;i++)
  { DATABUFF1[i]=2*DATABUFF0[i];
    DATABUFF2[i]=100-DATABUFF0[i];
    DATABUFF3[i]=5*DATABUFF0[i];
  }
  while (1);
}
```

按照例 7-5 的方法，先单击"仿真"按钮▶，再单击"暂停"按钮▋▋，最后分别单击"调试"菜单中的"Memory Contents-U4""Memory Contents-U5""Memory Contents-U6""Memory Contents-U7"命令，即可看到 U4 中 1F00H 地址开始有 0～99 的十六进制数，U5 中 1000H 地址开始有 0～199 之间所有偶数的十六进制数，U6 的前 100 个单元存储的是 100～0 的十六进制数，U7 的第一个单元开始存储了 100 个 int 类型数据，每个 int 类型数据占 4 个存储单元，如图 7-20 所示。

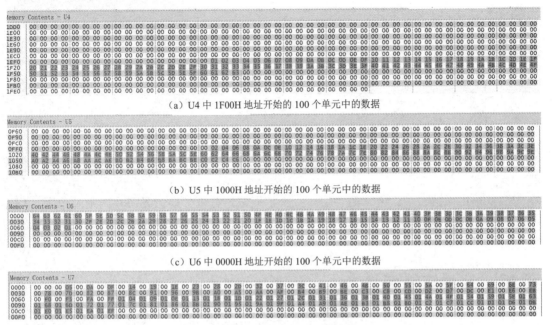

(a) U4 中 1F00H 地址开始的 100 个单元中的数据

(b) U5 中 1000H 地址开始的 100 个单元中的数据

(c) U6 中 0000H 地址开始的 100 个单元中的数据

(d) U7 中 0000H 地址开始的 100 个单元（每个单元 2 字节）中的数据

图 7-20　程序运行后各存储器芯片中存放的数据

7.2.3　存储器的综合扩展

当一个系统既要扩展 ROM，又要扩展 RAM 时，电路扩展原理是一样的，只是要注意控制线的连接，如图 7-21 所示，程序存储器芯片 2764 的 $\overline{OE}$ 与单片机的 $\overline{PSEN}$ 相连，数据存储器芯片 6264 的 $\overline{OE}$ 与单片机的 $\overline{RD}$ 相连、$\overline{WE}$ 与单片机的 $\overline{WR}$ 相连，2764 和 6264 的 $\overline{CE}$ 都与 74LS138 的 $\overline{Y0}$ 连接，两片芯片的地址会不会发生冲突呢？MCS-51 单片机的数据存储空间和程序存储空间在逻辑上是严格分开的，因此 6264（Ⅱ）和 2764 虽然地址相同，但是它们各自存放的内容不同，读取方式不同，不存在冲突问题。

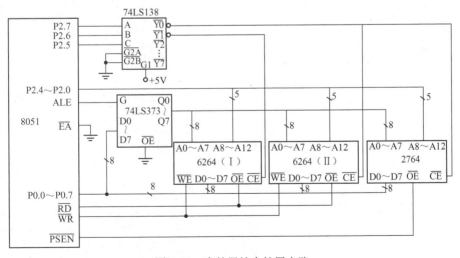

图 7-21　存储器综合扩展电路

作 业

7-1 用 8031 单片机，并采用一片 2716（2 KB）芯片和两片 6116（2 KB）芯片组成一个既有程序存储器又有数据存储器的扩展系统，请完成下面的任务。

（1）画出逻辑电路图。

（2）说明其存储空间。

（3）说明数据存储器 RAM 地址和程序存储器 EPROM 地址重叠时，是否会发生数据冲突，为什么？

7-2 根据如图 7-21 所示的存储器综合扩展电路分析扩展的各芯片的地址范围。片外 ROM 2764 的地址范围与片外 RAM 的哪一芯片地址重叠？芯片地址重叠会不会引起读/写混乱？为什么？

知识梳理与总结

本任务通过基于扩展口的交通信号灯控制系统的实现，使学生掌握单片机系统扩展的有关知识，包括地址锁存器、总线驱动器、存储器扩展。

本任务重点内容如下。

（1）单片机外部总线结构，锁存器与总线驱动器的功能，利用锁存器等芯片扩展 I/O 端口。

（2）程序存储器、数据存储器芯片及存储器的扩展技术。

任务 8

设计舵机控制系统

扫一扫看育人小贴士：中国空间站上的机械臂有多牛

任务单

任务描述	前面 7 个任务是围绕交通信号灯控制系统展开的，后面 2 个任务为一个新的项目：六轴机械臂控制系统，即针对六轴机械臂设计一个控制系统，可以通过对每个轴转动的角度进行设置，从而实现相关的功能，如实物的抓取等，无论是工业机器人，还是服务机器人，机械臂都是最重要的部件，应用非常广泛。在中国空间站上也有一个机械臂，这个机械臂具有非常重要的作用。这是全世界首次在空间站使用机械臂。普通的机械臂是由舵机控制的，本任务先设计一个由单片机控制舵机转动的控制系统，即使用一个电位器通过单片机自动调节舵机转动的角度
任务要求	本任务要求实现由单片机控制舵机的转动，利用 ADC0831 读取电位器的电压，电压值通过液晶显示，根据其电压值的变化来调节舵机转动的角度，即通过调节电位器的阻值来实现舵机转动角度的变化
实现方法	（1）根据任务要求设计电路，编写完整程序；（2）利用 Proteus 软件进行模拟仿真；（3）在开发板等实训设备上按任务要求完成程序设计并运行

教学导航

知识重点	（1）单片机 PWM 输出及舵机的控制。（2）ADC0831 与单片机的接口技术。（3）DAC0832 与单片机的接口技术
知识难点	ADC0831、DAC0832 与单片机的接口技术
推荐教学方式	从任务入手，通过让学生完成控制舵机转动这一任务，使学生掌握 A/D 转换器的工作原理，以及常用 A/D 转换器与单片机的接口技术
建议学时	4 学时
推荐学习方法	通过利用 Proteus 设计硬件电路，编写舵机控制程序，掌握 A/D、D/A 转换，学会应用
必须掌握的理论知识	（1）PWM 及舵机控制知识。（2）ADC0831 的结构、时序及与单片机的连接方式。（3）DAC0832 的结构及与单片机的连接方式。（4）DS18B20 的引脚、内部结构、读/写操作及时序
必须掌握的技能	（1）ADC0831 与单片机的接口及应用。（2）DAC0832 与单片机的接口及应用。（3）DS18B20 与单片机的接口及应用
需要培育的素养	（1）坚定"四个自信"，坚定中国共产党领导和社会主义制度。（2）爱国情怀和民族自豪感。（3）集体意识和团队合作精神

任务准备

扫一扫看思维导图：A/D 接口技术

8.1 A/D 接口技术

扫一扫看教学课件：A/D 转换

扫一扫看微课视频：A/D 转换

8.1.1 A/D 转换基本知识

A/D 转换的功能是把模拟量电压转换为一定位数的数字量，常见的 A/D 转换器有如下几种。

（1）逐次逼近式 A/D 转换器：逐次逼近式 A/D 转换器属于直接式 A/D 转换器，转换精度较高，转换速度较快，价格适中，是目前种类最多、应用最广的 A/D 转换器之一，典型的 8 位逐次逼近式 A/D 转换器有 ADC0809 等。

（2）双积分式 A/D 转换器：双积分式 A/D 转换器是一种间接式 A/D 转换器，优点是转换精度高，抗干扰能力强，价格便宜，缺点是转换时间较长，一般需要几十毫秒，适用于转换速度要求不高的场合，如用于数字式测量仪表中。典型的双积分式 A/D 转换器有 MC14433 和 ICL7135 等。

（3）V/F 变换器：V/F 变换器能够将模拟电压信号转换为频率信号。其特点是结构简单，价格低廉，转换精度高，抗干扰能力强，以及便于长距离传送等，可替代 A/D 转换，但转换速度偏慢。

（4）并行式 A/D 转换器：并行式 A/D 转换器也属于直接式 A/D 转换器，它是所有类型的 A/D 转换器中转换速度最快的，但由于结构复杂、造价高，只适用于要求高速转换的场合。

除上述 4 种常用的 A/D 转换器外，近年又出现了"-Δ型"A/D 转换器，这类器件一般采用串行输出，转换速度介于逐次逼近式 A/D 转换器和双积分式 A/D 转换器之间，限于篇幅本书不做介绍，有兴趣的读者可参阅相关文献。本节主要讨论性价比较高，在单片机应用系统中应用最广的 8 位 A/D 转换器 ADC0831。

8.1.2 ADC0831

ADC0831 是美国国家半导体公司生产的 8 位逐次逼近式单极性 A/D 转换器，自带时钟发生器，具有单通道输入方式，它的串行输出口容易与单片机相连。它具有如下特点。

（1）是一款 8 位的 A/D 转换器。

（2）可通过三线串行总线与单片机连接。

（3）是单通道的 A/D 转换器。

（4）可以单端输入，也可采用差分输入。

（5）最大功耗为 0.8 W。

（6）电源电压最大值为 6.3 V，最小值为 4.5 V。

（7）最大工作温度为 70 ℃。

（8）输入电压为 5 V，参考电压为 5 V。

（9）输入、输出可与 TTL 和 MOS 电路兼容。

1. 引脚功能

ADC0831 采用双列直插式封装，其引脚如图 8-1 所示，引脚功能如表 8-1 所示。

表 8-1 引脚功能表

引脚名称	引脚性质、类型	引脚功能
$\overline{CS}$	片选输入端	
VIN（+）	正输入端	
VIN（-）	负输入端	接地时，ADC0831 为单端工作，VIN（+）端为输入
CLK	时钟信号输入端	时钟信号频率为 250 kHz
DO	串行数据输出端	转换 1 字节的时间为 32 μs
VREF	基准电压输入端	通常 VREF 端接 VCC，典型值为+5 V
VCC、GND	电源、地	VCC 通常取+5 V

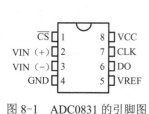

图 8-1 ADC0831 的引脚图

ADC0831 内部有采样数据比较器，将输入的模拟信号进行微分比较后转换为数字信号。模拟电压的差分输入方式有利于抑制共模信号和减少或消除转换的偏移误差。此外，电压基准输入可以调节，使得小范围模拟电压信号转换时分辨率更高。由标准移位寄存器或单片机将随时间变化的数字信号分配到串口输出。当 VIN（-）端接地时，ADC0831 为单端工作，此时 VIN（+）端为输入，也可以将信号差分后输入 VIN（+）端和 VIN（-）端之间，此时 ADC0831 处于双端工作状态。

ADC0831 工作时，使 VREF 端输入等于最大模拟信号输入量，可以得到满量程转换，从而获得最高的转换分辨率，通常，VREF 端设连接电源（VCC）。

2. ADC0831 的时序

如图 8-2 所示，当片选信号 $\overline{CS}$ 变为低电平后，ADC0831 被选中，在时钟信号输入端（CLK）输入 2 个时钟信号后，ADC0831 就将前次转换的结果的最高有效位（MSB）通过串行数据输出端（DO）输出，接着要求时钟信号输入端（CLK）继续输入 8 个时钟信号，单片机就可以通过 ADC0831 的串行数据输出端（DO）读取到 A/D 转换数据了。

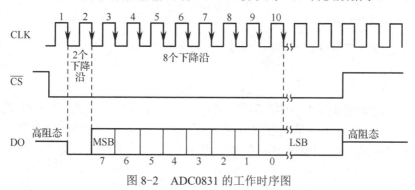

图 8-2 ADC0831 的工作时序图

3. ADC0831 与单片机的接口电路

ADC0831 与单片机的连接主要是 $\overline{CS}$、CLK、DO 与单片机相应引脚连接，如图 8-3 所示。

C51 单片机应用设计与技能训练（第 2 版）

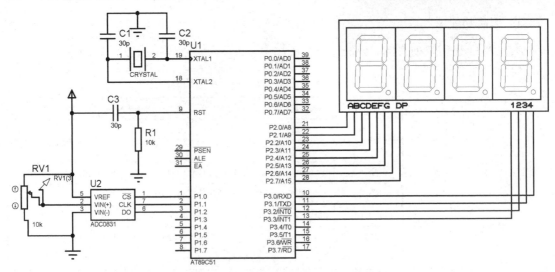

图 8-3　ADC0831 与单片机的接口电路

扫一扫下载
Proteus 文件：
典型案例 17

典型案例 17　空调环境温度的定时检测

在空调制冷控制系统中，利用温度传感器将空气温度转换为电信号，但温度传感器输出的是模拟信号，必须经 A/D 转换器转换为数字信号，才能将温度测量值送入单片机系统中，再实施控制。现要求温度传感器和 A/D 转换器分别选用热敏电阻式温度传感器和 ADC0831，请将温度传感器的温度在数码管上显示出来。

步骤 1：明确任务

本案例要求将温度传感器产生的模拟信号经 ADC0831 转换为数字信号后输出到数码管上显示。

步骤 2：总体设计

本案例选用 AT89 系列芯片，考虑到空调制冷控制系统所在的环境温度一般为 0~40 ℃，本案例选用的热敏电阻式温度传感器是 NTSD0WB203。

步骤 3：硬件设计

大多数热敏电阻式温度传感器在一定温度范围内，其温度与电压表现为近似的线性关系，表达式为：

$$T=T_0-KV_T$$

本案例可采用如图 8-4 所示的电路原理图，为了提高数据的精确度，热敏电阻并联了一个电阻，以进行一定的补偿，根据图 8-4 所示对热敏电阻在 0~50 ℃范围内取一定温度值进行测量，得到测量温度与 ADC0831 转换的数据 P_1 有如下关系：

$$T=100-P_1+1$$

步骤 4：软件设计

按照空调制冷控制要求，单片机定时从 P0 口读取环境温度值（该温度值是温度传感器采样的信号经 ADC0831 转换后的值），再根据读取的环境温度值与预置温度进行比较后启动或停止压缩机。定时功能可以利用单片机的定时器 T0 来完成，假设单片机的晶振频率为

6 MHz，每隔 1 s 读取 ADC0831 转换的温度值，则编写程序如下（经测试，12～35 ℃范围内检测到的温度值准确无误）。

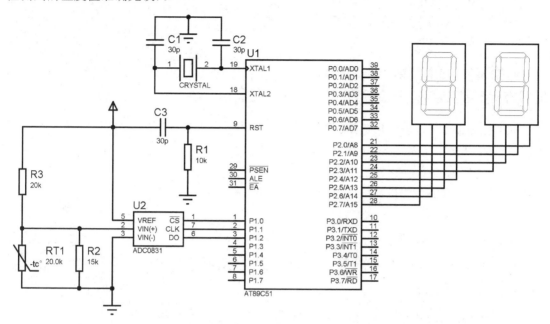

图 8-4　空调制冷控制系统采集温度的电路原理图

```
#include <reg51.h>
#include<intrins.h>
#define uchar unsigned char
sbit CS=P1^0;
sbit CLK=P1^1;
sbit DIO=P1^2;
unsigned int value=200;
void delay();
void display();
uchar Read_ADC0831();
void main()
{   TMOD=1;
    TH0=-50000>>8;TL0=-50000;
    ET0=1;EA=1;TR0=1;
    while (1);
}
void display()
{   uchar temp;
    value=100-value+1;
    temp=((value/10)<<4)|(value%10);
    P2=temp;
}
uchar Read_ADC0831()
{   uchar i,temp;
    DIO=1; _nop_();_nop_();
    CS=0;  _nop_();_nop_();
    CLK=0; _nop_();_nop_();
    CLK=1; _nop_();_nop_();
    CLK=0; _nop_();_nop_();
    CLK=1; _nop_();_nop_();
    CLK=0; _nop_();_nop_();
    for(i=0;i<8;i++)
    {   CLK=1;_nop_();_nop_();
        temp<<=1;
        if(DIO)  temp++;
        CLK=0;_nop_();_nop_();
    }
    CS=1;_nop_();_nop_();
    return temp;
}
void isr_time0() interrupt 1
{   TH0=-50000>>8;TL0=-50000;
    value=Read_ADC0831();
    display();
}
```

5. 软件调试

编译程序，仿真运行，在仿真运行时，要先给热敏电阻指定环境温度值，如图 8-5 所示。

典型案例 18　利用 ADC0831 实现舵机转动角度的自动调节

参见如图 8-4 所示的接口电路，要求利用 ADC0831 测量电路（电位器）的电压，将电压值由数码管显示，并控制舵机，实现自动调节舵机转动角度。假设 f_{osc}=12 MHz。

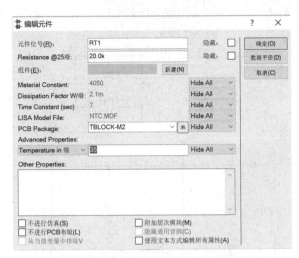

图 8-5　指定热敏电阻所在环境的温度

步骤 1：明确任务

利用 ADC0831 测量电路的电压，通过单片机将电压值显示出来。

步骤 2：总体设计

本案例采用 AT89C51 单片机，为了显示电压值，还必须连接数码管。

步骤 3：硬件设计

本案例将要测量的电路（电位器 POT-HG）与 ADC0831 的 VIN（+）端连接，再连接舵机，电路如图 8-6 所示。

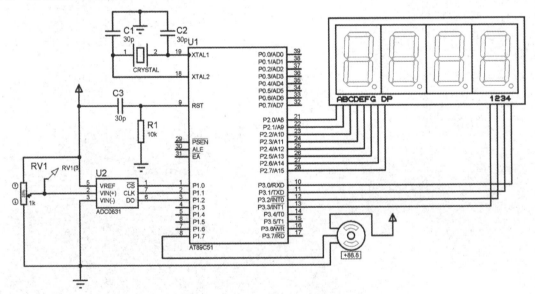

图 8-6　ADC0831 控制舵机转动角度的电路

步骤 4：软件设计

```
#include <reg51.h>
#include<intrins.h>
#define uchar unsigned char
sbit CS=P1^0;
sbit CLK=P1^1;
sbit DIO=P1^2;
```

任务8 设计舵机控制系统

```c
sbit SERVO=P1^7;
uchar PWMV=5;
unsigned char PWMcount=0;
uchar seg[]={0xc0,0xf9,0xa4,0xb0,0x99,
  0x92,0x82,0xfb,0x80,0x90};
uchar code con[]={1,2,4};
unsigned int value=0;
void delay();
void display();
uchar Read_ADC0831();
void main()
{
  unsigned int i;
  TMOD=2;
  EA=ET0=1;
  TH0=TL0=156;
  TR0=1;
  while (1)
  {
      i++;
      if(i==100)
      {
          i=0;
          value=Read_ADC0831();
          display();
      }
  }
}
void delay()
{
   uchar i;
   for(i=0;i<100;i++);
}
void display()
{
   uchar i;
   value*=100;
   value/=51;
   PWMV=value/25+5;
   for(i=0;i<3;i++)
   {
      P3=con[i];
      if(i==2)
          P2=seg[value%10]&0x7f;
      else P2=seg[value%10];
      value/=10;
      delay();
   }
}
uchar Read_ADC0831()
{
   uchar i,temp;
   DIO=1; _nop_();_nop_();
   CS=0;  _nop_();_nop_();
   CLK=0; _nop_();_nop_();
   CLK=1; _nop_();_nop_();
   CLK=0; _nop_();_nop_();
   CLK=1; _nop_();_nop_();
   CLK=0; _nop_();_nop_();
   for(i=0;i<8;i++)
   {
       CLK=1; _nop_();_nop_();
       temp<<=1;
       if(DIO)
           temp++;
       CLK=0;
       _nop_();_nop_();
   }
   CS=1;
   _nop_();_nop_();
   return temp;
}
void t0() interrupt 1
{  PWMcount++;
   if(PWMcount<=PWMV)
       SERVO=1;
   else
   {  SERVO=0;
      if(PWMcount>200) PWMcount=0;
   }
}
```

步骤5：软件调试

编译程序，仿真运行。

扫一扫看相关知识：AD1674及其与单片机的接口

8.2 D/A 接口技术

扫一扫看教学课件：单片机与D/A转换器的连接

扫一扫看思维导图：D/A接口技术

案例18中用到了PWM技术，PWM输出的波为方波，其实这是一种数字波。在实际应用中,经常需要产生模拟波,此时可以利用单片机连接 D/A 转换器实现,本节将学习这个内容。

8.2.1 D/A 转换基本知识

D/A 转换器通过电阻网络将 n 位数字量逐位转换成模拟量,经运算器相加,从而得到一个与 n 位数字量成比例的模拟量。由于计算机输出的数据(数字量)是离散的,D/A 转换过程也需要一定的时间,因此转换输出的模拟量也是不连续的。

按数据输入方式分类,D/A 转换器分为串行和并行两种,输入数据包括 8 位、10 位、12 位、14 位、16 位等多种规格,输入数据的位数越多,分辨率越高;按输出模拟量的性质分类,D/A 转换器分为电流输出型和电压输出型两种。电压输出型又有单极性和双极性之分,如 0~+5 V、0~+10 V、±2.5 V、±5 V、±10 V 等,可以根据实际需要进行选择。

下面介绍 8 位通用 D/A 转换器 DAC0832,并着重说明它们与 MCS-51 单片机的接口技术和转换程序设计方法。

8.2.2 8 位通用 D/A 转换器 DAC0832

1. 结构

图 8-7 所示为 DAC0832 的结构框图。

2. 引脚功能

图 8-8 所示为 DAC0832 的引脚图。

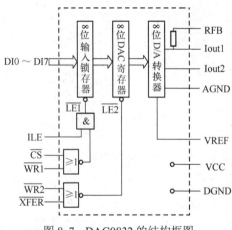

图 8-7 DAC0832 的结构框图

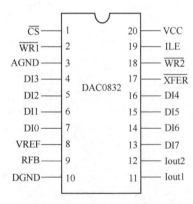

图 8-8 DAC0832 的引脚图

(1) DI0~DI7:8 位数据输入端。

(2) ILE:数据输入锁存允许信号,高电平有效。

(3) $\overline{CS}$:片选信号,低电平有效。

(4) $\overline{WR1}$:输入锁存器写信号,低电平有效。当 ILE、$\overline{CS}$、$\overline{WR1}$ 三个信号都有效时,$\overline{LE1}$ 为高电平,输入锁存器的输出随输入数据的变化而变化,$\overline{LE1}$ 的负跳变使数据锁存到输入锁存器中;当 $\overline{LE1}$ 为低电平时,输入锁存器的输出不再随输入数据的变化而变化。

(5) $\overline{XFER}$:数据传送控制信号,低电平有效。

(6) $\overline{WR2}$:DAC 寄存器写信号,低电平有效。当 $\overline{XFER}$ 和 $\overline{WR2}$ 均有效时,LE2 有效,

将输入锁存器的数据写入 DAC 寄存器并开始 D/A 转换，$\overline{LE2}$ 的控制作用与 $\overline{LE1}$ 一致。

（7）VREF：基准电压输入端，极限电压范围为±10 V。

（8）RFB：内部反馈电阻引脚。反馈电阻在 DAC0832 芯片内部，RFB 端可直接接到外部运算放大器的输出端，让反馈电阻与外部运算放大器配合提供电压输出。

（9）Iout1：电流输出 1 端，其值随装入 DAC 寄存器的数字量呈线性变化。当输入数据为 FFH 时，Iout1 输出最大；当输入数据为 00H 时，Iout1 输出最小。也就是说，当输入数据被写入 DAC 寄存器时，转换就开始了，转换时间一般不到一条指令的执行时间（电流稳定时间约为 1 μs）。

（10）Iout2：电流输出 2 端，它与 Iout1 的关系为：Iout1+Iout2=常数。

（11）VCC：电源输入端，电源电压为+5～+15 V，最好工作在+15 V。

（12）AGND：模拟信号地，为芯片模拟电路接地点。

（13）DGND：数字信号地，为芯片数字电路接地点。

3. DAC0832 与单片机的接口

（1）直通方式：是指输入锁存器和 DAC 寄存器都处于开通状态，即所有有关的控制信号都处于有效状态，输入锁存器和 DAC 寄存器中的数据随 DI0～DI7 的变化而变化，也就是说，输入数据会被直接转换成模拟信号输出。这种方式在微机控制系统中很少采用。

（2）单缓冲方式：是指两个输入锁存器和 DAC 寄存器中只有一个处于受控选通状态，而另一个则处于常通状态，或者虽然是两级缓冲，但将输入锁存器和 DAC 寄存器的控制信号连接在一起，一次同时选通。单缓冲方式适用于单路 D/A 转换或多路 D/A 转换而不必同步输出的系统，如图 8-9 所示。

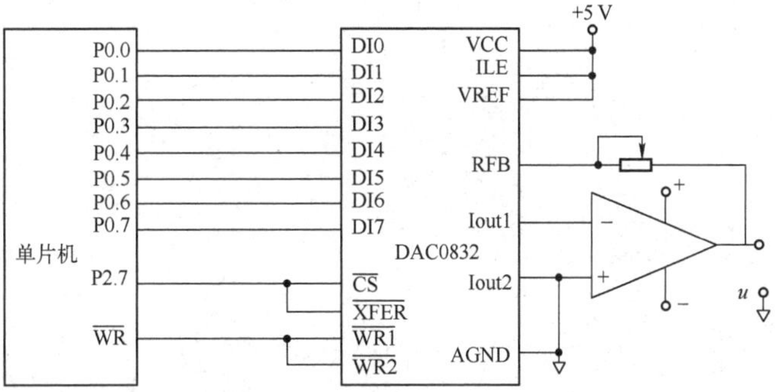

DAC0832 作为单片机的一个

图 8-9 工作于单缓冲方式时 DAC0832 与单片机的连接电路

并行输出口，若无关地址线为 1，那么其地址为 7FFFH。如果把一个 8 位数据 data 写入 7FFFH，则实现了一次 D/A 转换，输出一个与#data 对应的模拟量。

```
#define  ADDR0832  XBYTE[0X7FFF]     //P2.7=0,定义 DAC0832 的地址
ADDR0832=data;                        //写入 DAC0832，进行一次转换输出
```

（3）双缓冲方式：双缓冲方式是指由单片机两次发送控制信号，分时选通 DAC0832 内部的两个寄存器。第一次将待转换数据输入并锁存于输入锁存器中，第二次将数据从前一级缓冲器写入 DAC 寄存器并送到 D/A 转换器完成一次转换输出。

提示：（1）在要求多路模拟信号同步输出的系统中，必须采用双缓冲方式。

（2）按双缓冲方式的要求，设计电路必须能够实现以下两点：一是各路 D/A 转换器能分别将要转换的数据锁存在自己的输入锁存器中；二是各路 D/A 转换器的 DAC 寄存器能够同时锁存由输入锁存器送出的数据，即实现了同步转换。

【例 8-1】图 8-10 中，两片 DAC0832 芯片的输入锁存器各占用一个端口地址（Y0 和 Y1），

但其 $\overline{\text{WR2}}$ 和 $\overline{\text{XFER}}$ 全部连在一起,并且接地址译码器的同一输出端(Y2),它们的 DAC 寄存器共用一个端口地址,因此能够实现同步转换输出。要求实现将两个 8 位数字量#data1 和 #data2 同时转换为模拟量的功能,编写程序如下:

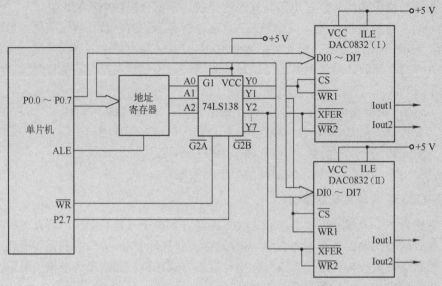

图 8-10　工作于双缓冲方式时 DAC0832 与单片机的连接电路

```
#include <reg51.h>
#include <absacc.h>
unsigned char  data1,data2;
int xdata * ad_int;
main()
{
    ad_int=0x7ff8;        //指向 DAC0832(Ⅰ)的输入锁存器
    *ad_int=data1;        //data1→DAC0832(Ⅰ)的输入锁存器
    ad_int++;             //指向 DAC0832(Ⅱ)的输入锁存器
    *ad_int=data2;        //data2→DAC0832(Ⅱ)的输入锁存器
    ad_int++;             //指向两个 DAC0832 的 DAC 寄存器
    *ad_int=0;            //启动转换
    while(1);
}
```

典型案例 19　函数信号发生器设计

利用 DAC0832 设计一个简易函数信号发生器,即单片机外接一个按钮,当单击按钮一次,DAC0832 输出的波形改变一次。

步骤 1:明确任务

本案例要实现单片机连接 DAC0832,并通过一个按钮控制 DAC0832 输出不同的波形。

步骤 2:总体设计

选用 AT89 系列单片机。

任务 8 设计舵机控制系统

步骤 3：硬件设计

函数信号发生器电路原理图如图 8-11 所示。

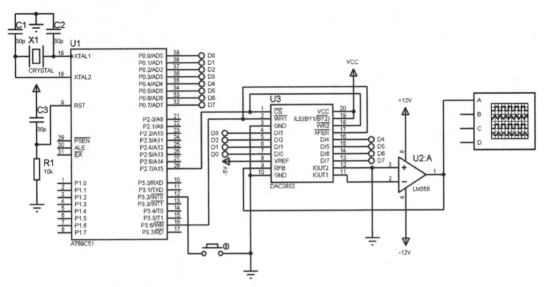

图 8-11 函数信号发生器电路原理图

步骤 4：软件设计

（1）输出锯齿波的源程序。

为了降低编程的难度，方便读者理解程序，先给出输出锯齿波的源程序。由于 DAC0832 典型的输出稳定时间是 1 μs，因此输出信号的变化频率必须小于 1 MHz，即单片机的两次数字量输出之间的间隔必须大于 1 μs。因为晶振频率为 12 MHz，程序中 for 语句和向 DAC0832 送数语句的执行时间已足以达到 1 μs 的要求，所以在编程时没有必要再进行额外延时。

输出锯齿波的源程序如下：

```
#include<reg51.h>
#include<absacc.h>
#define DAC0832 XBYTE[0X7FFF]
void delay()
{
    unsigned int i;
    for(i=1000;i>0;i--);
}
void main()
{
    unsigned char i;
    while(1)
    {
        for(i=0; i<=255; i++)
        {
            DAC0832=i;
            delay();
        }
    }
}
```

（2）简易函数发生器的源程序。

```c
#include<reg51.h>
#include<absacc.h>
#include<math.h>
#define DAC0832 XBYTE[0X7FFF]
unsigned char t=0,value=0,cw=0,time=0;
bit flag=0;
void main()
{
    TMOD=2;
    TH0=TL0=216;
    EA=ET0=EX0=1;
    TR0=1;
    IT0=1;
    while(1);
}
void t0() interrupt 1
{
    DAC0832=value;
    switch(cw)
    {
      case 0:if(flag)           //三角波
        { value++;
          if(value==250) flag=0;
        }else
        { value--;
          if(value==0) flag=1;
        } break;
      case 1: value++;          //锯齿波
            if(value==250) value=0; break;
      case 2: value--;          //锯齿波
              if(value<=0) value=250; break;
      case 3:value=(char)(sin(t*0.01*3.141592)*127)+127;//正弦波
            t++;
            if(t>200) t=0; break;
      default: time++;          //方波
            if(time==250)
            {value=~value;time=0;}
    }
}
void isr_int0() interrupt 0
{   cw++;
    if(cw>4) cw=0;
}
```

步骤5：软件调试

编译程序，仿真运行，函数信号发生器输出的波形如图8-12所示。

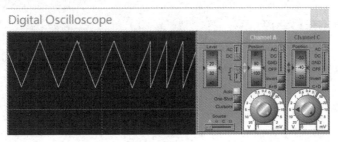

图 8-12 函数信号发生器输出的波形（三角波转换成锯齿波）

任务实施

任务实施步骤及内容详见任务 8 工单。

拓展延伸

8.3 数字温度传感器 DS18B20

案例 17 利用热敏电阻式传感器检测温度，再利用 A/D 转换器将检测到的温度模拟量转换成数值量显示在数码管上。下面介绍数字温度传感器 DS18B20 的性能与使用方法。该传感器直接以"一根总线"的数字方式传输，大大地提高了系统的抗干扰性，适合于恶劣环境中的现场温度测量。

DS18B20 具有以下特点。

（1）单线结构，只需一根信号线和 CPU 相连接。
（2）不需要外部器件，直接输出串行数据。
（3）不需要外部电源，可直接通过信号线供电，电源电压范围为 3～35 V。
（4）测温精度高，测温范围为-55～+125 ℃，在-10～+85 ℃范围内，精度为±0.5 ℃。
（5）测温分辨率高，当选用 12 位转换位数时，分辨率可达 0.062 5 ℃。
（6）数字量的转换精度及转换时间可通过简单的编程来控制：9 位精度的转换时间为 93.75 ms；10 位精度的转换时间为 187.5 ms；12 位精度的转换时间为 750 ms。
（7）具有非易失性上、下限报警设定功能，用户可方便地通过编程修改上、下限的数值。
（8）可通过报警搜索命令，识别哪个 DS18B20 采集的温度超过上、下限。

8.3.1 DS18B20 的引脚及内部结构

DS18B20 是由 DALLAS 半导体公司推出的一种"一线接口"温度传感器，DS18B20 在与单片机连接时仅需要一根端口线即可实现其与单片机的双向通信。

1. DS18B20 的引脚

DS18B20 的常用封装有 3 脚、8 脚等几种形式，如图 8-13（a）所示，各引脚的含义如下。
DQ：数字信号输入/输出端。
GND：电源地端。
VDD：外接供电电源输入端（在寄生电源接线时，此引脚应接地）。

2. DS18B20 的内部结构

DS18B20 的内部结构如图 8-13（b）所示，主要由 64 位光刻 ROM、温度传感器、非易失性温度报警触发器 TH 和 TL、高速暂存器等组成。

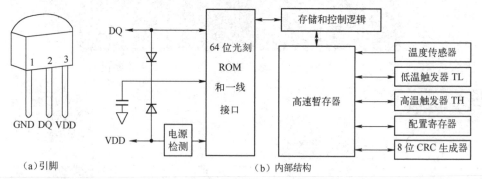

图 8-13　DS18B20 的引脚和内部结构

（1）64 位光刻 ROM：是生产厂家给每个出厂的 DS18B20 命名的产品序列号，该序列号包括 8 位系列产品代码、48 位 DS18B20 自身序列号和 8 位 CRC 校验码，可以看作该器件的地址序列号。其作用是使每个出厂的 DS18B20 的地址序列号都各不相同，这样就可以实现一根总线上挂接多个 DS18B20 的目的。

（2）温度传感器：完成对温度的测量，输出格式为 16 位符号扩展的二进制补码。当测温精度设置为 12 位时，分辨率为 0.062 5 ℃，即 0.062 5 ℃/LSB。12 位温度格式如图 8-14 所示。

	D7	D6	D5	D4	D3	D2	D1	D0	
	2^3	2^2	2^1	2^0	2^{-1}	2^{-2}	2^{-3}	2^{-4}	LSB
	D7	D6	D5	D4	D3	D2	D1	D0	
	S	S	S	S	S	2^6	2^5	2^4	MSB

图 8-14　12 位温度格式

其中，S 为符号位，S=1 时，表示温度为负值；S=0 时，表示温度为正值。例如，125 ℃ 的数字输出为 07D0H，-55 ℃ 的数字输出为 FC90H。

当测温精度设置为 9 位时，温度格式如图 8-15 所示。

	D7	D6	D5	D4	D3	D2	D1	D0	
	2^6	2^5	2^4	2^3	2^2	2^1	2^0	2^{-1}	LSB
	D7	D6	D5	D4	D3	D2	D1	D0	
	S	S	S	S	S	S	S	S	MSB

图 8-15　9 位温度格式

（3）低温触发器 TL、高温触发器 TH：用于设置低温、高温的报警数值，两个寄存器均为 8 位，其格式如图 8-16 所示。DS18B20 完成一个周期的温度测量后，将测得的温度值（整数部分，包括符号位）和 TL、TH 中的数值相比较，如果小于 TL 中的数值，或者大于 TH 中的数值，则表示温度越限，将该器件

D7	D6	D5	D4	D3	D2	D1	D0
S	2^6	2^5	2^4	2^3	2^2	2^1	2^0

图 8-16　TH 和 TL 格式

内的报警标志位置位,并对单片机发出的报警搜索命令做出响应。当需要修改上、下限温度值时,只需使用一个功能命令对 TL、TH 进行写入即可,十分方便。

(4) 高速暂存器:由 9 字节组成,其含义如图 8-17 所示。

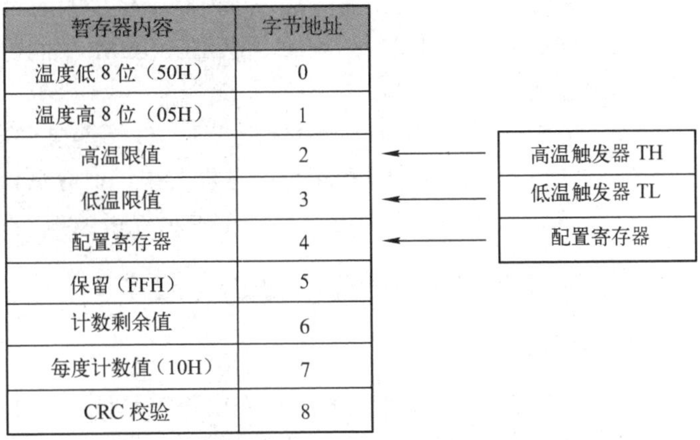

第 0、1 字节为被测温度的数字量。第 2、3、4 字节分别为高温触发器 TH、低温触发器 TL、配置寄存器的复制,每次上电复位时被重写;配置寄存器用于设置 DS18B20 温度测量分辨率,其格式如图 8-18 所示,该寄存器中主要设置 R1、R0 的值,这两位值决定了 DS18B20 温度测量分辨率,其含义如表 8-2 所示。第 5 字节为保留字节;第 6 字节为测温计数的剩余值;第 7 字节为测温时每度的计数值;第 8 字节读出的是前 8 字节的 CRC 校验码,通过此码可判断通信是否正确。

暂存器内容	字节地址
温度低 8 位(50H)	0
温度高 8 位(05H)	1
高温限值	2
低温限值	3
配置寄存器	4
保留(FFH)	5
计数剩余值	6
每度计数值(10H)	7
CRC 校验	8

图 8-17 高速暂存器的含义(上电默认值)

D7	D6	D5	D4	D3	D2	D1	D0
0	R1	R0	1	1	1	1	1

图 8-18 配置寄存器格式

表 8-2 分辨率设置

R1	R0	分辨率	温度最大转换时间/ms
0	0	9 位	93.75
0	1	10 位	187.5
1	0	11 位	375
1	1	12 位	750

8.3.2 DS18B20 的读/写操作

1. ROM 操作命令

(1) 读命令(33H):通过该命令,主机可以读出 DS18B20 的 64 位产品序列号。该命令仅限于单个 DS18B20 在线的情况。

(2) 选择定位命令(55H):当多个 DS18B20 在线时,主机发出该命令和一个 64 位数,只有 DS18B20 内部 ROM 中的数与主机发出的数一致者,才响应此命令。该命令也可用于单个 DS18B20 在线的情况。

(3) 查询命令(0F0H):该命令可查询总线上 DS18B20 的数目及其 64 位产品序列号。

(4) 跳过 ROM 序列号检测命令(0CCH):该命令允许主机跳过 64 位产品序列号检测而直接对寄存器进行操作,该命令仅限于单个 DS18B20 在线的情况。

(5) 报警搜索命令(0ECH):只有报警标志置位后,DS18B20 才响应该命令。

2. 存储器操作命令

(1) 写入命令(4EH):该命令可写入高速暂存器的第 2、3、4 字节,即 TL、TH 和配置寄存器。复位信号发出之前,这 3 字节必须写完。

(2) 读出命令(0BEH):该命令可读出高速暂存器中的内容,复位命令可终止读出。

（3）开始转换命令（44H）：该命令使 DS18B20 立即开始温度转换，当温度转换正在进行时，主机读总线收到 0；当温度转换结束时，主机读总线收到 1。若用信号线给 DS18B20 供电，则主机发出开始转换命令后，必须提供至少相应于分辨率的温度转换时间的上拉电平。

（4）回调命令（088H）：该命令把 EEPROM 中的内容写到 TH、TL 及配置寄存器中。DS18B20 上电时能自动写入。

（5）复制命令（48H）：该命令把 TH、TL 及配置寄存器中的内容写到 EEPROM 中。

（6）读电源标志命令（084H）：主机发出该命令后，DS18B20 将响应此命令并发送供电标志，发送 0 表示信号线供电，发送 1 表示外接电源。

8.3.3 DS18B20 的复位及读/写时序

1. 复位

对 DS18B20 进行操作之前，首先要将它复位。DS18B20 复位时序如图 8-19 所示。

（1）主机将信号线置为低电平，时间为 480～960 μs。

（2）主机将信号线置为高电平，时间为 15～60 μs。

（3）DS18B20 发出 60～240 μs 的低电平作为应答信号。单片机收到此信号后，表明复位成功，这时才能对 DS18B20 做其他操作，否则可能是器件不存在、器件损坏或其他故障。

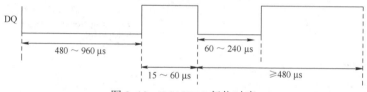

图 8-19　DS18B20 复位时序

2. 写字节

DS18B20 写字节时序如图 8-20（a）和图 8-20（b）所示，单片机将 DQ 设置为低电平，延时 15 μs 产生写起始信号。将待写的数据以串行形式送一位至 DQ 端，DS18B20 在 60 μs<T<120 μs 的时间内对 DQ 进行检测，如果 DQ 为高电平，则写 1；如果 DQ 为低电平，则写 0，从而完成了一个写周期。在开始另一个写周期前，必须有 1 μs 以上的高电平恢复期。

3. 读字节

DS18B20 读字节时序如图 8-20（c）所示，当单片机准备从 DS18B20 读取每位数据时，应先发出启动读时序脉冲，即将 DQ 设置为低电平 1 μs 以上，再使 DQ 上升为高电平，产生读起始信号。启动后等待 15 μs，以便 DS18B20 能可靠地将温度数据送至 DQ 总线上，然后单片机开始读取 DQ 总线上的结果，单片机在完成取数据操作后，要等待至少 45 μs，从而完成一个读周期。在开始另一个读周期前，必须有 1 μs 以上的高电平恢复期。

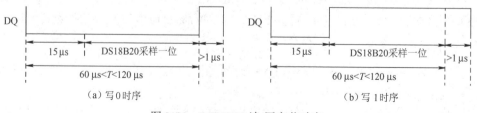

(a) 写 0 时序　　　　　　　　　　　　(b) 写 1 时序

图 8-20　DS18B20 读/写字节时序

任务 8 设计舵机控制系统

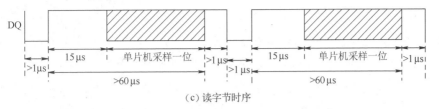

(c) 读字节时序

图 8-20 DS18B20 读/写字节时序（续）

典型案例 20 利用 DS18B20 检测环境温度

利用 DS18B20 检测环境温度，并在数码管上显示。

步骤 1：明确任务

本案例利用 DS18B20 检测环境温度，获得的值为数字量，直接传送给单片机处理，并由数码管显示。

步骤 2：总体设计

选用 AT89 系列单片机作为主控芯片。

步骤 3：硬件设计

单片机与 DS18B20 的连接电路如图 8-21 所示，用单片机 AT89C51 的 P0.7 口线经上拉电阻后接至 DS18B20 的引脚 2 数据端，DS18B20 的引脚 1 接电源地，引脚 3 接+5 V 电源。

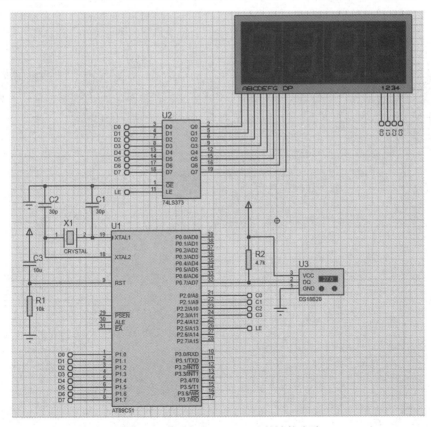

图 8-21 单片机与 DS18B20 的连接电路

步骤 4：软件设计

具体程序如下，应该说明的是，本程序是基于单片机的时钟频率为 12 MHz 来编写的，如果将单片机的时钟频率改为其他值，程序中的延时应重新调整。

```c
#include <reg51.h>
#include <intrins.h>
sbit LE=P2^5;
sbit DQ=P0^7;
bit DS_IS_OK=1;
unsigned char seg[ ]=
{0x3f,0x06,0x5b,0x4f,0x66,0x6d,0x7d,0x07,0x7f,0x6f,0x40,0x00};
//字段数组定义了 12 个元素，其中第 11 个元素是负号"-"的字段码
//第 12 个元素为不显示的字段码，用于显示正温度值
unsigned char buf[4];
void delay(unsigned int time)    //延时函数
{
    while(time--);
}
unsigned char Init_Ds18b20()     //DS18B20 初始化函数
{
    unsigned char status;
    DQ=1; delay(8);
    DQ=0;delay(90);
    DQ=1;delay(5);
    status=DQ;delay(60);
    return status;
}
unsigned char read()             //读字节函数
{
    unsigned char i=0;
    unsigned char dat=0;
    DQ=1;_nop_();
    for(i=8; i>0; i--)
    {
        DQ=0;dat >>=1;DQ=1;_nop_();_nop_();
        if(DQ) dat |=0x80;
        delay(30); DQ=1;
    }
    return(dat);
}
void write(unsigned char dat)    //写字节函数
{
    unsigned char i;
    for(i=8;i>0;i--)
    {
        DQ=0;
        DQ=dat & 0x01;
```

```c
        delay(5);
        DQ=1; dat >>=1;
    }
}
void ReadTemperature()              //采样温度函数
{
    unsigned char tempL=0;
    unsigned char tempH=0;
    if(Init_Ds18b20() ==1)          //DS18B20 故障
        DS_IS_OK=0;
    else
    {
        DS_IS_OK=1;
        write(0xcc);write(0x44);
        Init_Ds18b20();
        write(0xcc);write(0xbe);
        tempL=read();
        tempH=read();
        temperature=(tempH<<8)| tempL;
    }
}
void dispute()                      //温度值显示处理函数
{
    unsigned int temp,temp1;        //用于中途的数据转换
    //以下 if 语句用于处理负温度值,因为温度值是以补码形式保存在单片机中的
    if((temperature & 0xf800) ==0xf800)
    {
        temperature=temperature+1;
        buf\[0\]=10;
    }
    else buf\[0\]=11;
        temp=temperature/16杆0*100;  //转换成实际温度值并放大100倍,用于对
                                    //百分位四舍五入
        if(temp <10)  buf\[0\]=11;   //本语句是保证温度为 0 ℃时,数码管不会
                                    //显示出负号
        else
        {
            temp1=temp % 10;
            if(temp1>=5)            //四舍五入
            temp+=10;
        }temp/=10 ;                 //去掉温度值的百分位
        if(temp>=1000)              //如果温度≥1 000 ℃,则显示 4 位
        {
            buf[0]=temp/1 000;
            buf[1]=temp/100%10;
            buf[2]=temp/10%10;
            buf[3]=temp%10;
        }
```

```
        else {
            buf[1]=temp/100;
            buf[2]=temp/10%10;
            buf[3]=temp%10;
        }
}
void display()          //显示函数
{
    int i,j;
    unsigned char temp=0xfe;
    for(j=0;j<30;j++)
    //采用动态显示方式，必须多次循环才能成功显示，这很关键，处理不好温度值将显示不成功
    {
        temp=0xfe;
        for(i=0;i<4;i++)
        {
            LE=0; P2=temp;
            if(i==2)
            P1=seg[buf[i]]+0x80;
            else P1=seg[buf[i]];
            LE=1;LE=0;
            delay(10);
            temp=(temp<<1)| 1;
        }
        P2=temp;        //关显示，进行下一次测试
    }
}
void main()
{
    ReadTemperature();
    delay(50000);
    delay(50000);
    while(1)
    {
        if(DS_IS_OK ==1)
        {
            ReadTemperature();
            dispute();
            display();
        }
    }
}
```

作　业

8-1　用单片机连接两台舵机，要求两台舵机分别转动一定角度（自定），试设计电路并编程。

8-2 用单片机和 DAC0832 设计一个周期和幅值可调的锯齿波、三角波和阶梯波的波形发生器。要求画出电路原理图，并编程。

8-3 针对案例 18（基于 ADC0831 的数字电压计），要求利用数码管显示 4 位电压值，请修改程序。

知识梳理与总结

本任务通过单片机控制舵机转动的实现，使学生掌握 A/D 和 D/A 的基本知识、常用的 D/A 转换器的结构和引脚功能，以及与单片机的接口。

本任务的重点内容如下。

（1）ADC0831 的结构、引脚功能、与单片机的接口，包括与单片机间的数据传送方式的处理。

（2）DAC0832 的结构、引脚功能、与单片机的接口，包括 DAC0832 的单缓冲方式和双缓冲方式的应用。

（3）数字温度传感器 DS18B20 的结构、工作原理、读/写操作、时序，以及应用技术。

任务 9 设计六轴机械臂控制系统

任务单

任务描述	本任务用单片机连接 6 台舵机，模拟六轴机械臂，由键盘设置各轴转动的角度（或使用虚拟串口助手发送各轴转动的角度），使六轴机械臂相应轴按设置的角度转动，为了方便操作，使用 LCD 显示控制菜单
任务要求	单片机连接一个矩阵式键盘、六轴机械臂及 LCD，LCD 显示控制六轴机械臂转动的菜单，菜单内容如下。 0-5：No0-5Turn，表示按键盘的 0～5 中的某一个键，让 0～5 号中的某个轴（舵机）转动。 6：All Turn，表示按键盘的 6 键，让所有轴转动。 C0-180=：SetTurn，表示按键盘的 ON/C 键后按 0～5 中的某个键，然后分别按-键，输入角度值（0～180），按=键，给 0～5 号轴设置转动的角度，为了保证转动的准确性，建议转动的角度为 9 的倍数。 Set Angle：表示给某号轴设置转动的角度时，显示输入的内容，以便使用者检查是否输入正确
实现方法	（1）利用 Proteus 仿真设置硬件电路。（2）编写程序，利用 Proteus 仿真运行

教学导航

知识重点	（1）按键工作原理及消除抖动的方法。（2）独立式键盘接口。（3）矩阵式键盘接口。（4）串行口结构。（5）串行口控制寄存器。（6）串行口的工作方式及波特率的设置
知识难点	矩阵式键盘接口、串行口工作方式
推荐教学方式	从任务入手，通过让学生完成键盘控制六轴机械臂转动这一任务，使学生掌握键盘工作原理、独立式键盘接口与矩阵式键盘接口的编程方法，以及串行口通信的技术及其应用
建议学时	8 学时
推荐学习方法	通过利用 Proteus 设计硬件电路，编写键盘控制六轴机械臂程序，理解按键工作原理及消除抖动的方法，掌握两种键盘与单片机的连接及其程序设计，并学会应用
必须掌握的理论知识	（1）消除按键抖动的方法。（2）矩阵式键盘接口。（3）串行口的结构、SBUF 及控制寄存器。（4）串行口的 4 种工作方式及波特率的设置
必须练就的技能	（1）矩阵式键盘的设计与调试。（2）串行口中断服务函数的编写。（3）单片机之间的串行口通信的设计
需要培育的素养	（1）自信自立、爱国情怀。（2）工匠精神、团队合作意识

任务9 设计六轴机械臂控制系统

任务准备

9.1 键盘与单片机的连接

扫一扫看教学课件：键盘与单片机的连接

扫一扫看思维导图：键盘与单片机的连接

9.1.1 按键及其抖动问题

键盘是由若干按键组成的开关矩阵，是计算机最常用的输入设备，用户可以通过键盘向计算机输入指令、地址和数据。一般的单片机系统中采用非编码键盘，非编码键盘由软件来识别键盘上的闭合键，具有结构简单，使用灵活等特点，因此被广泛应用于单片机系统。

组成键盘的按键有触点式和非触点式两种，单片机中应用的按键一般是由机械触点构成的。在图 9-1 中，当按键 S 断开时，P1.0 端为高电平；当按键 S 闭合时，P1.0 端为低电平。由于按键是由机械触点构成的，当机械触点断开、闭合时，会有抖动。P1.0 端的波形如图 9-2 所示。这种抖动对人来说是感觉不到的，但对单片机来说是完全可以感应到的，因为单片机处理的速度在微秒级，而机械抖动的时间至少是毫秒级；对单片机而言，这段时间很"漫长"。

图 9-1 键盘原理　　图 9-2 P1.0 端的波形

如果按键处理程序采用中断方式，那么在响应按键时就可能出现问题，也就是说按键有时灵，有时不灵。你只按了一次按键，可是单片机却已执行了多次中断的过程。如果执行的次数正好是奇数次，那么结果正如你所料；如果执行的次数是偶数次，那么结果就不对了。如果按键处理程序采用查询方式，那么也会存在响应按键迟钝的现象，甚至可能会漏掉信号。

消除按键抖动的方法有以下两种。

（1）硬件方法：一般不常用。

（2）软件方法：单片机设计中常采用软件方法，软件去除抖动其实很简单，就是在单片机获得 P1.0 端为低电平的信号后，不是立即认定 S 已被按下，而是延时 10 ms 或更长一段时间后再次检测 P1.0 端，如果仍为低电平，说明 S 的确按下了，这实际上是避开了按键按下时的抖动时间。在检测到按键释放后（P1.0 端为高电平），延时 5～10 ms，消除后沿的抖动，再对键值进行处理。在一般情况下，通常不对按键释放的后沿进行处理，实践证明，这也能满足一定的要求。当然，在实际应用中，对按键的要求也是千差万别的，要根据不同的需要来编制处理程序，以上只是消除按键抖动的原则。

9.1.2 独立式按键接口技术

通过 I/O 端口连接就是将每个按键的一端接到单片机的 I/O 端口，另一端接地。可以采用不断查询的方法，即检测是否有按键闭合，如果有按键闭合，则去除按键抖动，判断按键号并转入相应的按键处理程序。也可以采用中断方式对按键操作进行处理，即各按键都接到一个与门上，当有任何一个按键按下时，都会使与门输出为低电平，从而引起单片机中断。该方式的好处是无须在主程序中不断地循环查询，如果有按键按下，则单片机再去做相应的处理。

【例9-1】带拨码器的定时器。如图9-3所示,单片机连接两个拨码器和两个数码管(通过74LS47相连),组成一个2位的定时器,由拨码器设置定时器的初值,每隔1s,定时器的读数减1,直至为0,并使与单片机相连的扬声器发声,在扬声器发声完后再读取拨码器的值。

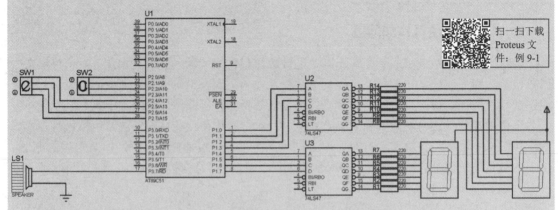

图9-3 带拨码器的定时器的电路原理图

本例给出了电路原理图,下面直接给出源程序。

```
#include<reg51.h>
sbit SPK=P3^7;
unsigned char settime,count=20;
void delay(unsigned int t)
{   unsigned char i;
    for(;t>0;t--)
       for(i=200;i>0;i--);
}
void main()
{ TMOD=1;
  TH0=-50000>>8;TL0=-50000;    //定时器定时时间为50 ms
  EA=1;ET0=1;TR0=1;
  P2=0xff; settime=(P2>>4)*10+(P2&0x0f);
  while(1)
      P1=((settime/10)<<4)+(settime%10);   //把十进制数转换为BCD码,即将十位
//数送至P1口的高4位,个位数送至P1口的低4位。74LS47的功能是将BCD码转换为相应字符的字段码
  }
void isr_t0() interrupt 1
{   unsigned int loop;
    TH0=-50000>>8;TL0=-50000;
    if((--count)==0)         //定时器每隔50 ms,变量count减1,当减为0时,时间为1 s
    { count=20;
      if((settime--)==0)     //每隔1 s,该变量减1,当该变量减为0时,重新读取拨码管
                             //的BCD码
      { for(loop=20;loop>0;loop--)
          { SPK=~SPK;
            delay(500);}
```

```
        P2=0xff; settime=(P2>>4)*10+(P2&0x0f);    //把BCD码转换为十进制数
    }
  }
}
```

典型案例 21　按键启动和停止六轴机械臂转动

用单片机连接 6 台舵机模拟六轴机械臂，单片机还连接 2 个按键（S1、S2），当按下 S1 时，启动六轴机械臂转动（各轴转动的角度自定），当按下 S2 时，六轴机械臂恢复到初始状态。

步骤 1：明确任务

本案例要求设计一个启动和停止六轴机械臂的系统。

步骤 2：总体设计

本案例比较简单，选用 AT89 系列单片机，连接 6 台舵机和 2 个按键即可。

步骤 3：硬件设计

按键控制六轴机械臂转动的电路原理图如图 9-4 所示。

步骤 4：软件设计

任务 8 只控制 1 台舵机转动，本案例要控制 6 台舵机转动，单片机分别给每台舵机的信号线上送入 PWM 信号，即每 20 ms 按照指定的占空比送入一个高电平脉冲，设置定时器 0 的定时时间为

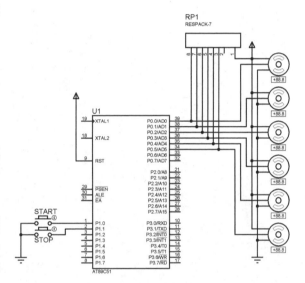

图 9-4　按键控制六轴机械臂转动的电路原理图

0.1 ms，则每 200 次中断中单片机给每台舵机送入指定次数的高电平即可实现各舵机按指定角度转动，可以将 200 次中断平均分给 6 台舵机，每台舵机有 33 或 34 次中断，针对每台舵机在这 33 或 34 次中断中按指定次数的中断让其信号线为高电平即可。源程序如下：

```
#include<reg51.h>
unsigned int PWM_value[]={15,15,15,15,15,15};
unsigned char vkey,order=0,count=0;
bit key();
bit start_end=0;
sbit PWM_out0=P0^0;
sbit PWM_out1=P0^1;
sbit PWM_out2=P0^2;
sbit PWM_out3=P0^3;
sbit PWM_out4=P0^4;
sbit PWM_out5=P0^5;
void main()
{ unsigned char i;
  TMOD=2; EA=ET0=1;
```

```c
      TH0=TL0=156; TR0=1;
      while(1)
      { if(key())
        { if(vkey==1) start_end=1;
          else start_end=0;
          if(start_end)
          { PWM_value[0]=5;    PWM_value[1]=10;
            PWM_value[2]=15;   PWM_value[3]=20;
            PWM_value[4]=25;   PWM_value[5]=20;
          }else
            { for(i=0;i<6;i++)  PWM_value[i]=15;
            }
        }
      }
}
void delay(unsigned char t)
{ unsigned char i,j;
  for(i=t;i>0;i--)
    for(j=200;j>0;j--);
}
bit key()
{unsigned char temp;
 bit  flag=0;
 P1=0xff; temp=P1;
 temp=temp&3;temp=temp^3;
 if(temp==0)  return flag;
 else
 { delay(25);
   P1=0xff; temp=P1;
   temp&=3; temp=temp^3;
   if(temp==0)  return flag;
   else
   {   vkey=temp;  flag=1;
       while(temp)
         { P1=0xff; temp=P1;
           temp&=3; temp=temp^3; }
   } return flag;
  }
}
void t0() interrupt 1
{  count++;
   switch(order)
    {  case 0:if(count<=PWM_value[0]+1) PWM_out0=1;
            else{ PWM_out0=0;
                  if(count==33){ count=0;order++; }}
            break;
       case 1:if(count<=PWM_value[1]) PWM_out1=1;
            else{ PWM_out1=0;
```

```
                    if(count==33) { count=0;order++; } }
            break;
     case 2:if(count<=PWM_value[2]) PWM_out2=1;
         else{ PWM_out2=0;
                    if(count==33){ count=0;order++; }}
         break;
     case 3: if(count<=PWM_value[3]) PWM_out3=1;
         else{ PWM_out3=0;
                    if(count==33) { count=0;order++; } }
         break;
     case 4:if(count<=PWM_value[4]) PWM_out4=1;
         else{ PWM_out4=0;
                    if(count==34){count=0;order++; }}
         break;
     case 5:if(count<=PWM_value[5]) PWM_out5=1;
         else{ PWM_out5=0;
                    if(count==34) { count=0;order++; } }
         break;
     default:order=0;          }
 }
```

5. 软件调试

编译程序，仿真运行。

9.1.3 矩阵式键盘接口技术

1. 矩阵式键盘的结构

当键盘中的按键数量较多时，为了减少 I/O 端口的占用，通常将按键排列成矩阵形式，如图 9-5 所示。在矩阵式键盘中，每根行线和列线在交叉处不直接连通，而是通过一个按键加以连接。这样，一个端口（如 P1 口）就可以构成 4×4=16 个按键。

当按键没有按下时，所有的输入端都是高电平，代表无按键按下。一旦有按键按下，则输入线的电平会被拉低。这样，通过读入输入线的状态就可判断是否有按键按下了。

2. 矩阵式键盘的按键识别方法——行扫描法

（1）判断键盘中有无按键按下：首先将全部行线置低电平，然后检测列线的状态。只要有一列的电平为低，则表示键盘中有按键按下，而且闭合的按键位于低电平线与 4 根行线相交叉的 4 个按键中。若所有列线均为高电平，则键盘中无按键按下。

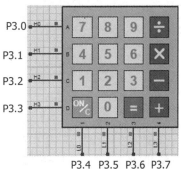

图 9-5 矩阵式键盘

（2）判断闭合的按键所在的位置：在确认有按键按下后，即可进入判断具体闭合的按键位置的过程。其方法是：依次将行线置为低电平，即在置某根行线为低电平时，其他行线为高电平。在确定某根行线置为低电平后，再逐列检测各列线的电平状态。若某列为低电平，则该列线与置为低电平的行线交叉处的按键就是闭合的按键。

行扫描法识别按键的方法就像在二维平面上找确定的点，方法如下。

C51 单片机应用设计与技能训练（第 2 版）

① 确定该点的横坐标：行线位置。
② 确定该点的纵坐标：列线位置。
③ 求键值：键值=行号×列数+列号。

典型案例 22　数码管显示矩阵式键盘的输入信息

扫一扫下载 Proteus 文件：典型案例 22

如图 9-6 所示，单片机的 P3 口用作键盘（矩阵式键盘英文名称为 KEYPAD-SMALLCALC）I/O 端口，P0 口用作字段码输出口，用于输出闭合的按键的序号（0～F）的字段码，P2 口用于控制位线显示闭合的按键的序号（0～F）。

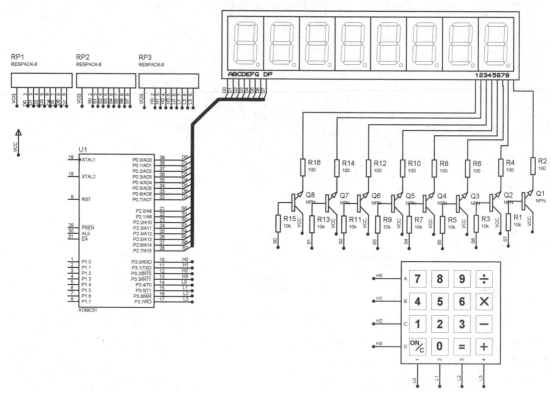

图 9-6　数码管显示矩阵式键盘的输入信息电路原理图

本案例给出了电路原理图，要求编写相应程序，因此明确任务、总体设计及硬件设计略。下面主要涉及软件设计内容。

键盘的列线接到 P3 口的高 4 位，键盘的行线接到 P3 口的低 4 位。行线 P3.0～P3.3 设置为输出线，列线 P3.4～P3.7 设置为输入线。4 根行线和 4 根列线形成 16 个相交点。

（1）检测当前是否有按键按下：检测的方法是 P3.0～P3.3 输出全 "0"，读取 P3.4～P3.7 的状态，若 P3.4～P3.7 为全 "1"，则无按键闭合，否则有按键闭合。

（2）去除按键抖动：当检测到有按键按下后，延时一段时间再做下一步的检测判断。

（3）若有按键按下，应识别出是哪一个按键闭合。

对键盘的行线进行扫描。P3.0～P3.3 按下述 4 种组合依次输出：

　　　　　　　P3.0　　0111
　　　　　　　P3.1　　1011
　　　　　　　P3.2　　1101
　　　　　　　P3.3　　1110

任务 9　设计六轴机械臂控制系统

在每组行输出时读取 P3.4～P3.7，若全为"1"，则表示这一行没有按键闭合，否则表示有按键闭合。由此得到闭合的按键的行值和列值，然后可采用计算法或查表法将闭合的按键的行值和列值转换成所定义的键值。

为了保证按键每闭合一次，CPU 仅做一次处理，必须除去按键释放时的抖动。从以上分析得到键盘扫描程序的流程图，如图 9-7 所示，鉴于键盘扫描程序比较长，建议将其单独编辑为一个文件 keyboard.c 保存（操作方法：在"源代码"选项页中右击"Source Files"，在弹出的快捷菜单中单击"添加文件"命令即可，如图 9-8 所示），在具体应用中直接调用其中的函数即可。

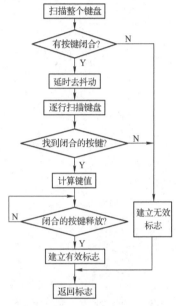

图 9-7　键盘扫描程序的流程图

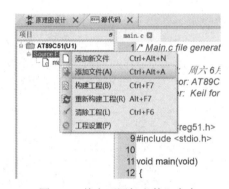

图 9-8　单击"添加文件"命令

```
#include<reg51.h>
void delay(unsigned char t)
{
    unsigned char i,j;
    for(i=0;i<t;i++)
    for(j=0;j<200;j++);
}
unsigned char key_scan()
{
  unsigned char kdata,vkey,keyNo;
  bit iskey=0;        //标志,在确定具体哪一个按键按下时,如果检测到有一个按键按下,
                      //则该标志置位
  P3=0xf0;            //行线送"0"
  kdata=P3;           //读取列线值
  kdata&=0xf0;        //取列线值
  if(kdata==0xf0)
      return 0xff;    //无按键按下,建立无效标志(0xff 为无按键按下的无效标志)
  else                //若列线均为"1",则表示无按键按下,否则表示有按键按下
  {
```

```c
        delay(25);          //有按键按下,去除按键抖动
        kdata=0xfe;         //开始进行行扫描
        while(!iskey)
        { vkey=P3=kdata;//送行扫描码至P3口行线,并将行扫描码保存到vkey中
          kdata=P3;         //读取列线值
          kdata&=0xf0;
          if(kdata==0xf0)
          {
            kdata=vkey;     //若没有按键按下,则取出行扫描码
            kdata<<=1;      //换扫描下一行的扫描码(循环向左移一位)
            kdata|=1;
          }
          else              //若有按键按下,则进行键处理
          { kdata^=0x0f;//为方便计算列值,将列线P1.3、P1.0分别与"1"异或,即按位
                            //取反
            switch(kdata)   //计算列值
            {
               case 1:keyNo=0;break;
               case 2:keyNo=1;break;
               case 4:keyNo=2;break;
               case 8:keyNo=3;break;
            }
            iskey=1;
          }
        }
        vkey=vkey>>4;       //取行扫描码
        vkey^=0x0f;         //将行扫描码取反
        switch(vkey)
        {
           case 1:keyNo+=0;break;//把行值加到列值中
           case 2:keyNo+=4;break;
           case 4:keyNo+=8;break;
           case 8:keyNo+=12;break;
        }
        do
        { kdata=P3;
           kdata&=0xf0;
        }while(kdata!=0xf0);     //判断按键是否释放
     }
     return keyNo;
}
```

数码管动态显示键盘输入信息及主函数源程序如下:

```c
#include<reg51.h>
unsigned char seg[]={0xc0,0xf9,0xa4,0xb0,0x99,0x92, 0x82,0xf8,0x80,
                     0x90,0x88,0x83,0xc6,0xa1,0x86,0x8e,0xff};
unsigned char con[]={0x1,0x2,0x4,0x8,0x10,0x20,0x40,0x80};
```

```
unsigned char arrkey[8]={16,16,16,16,16,16,16,16};
void delay(unsigned char);
unsigned char key_scan();
void main()
{
  unsigned char val_key,j;
  TMOD=1;
  TH0=-10000>>8;TL0=-10000;
  EA=1;ET0=1;TR0=1;
  while(1)
  {val_key=key_scan();
   if(val_key!=0xff)
    {for(j=0;j<7;j++)
      {
        arrkey[j]=arrkey[j+1];
      }
      arrkey[7]=val_key;
    }
  }
}
void isr_time0() interrupt 1
{ unsigned char i=0;
  TH0=-10000>>8;TL0=-10000;
  for(i=0;i<8;i++)
  {
    P2=con[i];
    P0=seg[arrkey[i]];
    delay(1);
  }
}
```

分享讨论：上面介绍的是行扫描法，能否采用列扫描法？如果可以采用列扫描法，程序或电路如何修改？请大家分组讨论。

典型案例 23　矩阵式键盘控制六轴机械臂转动

扫一扫下载 Proteus 文件：典型案例 23

单片机连接矩阵式键盘、六轴机械臂和 LCD，要求 LCD 显示菜单：

0-5：No0-5Turn

Cno-###=:SetAngle

菜单 0-5 表示按矩阵式键盘 0～5 键，即可让六轴机械臂的某一轴（0～5 号轴）转动一定角度（0°～180°，该角度初值系程序设置好）；菜单 Cno-###=表示先按键盘的 ON/C 键，然后按 0～5 键和-键，输入 0~180 中的某个数值，最后按=键，为某轴（0～5）设置转动的角度（0°～180°），设置时显示内容为 SetAngle:no-###，当设置完后，第二行又恢复显示菜单内容。

步骤 1：明确任务

本案例关键点有三个：一是矩阵式键盘控制问题；二是如何控制六轴机械臂转动问题，这两个问题分别可参考案例 21、22 来处理；三是液晶显示问题。

步骤2：总体设计

选用 AT89 系列单片机，单片机连接 6 台舵机用于模拟 6 轴机械臂，连接 LCD 用于显示菜单，连接矩阵式键盘用于输入相关信息。

步骤3：硬件设计

矩阵式键盘控制六轴机械臂转动电路原理图如图 9-9 所示。

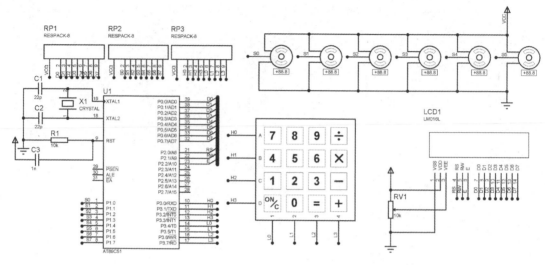

图 9-9　矩阵式键盘控制六轴机械臂转动电路原理图

步骤4：软件设计

本案例也可参照案例 21，需要添加 2 个源程序文件，其中，液晶显示控制程序使用 lcd.c，键盘控制程序使用 keyboard.c。下面给出主程序文件 main.c 源代码及全局变量。

```c
#include<reg51.h>
sbit PWM_out0=P1^0;   sbit PWM_out1=P1^1;
sbit PWM_out2=P1^2;   sbit PWM_out3=P1^3;
sbit PWM_out4=P1^4;   sbit PWM_out5=P1^5;
bit Tangle=0;                       //是否在设置轴转动角度
unsigned char angle=0;              //在设置轴转动角度时，保存角度值
unsigned int order=0,count=0;       //用于控制轴转动角度的两个变量
unsigned int PWM[]={5,10,15,20,10,25};//设置各轴需要转动的角度时的PWM脉冲宽度
unsigned int PWM_value[]={15,15,15,15,15,15};//各轴转动时转动的角度初始值为90°
unsigned char key();
void lcd_init();
void disp_lcd(unsigned char,unsigned char *);
void main()
{ unsigned char code menu0[]="   0-5:NO0-5Turn";
  unsigned char code menu1[]="Cno-###=:SetAngle";
  unsigned char  setmenu[]="SetAngle:      ";
  //将按键的序号转换为键值
  unsigned char KCODE[]={7,8,9,10,4,5,6,11,1,2,3,13,12,0,14,15};
  unsigned char keyNo,i;
  lcd_init();                        //液晶初始化
```

任务9 设计六轴机械臂控制系统

```
        disp_lcd(0x80,menu0);        //显示第一行菜单
        disp_lcd(0xc0,menu1);        //显示第二行菜单
        TMOD=0X02;
        TH0=TL0=156;
        TR0=1; EA=ET0=1;
        while(1)
        { keyNo=key();
          if(keyNo!=0xff)
         {  keyNo=KCODE[keyNo];
            if(Tangle==0)            //没有设置轴转动角度时,按键控制轴转动
            //当按矩阵式键盘 0～5 中的某个数字键时,表示要控制那个数字号的轴转动
            {  if (keyNo>=0 && keyNo<6)
                   PWM_value[keyNo]=PWM[keyNo];
                else if(keyNo==6)    //当按 6 键时,让所有轴都根据设置的角度值转动
                    for(i=0;i<6;i++)
                        PWM_value[i]=PWM[i];
                else if(keyNo==12)   //当按 ON/C 键时,表示要设置轴转动角度
                {  Tangle=1;angle=0; //当设置轴转动角度的标志置位时,角度值清零
                   //把该字符串的 9 个固定字符"SetAngle:"后的角度值清零
                   for(i=9;i<12;i++)  setmenu[i]=' ';
                   i=9; disp_lcd(0xc0,setmenu);
                }
            }else
            {  if(keyNo>=0 && keyNo<=9)             //正在输入角度值
                {  setmenu[i]=keyNo+0x30; i++;//把键值转换为 ASCII 码
                   angle=angle*10+keyNo;          //把键值转换为角度
                   disp_lcd(0xc0,setmenu);
                }else if (keyNo==14)              //按=键表示完成角度的设置
                //将设置轴转动角度的标志清零,表示轴转动角度已设置完成
                {  Tangle=0;
                   for(i=0;i<6;i++)
                       PWM[i]=angle/9+5;          //把角度值转换为 PWM 脉冲宽度
                   disp_lcd(0xc0,menu1);
                }else if(keyNo==12)               //如果按 ON/C 键,则角度值需要重新设置
                {  angle=0;
                   for(i=9;i<12;i++)  setmenu[i]=' ';
                   i=9; disp_lcd(0xc0,setmenu);}
            }
          }
        }
}
void isr_time0() interrupt 1
{源程序与案例 21 相同,略}
```

分享讨论:本案例使用的液晶显示器是 LM016L,只显示 2 行英文字符,但本任务要显示的菜单有 4 行,显然使用 LM016L 显示不了 4 行菜单,怎么办?LM041L 可以显示 4 行英文字符,请大家查阅相关资料并讨论,并在此基础上完成本任务的设计(提示:LM041L 与 LM016L 的引脚和指令集基本一样,只是设置 DDRAM 地址写数据时,写入地址为 80H～8FH 区间的数据显示在第 1 行、写入地址为 0C0H～0CFH 区间的数据显示在第 2 行、写入地址为 90H～

9FH 区间的数据显示在第 3 行、写入地址为 0D0H～0DFH 区间的数据显示在第 4 行）。

任务实施

任务实施步骤及内容详见任务 9 工单。

拓展延伸

9.2 MCS-51 单片机的串行口

其实本任务中控制六轴机械臂转动的指令由计算机给出，即在计算机上编写一个应用程序来驱动某个轴转动或给某个轴设置转动的角度，要实现这个功能需要使用串行口，下面介绍单片机的串行口的结构及应用。

9.2.1 串行口的结构

MCS-51 单片机内部有一个串行口，它是一个可编程的全双工（能同时进行发送和接收）通信端口，具有 UART（Universal Asynchronous Receiver Transmitter，通用异步接收和发送器）的全部功能，可作为 UART 使用。该串行口电路主要由串行口控制寄存器（SCON）、发送电路和接收电路三部分组成，具体由 SCON、2 个物理上独立的串行数据发送/接收缓冲器（SBUF）、发送控制器、接收控制器、移位寄存器、输出控制门和波特率发生器组成，如图 9-10 所示。

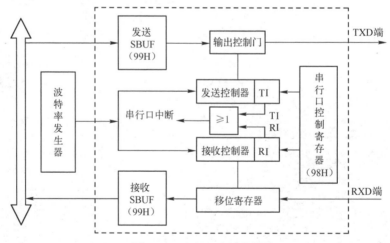

图 9-10 串行口内部结构

单片机通过引脚 P3.0（RXD，串行数据接收端）和引脚 P3.1（TXD，串行数据发送端）与外界通信。串行口的通信操作体现为累加器与 SBUF 间的数据传送操作。当对串行口完成初始化操作，要串行口发送数据时，待发送的数据由累加器送入 SBUF 中，在发送控制器的控制下组成帧结构，并且自动以串行方式发送到 TXD 端，在发送完毕后置位 TI。如果要继续发送，则在指令中将 TI 清零；接收数据时，只有置位接收允许位才能开始进行串行接收操作，在接收控制器的控制下，通过移位寄存器将 RXD 端的串行数据送入 SBUF 中。

任务 9　设计六轴机械臂控制系统

1. SBUF

在物理上有两个 SBUF：一个发送 SBUF，一个接收 SBUF，二者共用一个地址 99H 和相同的名称 SBUF。一个只能被 CPU 读、一个只能被 CPU 写。发送时，CPU 写入的是发送 SBUF；接收时，CPU 读取的是接收 SBUF 中的数据。

2. SCON

SCON 是一个特殊功能寄存器，用于设定串行口的工作方式、实施接收/发送控制及状态标志位的置位或清零。字节地址为 98H，可位寻址，其各位定义如图 9-11 所示。

(MSB) D7	D6	D5	D4	D3	D2	D1	D0 (LSB)
SM0	SM1	SM2	REN	TB8	RB8	TI	RI

图 9-11　SCON 各位的定义

（1）SM0、SM1：串行口工作方式选择位，其详细定义如表 9-1 所示。

表 9-1　SM0、SM1 的定义

SM0	SM1	工作方式	功能描述	波特率
0	0	方式 0	8 位同步移位寄存器	固定为 $f_{osc}/12$
0	1	方式 1	10 位异步收发 UART	可变，由定时器控制
1	0	方式 2	11 位异步收发 UART	固定为 $f_{osc}/64$ 或 $f_{osc}/32$
1	1	方式 3	11 位异步收发 UART	可变，由定时器控制

（2）SM2：多机通信控制位，主要用于方式 2 和方式 3。在方式 2 和方式 3 下，若 SM2=1，则允许多机通信，当接收到的第 9 位数据 RB8=0 时，不启动接收中断标志 RI（RI=0），并且将接收到的前 8 位数据丢弃；当接收到的第 9 位数据 RB8=1 时，才将接收到的前 8 位数据送入 SBUF 中，并置位 RI 产生中断请求。若 SM2=0，则不论第 9 位数据为 0 或 1，都将接收到的前 8 位数据送入 SBUF 中，并产生中断请求。

在方式 0 和方式 1 下不能进行多机通信，SM2 必须清零。

（3）REN：接收允许控制位。当该位由软件置位（REN=1）时，启动串行口接收数据；当该位由软件清零（REN=0）时，禁止串行口接收数据。

（4）TB8：在方式 2 和方式 3 下，该位表示要发送的数据的第 9 位，根据需要由软件置位或清零。在多机通信中，TB8 作为区别地址帧或数据帧的标志位。TB8=1 表示主机发送的是地址，TB8=0 表示主机发送的是数据。

（5）RB8：在方式 0 下，该位不使用。在方式 1 下，若 SM2=0，则 RB8 为接收到的停止位。在方式 2 或方式 3 下，RB8 为接收到的第 9 位数据。

（6）TI：发送中断标志。在方式 0 下，该位在发送完第 8 位数据后由硬件置位（TI=1），在其他方式下，在发送停止位前，该位由硬件置位。TI 置位既表示一帧信息发送结束，也表示申请中断，可根据需要，用软件查询的方法获得数据已发送完毕的信息，或者用中断的方法来发送下一个数据。当中断响应后，TI 必须在中断服务程序中由软件清零。

（7）RI：接收中断标志。在方式 0 下，在接收完第 8 位数据后，该位由硬件置位。在其他方式下，在接收到停止位的中间时刻，该位由硬件置位（例外情况见 SM2 的说明）。RI 置位表示一帧数据接收完毕，其状态可用软件查询的方法获知（查询法），也可用中断的方法获知（中断法）。RI 也必须在中断服务程序中由软件清零。

3. 电源控制寄存器（PCON）

PCON 主要是为 CHMOS 型单片机实现电源控制而设置的一个特殊功能寄存器，严格来讲 PCON 不属于串行口的组成部分，但是其最高位 SMOD 与串行口的工作有关，是串行口波特率系数控制位 SMOD（倍增位），如图 9-12 所示。对于 HMOS 结构的单片机，除了 D7 位外，其余都是虚设的。PCON 字节地址为 87H，不能位寻址。当串行口工作在方式 0、方式 1 和方式 3 时，串行通信的波特率与 2^{SMOD} 成正比，即当 SMOD=1 时，波特率加倍，否则不加倍。当系统复位时，SMOD=0。

	(MSB) D7	D6	D5	D4	D3	D2	D1	D0
PCON	SMOD				GF1	GF0	PD	IDL

图 9-12　PCON 各位定义

9.2.2 串行口的工作方式

扫一扫看教学课件：串行口的工作方式

扫一扫看微课视频：串行口工作方式 0

1. 方式 0

当 SM0=1，SM1=0 时，串行口工作在方式 0，实质上是一种同步移位寄存器方式。串行口的 SBUF 作为 8 位同步移位寄存器，主要用于和移位寄存器连接以扩展一个并行 I/O 端口（将串行口变为 1 个 8 位并行 I/O 端口使用）。此方式是半双工的，并非一种同步通信方式。

串行数据从 RXD（P3.0）端输入或输出，同步移位脉冲从 TXD（P3.1）端输出。这种方式常用于扩展 I/O 端口，也可外接同步 I/O 设备。图 9-13 所示为串行口方式 0 的 I/O 接线图，其中，74LS164 和 74LS165 分别是"串入并出"和"并入串出"8 位移位寄存器。

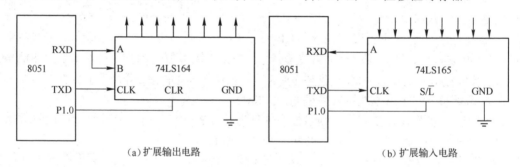

图 9-13　串行口方式 0 的 I/O 接线图

（1）发送操作：在 TI=0 下进行，CPU 通过写 "SBUF（发送）" 指令送出发送字符后，串行数据从 RXD 端输出，同步移位脉冲从 TXD 端输出。CPU 将数据写入发送 SBUF 时，立即启动发送，将 8 位数据以 $f_{osc}/12$ 的固定波特率从 RXD 端输出，无起始位、停止位，低位在前，高位在后。发送完一帧数据后，发送中断标志 TI 由硬件置位。

（2）接收操作：接收操作是在 RI=0 和 REN=1 条件下启动的。当串行口以方式 0 接收数据时，先置位接收允许控制位 REN。此时，RXD 为串行数据输入端，TXD 为同步移位脉冲输出端。当 RI=0 和 REN=1 同时满足时，串行口开始接收数据。当接收到第 8 位数据时，将数据移入接收 SBUF，并由硬件置位 RI。

【例 9-2】写出串行口工作以方式 0 接收数据时的串行口控制字。

解：方式 0 时，SM0SM1=00。

方式 0 时，SM2 必须为 0，即 SM2=0。

REN=1 时允许接收。

方式 0 时，串行口传送的是 8 位数据，TB8RB8=00。

接收前，发送中断标志 TI=0。

接收中断标志 RI=0。

故串行口控制字（赋给 SCON 中的值）为=00010000B（二进制）。

典型案例 24　单片机串行口外接扩展口控制流水灯

用 AT89 系列单片机串行口外接移位寄存器扩展 8 位并行输出口，8 位并行输出口的各位都接一个发光二极管，要求发光二极管自左向右以一定速度依次显示，呈流水灯状态。

步骤 1：明确任务

本案例要求将串行口工作于方式 0 下。它有两种不同的用途，一种是将串行口设置成并入串出的输出口，此时需要外接一个 8 位串行输入和并行输出的同步移位寄存器 74LS164 或 CD4094，如图 9-13（a）所示；另一种是将串行口设置成串入并出的输入口，此时需要外接一个 8 位并行输入和串行输出的同步移位寄存器 74LS165 或 CD4014，如图 9-13（b）所示。

步骤 2：总体设计

本案例选用 AT89C51 单片机。

步骤 3：硬件设计

串行口外接 CD4094 扩展 8 位输出口电路原理图如图 9-14 所示。本案例选用的 CD4094 是一种 8 位串行输入（DATA 端）和并行输出的同步移位寄存器，采用 CMOS 工艺制成。CLK 为同步脉冲输入端。STB 为控制端，若 STB=0，则 8 位并行数据输出端关闭，但允许串行数据从 DATA 端输入；若 STB=1，则 DATA 端关闭，但允许 8 位数据并行输出。

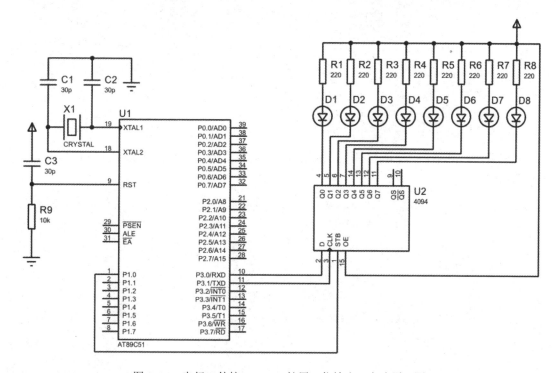

图 9-14　串行口外接 CD4094 扩展 8 位输出口电路原理图

步骤4：软件设计

串行口方式0的数据传送可采用中断方式，也可采用查询方式。无论采用哪种方式，都要借助于TI或RI标志。串行发送时，可以由TI置位（发送完一帧数据后）引起中断，在中断服务程序中发送下一帧数据，或者查询TI的状态，如果TI为0，则继续查询；如果TI为1，则结束查询，发送下一帧数据。在串行接收时，由RI引起中断或对RI查询来确定何时接收下一帧数据。无论采用哪种方式，在开始通信之前，都要先对SCON进行初始化。在方式0下，将00H送至SCON即可。

采用查询方式编写的程序如下：

```c
#include<reg51.h>
sbit p10=P1^0;
void main()
{
  unsigned char sdata=0xfe;
  int i;
  SCON=0;                    //串行口初始化为方式0
  p10=0;                     //关闭并行输出（避免传输过程中发光二极管产生"暗红"现象）
  while(1)
  {
    SBUF = sdata;            //开始串行输出
    while(TI==0);            //1字节没有输出完，则继续检测TI
    TI=0;                    //输出完，清TI标志，以备下次发送
    p10=1;                   //打开并行输出口
    for(i=10000;i>0;i--);    //延时一段时间
    sdata<<=1;               //左移
    sdata |=1;               //最低位补1
    if(sdata==0xff) sdata=0xfe;
    p10=0;                   //关闭并行输出口
  }
}
```

采用查询方式时，程序运行前应先清串行口发送中断标志TI。本案例也可采用中断方式，编写的程序如下：

```c
#include<reg51.h>
sbit p10=P1^0;
unsigned char sdata=0xfe;
void main()
{
  SCON=0; p10=0;
  SBUF = sdata;
  EA=1;ES=1;
  while(1);
}
```

任务9 设计六轴机械臂控制系统

```
void isr_serial() interrupt 4
{
  int i;
  p10=1;
  for(i=10000;i>0;i--);
  sdata<<=1;  sdata |=1;
  if(sdata==0xff) sdata=0xfe;
  p10=0;
  SBUF = sdata;TI=0;
}
```

小技巧：在中断服务函数中要完成以下工作：①输出8位数据(使某个发光二极管亮)；②延时；③启动下一次发送（发送前要将sdata向左循环一位）；④关闭输出；⑤将TI清零。

提示：单片机利用串行口传送数据时，可采用查询和中断两种方式，无论采用哪种方式，都要借助于TI或RI标志。现以发送数据为例进行说明，当串行口发送数据时，串行口发送完一帧数据后将TI置位，向CPU申请中断，在中断服务程序中要用软件将TI清零，以便串行口发送下一帧数据。采用查询方式时，CPU不断查询TI的状态，只要TI为0就继续查询，TI为1就结束查询；TI为1后也要及时用软件将TI清零，以便串行口发送下一帧数据。RI也一样。

步骤5：软件调试

编译程序，仿真运行。

扫一扫看微课视频：串行口的工作方式1-3

2. 方式1

方式1、方式2、方式3均为全双工方式，串行数据经TXD（P3.1）端发送给外部设备，而外部设备发出的串行数据由RXD（P3.0）端接收，发送和接收可同时进行。

当SM0=0、SM1=1时，串行口工作在方式1，串行口为10位异步通信方式。方式1多用于两个单片机（双机）之间或单片机与外部设备电路间的通信。在此方式下字符帧除8位数据位外，还有1位起始位（0）和1位停止位（1）。

（1）发送过程：发送操作在TI=0时进行，任何一条"写SBUF"指令都可以启动一次发送过程，CPU向发送SBUF写入1字节数据后，发送电路自动在8位发送字符前后分别添加1位起始位和1位停止位，并在移位脉冲的作用下在TXD线上依次发送一帧信息，发送完后自动维持TXD线为高电平，TI由硬件在发送停止位时置位，并向CPU申请中断。

（2）接收过程：接收操作在RI=0和REN=1时进行。

方式1是靠检测RXD来判断的，CPU不断采样RXD端，当采样到负跳变时，启动一次接收过程。在移位脉冲控制下，串行口把接收的数据装入接收SBUF中，直到接收到数据第9位（停止位）时，并满足：

① RI=0；
② SM2=0或接收到的停止位为1。

则将停止位装入RB8中，并使RI置位和发出串行口中断请求，通知CPU执行"读SBUF"指令，从SBUF中取出接收到的一个数据。如果不满足上述条件，则串行口接收的数据就会丢失，不再恢复。

3. 方式2与方式3

方式2是11位为一帧的UART方式，即1位起始位、9位数据位和1位停止位。第9位数据位既可作为奇偶校验位也可作为控制位，发送之前应先将第9位数据赋值给SCON的

TB8 位。方式 3 和方式 2 除波特率不同之外，其他的性能完全一样，都是以 11 位为一帧的 UART 方式，其通信过程与方式 2 完全相同。

1）通信过程

（1）发送过程：发送过程是由 CPU 执行"写入 SBUF"指令来启动的。CPU 由"写入 SBUF"信号把 8 位数据装入 SBUF 中，同时把 TB8 装入发送移位寄存器的第 9 位中。

当 TI=0 时，在 CPU 向发送 SBUF 写入 1 字节数据后，发送电路自动在 9 位发送字符前后分别添加 1 位起始位和 1 位停止位，并在移位脉冲的作用下在 TXD 线上依次发送一帧信息，发送完后自动维持 TXD 线为高电平，TI 由硬件在发送停止位时置位，并向 CPU 申请中断。

第 9 位数据（TB8）由软件置位或清零，可以作为数据的奇偶校验位，也可以作为多机通信中的地址、数据标志位。

（2）接收过程：与方式 1 类似，方式 2 和方式 3 的接收过程始于串行口在 RXD 端检测到负跳变，说明起始位有效，串行口将其移入移位寄存器，并开始接收一帧信息的其余位。当串行口检测到停止位时，如果同时满足下列两个条件：

① RI=0；

② SM2=0 或接收到的第 9 位数据为 1。

则将第 9 位数据装入 SCON 的 RB8 中，将前 8 位数据装入接收 SBUF 中，并置中断标志 RI=1。如果不满足上述两个条件，则所接收的数据帧就会丢失，不再恢复。

2）第 9 位数据的应用

（1）用第 9 位数据作为奇偶校验位。方式 2 和方式 3 可以像方式 1 一样，用于点对点的异步通信。在数据通信中由于传输距离较远，数据信号在传送过程中会产生畸变，从而引起误码。为了保证通信质量，除了改进硬件，通常要在通信软件上采取纠错的措施。常用的一种简单方法就是"校验和"方法，即将第 9 位数据作为奇偶校验位，将其置入 TB8 位一同发送。在接收端可以用第 9 位数据来核对接收的数据是否正确。

① 发送端发送一个数据字节及其奇偶校验位的程序（以偶校验为例）。

```
#include<reg51.h>
unsigned char sdata=…;
main()
{ SCON=0x80;
  ACC=sdata;        //把要传送的数据赋给累加器，用于获得奇偶标志位 P 的值
  TB8=P;SBUF=sdata; //如果 P=1，则 TB8←1；如果 P=0，则 TB8←0，表明使传递的
                    //9 位数据保持偶数个 1，即偶校验
  while(TI==0);     //当 TI 为 0 时，表明没有发送完数据，所以等待
  TI=0;
  ……
}
```

小技巧：由于要发送奇偶标志位 P，因此需要先把要发送的数据传送到累加器中，以获得奇偶标志位 P 的值，因此语句"ACC=sdata;"不能少，否则得不到奇偶标志位 P 的值。

② 接收端接收一个数据字节及其奇偶校验位的程序（以偶校验为例）。

在方式 2、方式 3 的发送过程中，将数据和附加的 TB8 中的奇偶校验位一块发送过去。因此，作为接收的一方应设法取出该奇偶校验位进行核对，相应的接收程序如下：

```
#include<reg51.h>
```

```
unsigned char sdata=…;
main()
{SCON=0x90;
    while(RI==0);           //当 RI 为 0 时,表明一帧数据还没有接收完
    RI=0; ACC=SBUF;
    if(P!=RB8)error();      //如果 P 不等于 RB8 的值,则表明接收的 9 位数据中
                            //1 的个数不为偶数,显然出错
    else  sdata=ACC;        //保证接收的 9 位数据中 1 的个数为偶数,偶校验正确
    ……
}
```

（2）用第 9 位数据作为多机通信的联络位。计算机与计算机的通信不仅限于点对点通信，还会出现一机对多机或多机间的通信，构成计算机网络。主从式通信是计算机网络中常见的方式，即在多台计算机中有一台是主机，其余为从机，从机要服从主机的调度、支配。MCS-51 单片机的串行口方式 2、方式 3 适合在这种主从式的通信结构中进行多机通信，以构成多机系统。在应用过程中应注意对主、从机的控制字的设定。主机应先发送与其通信的某从机的地址信息，此时应置 TB8 为 1（地址帧的标志）；收到从机应答后，对 TB8 清零后再发送数据（TB8=0 作为数据帧的标志）。主机的控制字为：

方式 2 时（SCON）=10011000B=98H；

方式 3 时（SCON）=11011000B=D8H。

从机在通信开始时就处于监听状态，以接收主机发出的地址信息，SM2 应置位，当确认是呼叫本机时，使 SM2 清零再向主机应答。然后等待接收主机发送的数据，当接收完一帧数据后，可根据 RB8 的值来判断接收的是数据，还是地址，如果 RB8 为 0 则表示接收机接收到的是数据，否则为地址。重新又转入监听状态，同时要置 SM2 为 1。从机的控制字为：

方式 2 时（SCON）=10110000B（二进制）=B0H（十六进制）；

方式 3 时（SCON）=11110000B（二进制）=F0H（十六进制）。

主、从机的控制字分别在各自的初始编程中进行设置。

9.2.3 串行口的波特率

1. 方式 0 的波特率

方式 0 的波特率固定为 $f_{osc}/12$，即每个机器周期移位一次。

2. 方式 2 的波特率

方式 2 的波特率是固定的：

当 SMOD=1 时，波特率为 $f_{osc}/32$；

当 SMOD=0 时，波特率为 $f_{osc}/64$。

即方式 2 的波特率只有 $f_{osc}/32$ 和 $f_{osc}/64$ 两种。

3. 方式 1 和方式 3 的波特率

方式 1 和方式 3 的波特率是可变的，由用户根据需要在程序中设定。

$$波特率 = \frac{2^{SMOD}}{32} \times 定时器/计数器 T1 溢出率$$

扫一扫看基于单片机的多机通信案例

T1 溢出率=T1 计数率/产生溢出所需的周期数，指在 1 s 内溢出的次数。产生溢出所需要周期数与定时器/计数器 T1 的工作方式、预置值有关。设 T1 的初值为 X，则有：

T1 工作于方式 0 时，产生溢出所需的周期数=8 192-X；

T1 工作于方式 1 时，产生溢出所需的周期数=65 536-X；

T1 工作于方式 2 时，产生溢出所需的周期数=256-X。

对定时器/计数器 T1 来说，当 T1 作为波特率发生器使用时，通常工作在方式 2，即作为一个自动重装载的 8 位定时器，则其波特率为：

$$ 波特率 = \frac{2^{SMOD}}{32} \times \frac{f_{osc}}{12 \times (256-X)} $$

因此，通过对定时器/计数器 T1 置初值来设定波特率，波特率随初值而改变，表 9-2 列出了定时器/计数器 T1 工作于方式 2 时常用波特率及初值。

表 9-2 常用波特率与定时器/计数器 T1 的参数关系

串口波特率/(bit/s)（方式 1、3）	f_{osc}/MHz	SMOD	定时器/计数器 T1		
			C/$\overline{T}$	工作方式	初值
62.5 k	12	1	0	2	FFH（255）
19.2 k	11.059 2	1	0	2	FDH（253）
9 600	11.059 2	0	0	2	FDH（253）
4 800	11.059 2	0	0	2	FAH（250）
2 400	11.059 2	0	0	2	F4H（244）
1 200	11.059 2	0	0	2	E8H（232）

提示：由表 9-2 可知，当时钟频率选用 11.059 2 MHz 时，容易获得标准的波特率，所以很多单片机系统选用这个看起来"怪"的晶振频率就是这个道理。

【例 9-3】设（PCON）=00H，f_{osc}=6 MHz，波特率为 1 200 bit/s，试计算 T1 定时初值。

解：由（PCON）=00H 可知，SMOD=0。

初值：

$$ \begin{aligned} X &= 256 - \frac{f_{osc} \times 2^{SMOD}}{384 \times 波特率} \\ &= 256 - \frac{6 \times 10^6 \times 2^0}{384 \times 1200} \\ &= F3H \end{aligned} $$

典型案例 25　双单片机通信

扫一扫下载 Proteus 文件：典型案例 25

用串行口工作方式进行单片机之间的通信时，连接电路如图 9-15 所示。两个 AT89C51 单片机通过串行口进行通信，设置 U1 使用的晶振频率是 11.059 2 MHz，U2 使用的晶振频率是 22.118 4 MHz，U1 的 TXD 接 U2 的 RXD，U1 和 U2 均接一个矩阵式键盘和 6 个数码管，按键盘的任一个按键，都会在与本键盘相连的单片机所连接的数码管上显示其数字，并发送到另一个单片机中，并在与其相连的最右边数码管上显示。

步骤 1：明确任务

本案例利用串行口解决双机通信的问题，要进行串行口编程，就要先进行初始化，再进行数据的输入/输出。其初始化过程如下：

（1）按选定的串行口的工作方式设定 SCON 的 SM0、SM1 两位二进制编码。

任务 9　设计六轴机械臂控制系统

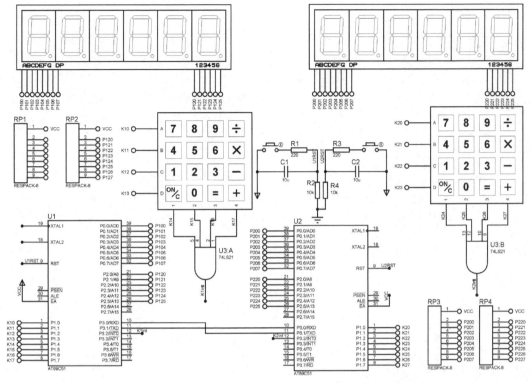

图 9-15　MCS-51 单片机之间的串行异步通信的电路原理图

（2）对于方式 2 或方式 3，应根据需要在 TB8 中写入待发送的第 9 位数据（地址为 1，数据为 0）。

（3）若选定的工作方式不是方式 0 或方式 2，则还需设定接收/发送的波特率。

（4）设定 SMOD 的状态，以控制波特率是否加倍。

（5）若选定的工作方式是方式 1 或方式 3，则应对定时器/计数器 T1 进行初始化以设定其溢出率。

本案例给出了电路原理图，其总体设计和硬件设计略。

步骤 2：软件设计

由于串行口通信时传输的"0"或"1"是通过相对于"地"的电压区分的，因此使用串行口通信时，必须将双方的"地"线相连以使其具有相同的电压参考点。需要注意的是，异步通信时两个单片机的串行口波特率必须是一样的。由于 U1 使用的晶振频率是 11.059 2 MHz，U2 使用的晶振频率是 22.118 4 MHz，因此二者的串行口初始化程序不完全一样。假设使用 240 bit/s 的波特率，串行口工作方式为方式 3，T1 使用自动装载的工作方式 2，则 U1 的 TH1 初值应设为 136，U2 的 TH1 初值应设为 16。

本案例中包含了两个单片机，因此要分别给两个单片机编程，此时在 Proteus 中要进行一定的设置，即在"源代码"选项页中，右击 U1，在弹出的快捷菜单中单击"工程设置"命令，打开"工程选项"对话框，取消勾选"嵌入式文件"复选框，如图 9-16 所示。

图 9-16　"工程选项"对话框

U1 的源程序 main.c 如下：

```c
#include <reg51.h>
unsigned char seg[]={0xc0,0xf9,0xa4,0xb0,0x99,0x92,0x82,
0xf8,0x80,0x90,0x88,0x83,0xc6,0xa1,0x86,0x8e,0xff};
unsigned char con[]={0x1,0x2,0x4,0x8,0x10,0x20,0x40,0x80};
unsigned char kNo[]={7,8,9,10,4,5,6,11,1,2,3,13,12,0,14,15};
unsigned char arrkey[6]={1,2,4,5,7,10};
unsigned char  KeyNo=0xff;
void delay(unsigned char t)
{  unsigned char i,j;
  for(i=0;i<t;i++)
    for(j=0;j<10;j++);
}
void main(void)
  {   unsigned char i,j;
      IT0=1;
      TMOD=0X20;
      TH1=TL1=136;
      SCON=0xd0;
      IP=0x01;
      PCON=0;
      TR1=1;
      EA=1;ES=EX0=1;
      P1=0XF0;
      while (1)
        { if(KeyNo!=0xff)
          { EX0=0;
            for(j=0;j<5;j++)
               arrkey[j]=arrkey[j+1];
            SBUF=arrkey[5]=kNo[KeyNo];
              EX0=1;
         }KeyNo=0xff;
         for(i=0;i<6;i++)
         { P2=con[i];
           P0=seg[arrkey[i]];
           delay(2);
         }delay(10);
        }
   }
  void isr_uart() interrupt 4
  { if(TI==1)  TI=0;
     else
      { RI=0;arrkey[5]=SBUF;  }
  }
  void k_int0() interrupt 0
  {  unsigned char kdata,vkey,keyNo;
      bit iskey=0;           //标志，如果检测到一个按键按下，则该标志置位
```

```
      delay(5);              //有按键按下,去除抖动
      P1=0xf0;    kdata=P1;
      kdata&=0xf0;
      if(kdata==0xf0)
       {  KeyNo=0xff; return; }
       kdata=0xfe;            //开始进行行扫描
       while(!iskey)
       {
          //P1=0xff;
         vkey=P1=kdata;       //送行扫描码至 P3 口行线,并将行扫描码保存到 vkey 中
         kdata=P1;            //读取列线值
         kdata&=0xf0;
         if(kdata==0xf0)
         {  kdata=vkey;       //若检测到本行没有按键按下,则取出行扫描码
            kdata<<=1;        //换扫描下一行的扫描码(循环向左移一位)
            kdata|=1;
         }else                //若有按键按下,则进行键处理
         {  switch(kdata)     //计算列值
            {  case 0xE0:keyNo=0;break;
               case 0xD0:keyNo=1;break;
               case 0xB0:keyNo=2;break;
               case 0x70:keyNo=3;break;
            }
            iskey=1;
         }
       }vkey&=0x0f;           //取行扫描码
       switch(vkey)           //把行值加到列值中
       {  case 0X0E:keyNo+=0;break;
          case 0X0D:keyNo+=4;break;
          case 0X0B:keyNo+=8;break;
          case 7:keyNo+=12;break;
       }do
        {P1=0XFF;
         kdata=P1; kdata&=0xf0;
        }while(kdata!=0xf0);   //判断按键是否释放
        KeyNo=keyNo; P1=0XF0;
    }
```

U2 的程序与 U1 的程序基本相同,只是定时器/计数器 T1 的初值不一样而已,即将对 TH1、TL1 赋初值的语句修改为"TH1=16; TL1=16;"其他都一样,请读者自行书写。但是默认情况下,"源代码"选项页中只能给 U1 编写程序,那么要给 U2 编写程序该怎么办呢?是否启动 Keil μVision 集成开发环境呢?其实很简单,在"原理图设计"选项页,右击 U2,在弹出的快捷菜单中单击"编辑源代码"命令,则会在"源代码"选项页中再建一个工程项目,在其 main.c 文件中编写程序即可。

步骤 3:软件调试

(1)编译程序,如果有错误立即修改。
(2)将 U1 的晶振频率设置为 11.059 2 MHz,U2 的晶振频率设置为 22.118 4 MHz。
(3)单击"运行"按钮,仿真运行。

典型案例 26　单片机与个人计算机串行口通信仿真

扫一扫下载
Proteus 文件：
典型案例 26

Proteus 中有一个串行口组件 COMPIM，当由 CPU 或 UART 软件生成的数字信号出现在个人计算机物理 COM 端口时，它能缓冲所接收的数据，并将数据以数字信号的形式发送给 Proteus 仿真电路，这样就可使用串口调试助手软件与 Proteus 单片机串行口直接交互。本案例通过 COMPIM 组件与单片机相连，利用串口调试助手（仿真个人计算机）发送一个以"="结束的字符串，发送完毕后，该字符串（不包含"="字符）在液晶屏上显示，同时每隔 2 s 将该字符串回发给个人计算机（串口调试助手）。

步骤 1：明确任务

本案例是一个仿真个人计算机与单片机进行通信的案例，显然单片机与个人计算机进行通信最好使用串行口，本案例的任务是利用串口调试助手与单片机串行口进行通信，单片机串行口从串口调试助手接收一个字符串，再将接收的字符串显示在液晶屏上，同时定时回发给串口调试助手。

步骤 2：总体设计

本案例选用 AT89C51 单片机，利用串口调试助手来仿真个人计算机，并利用 COMPIM 组件来仿真个人计算机的串行口。

步骤 3：硬件设计

根据案例的任务要求设计的电路原理图如图 9-17 所示。

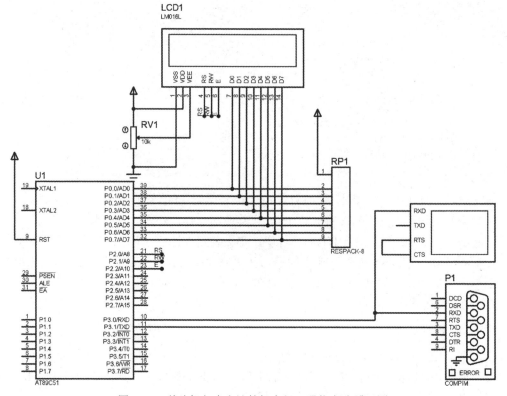

图 9-17　单片机与个人计算机串行口通信电路原理图

步骤4：软件设计

本案例程序中包含液晶控制程序 lcd.c（参见案例 14），可以直接将案例 14 中的 lcd.c 复制到工程项目中，本案例不再附上。其全局变量及主函数如下：

```c
#include <reg51.h>
#define uchar unsigned char
uchar rBuffer[10];
uchar temp,rBindex=0 ,time=200;
bit Txdflag;
void lcd_init();
void disp_lcd(uchar,uchar *);
void Serial_Txd(uchar *p)
{ while(*p)
    {  SBUF=*p++;
       while(!TI);
       TI=0;
    }
}
void Serial_Int() interrupt 4
{  if(RI)
    {  temp=SBUF;  RI=0;
       if(temp==61)
        {  Txdflag=1; TR0=1;
           rBuffer[rBindex]=0;
           lcd_init();
           disp_lcd(0x80,rBuffer);
           rBindex=0;
        }
       else if(temp==88||temp==120)
           TR0=0;
       else
         rBuffer[rBindex++]=temp;
    }
}
void t0() interrupt 1
{
   TL0=0X00;TH0=0XDC;
    if(--time==0)
    { time=200;  Txdflag=1; }
}
void main()
{ Txdflag=0; time=100;
  TMOD=0X21;
  TL0=0X00;hhh TH0=0XDC;
  TH1=TL1=0XFD;
  SCON=0X50;
  TR1=1;ET0= ES= EA=1;
  while(1)
   {
      if(Txdflag==1)
      {  Txdflag=0;
```

```
            Serial_Txd(rBuffer);
        }
    }
}
```

步骤 5：软件调试

（1）编译程序。

（2）要进行本案例的调试，需要安装串口调试助手（如果安装了普客圈，则自带该工具）和虚拟串口驱动软件 Virtual Server Port Driver（VSPD）。运行 VSPD，如图 9-18 所示，首先要添加没有被占用的端口，如端口一选择 "COM4"、端口二选择 "COM5"，然后单击 "添加端口" 按钮，此时，这两个端口立即出现在左边的 "Virtual ports" 分支下。

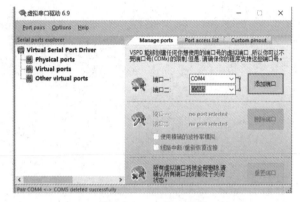

图 9-18　VSPD 界面

（3）将添加的两个端口分配给 COMPIM 组件和串口调试助手，这时即可如同使用物理串行口连接一样，在两者之间实现串行口通信了。将 COMPIM 组件和串口调试助手的波特率设置为 9 600 bit/s，数据位、停止位分别设置为 8、1 位。

（4）将单片机的晶振频率设置为 11.059 2 MHz，单击 "运行" 按钮，仿真运行结果如图 9-19 所示。

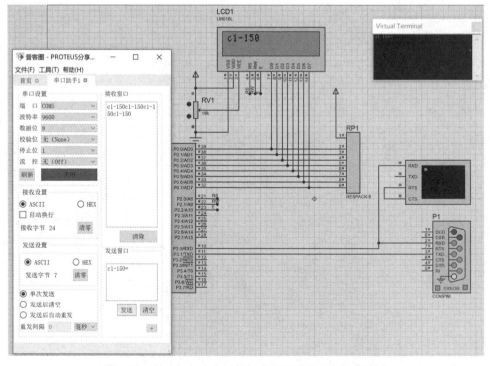

图 9-19　单片机与个人计算机串行口通信仿真运行结果

任务 9　设计六轴机械臂控制系统

典型案例 27　基于个人计算机串行口通信的六轴机械臂控制系统设计

本案例以案例 26 为基础，通过串口调试助手与单片机 COMPIM 组件进行通信，来仿真个人计算机的串行口与单片机进行通信，串口调试助手主要给六轴机械臂发送控制指令信息。单片机连接六轴机械臂和 LCD，LCD 显示机械臂控制菜单：

******menu******

0~5：NO0-5Turn

6：All Turn

C0-180：Set Angle

扫一扫下载 Proteus 文件：典型案例 27

上述菜单表示由串口调试助手发送 0～5 中的某个编号，让这个编号的臂（舵机）按预先设置的角度转动；发送 6 表示让全部机械臂转动；发送 C 后先按 0～5 中的某个键，然后发送 "-"，再发送 0～180 中的某个数，最后以 "=" 结束的信息表示给 0～5 中的某个臂设置要转动的角度。

步骤 1：明确任务

本案例的任务是通过 LCD 显示机械臂的控制菜单，并通过串口调试助手发送控制机械臂的指令，连接单片机和六台舵机，组成一个六轴机械臂控制系统。

步骤 2：总体设计

选择 AT89C51 单片机，控制菜单有 4 行，案例 23 中使用的 LM016L 不适合使用，需要选用 4 行显示的 LM041L。

步骤 3：硬件设计

基于个人计算机串行口通信的六轴机械臂控制系统电路原理图如图 9-20 所示。

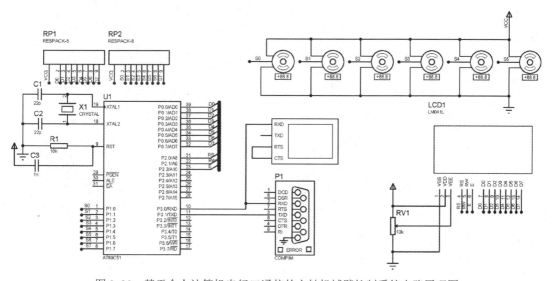

图 9-20　基于个人计算机串行口通信的六轴机械臂控制系统电路原理图

步骤 4：软件设计

```
#include<reg51.h>
#define uchar unsigned char
```

```c
uchar rBuffer[10];
uchar temp,rBindex=0;
uchar time;
bit Txdflag;
sbit PWM_out0=P1^0;
sbit PWM_out1=P1^1;
sbit PWM_out2=P1^2;
sbit PWM_out3=P1^3;
sbit PWM_out4=P1^4;
sbit PWM_out5=P1^5;
bit Tangle=0,setNo=0;    //是否在设置轴转动的角度
uchar no,angle=0;
unsigned int order=0,count=0;
unsigned int PWM[]={5,10,20,25,5,10};
unsigned int PWM_value[]={15,15,15,15,15,15};
void lcd_init();
void disp_lcd(unsigned char,unsigned char *);
void Serial_Txd(uchar *p)
{
   while(*p)
   {
     SBUF=*p++;
      while(!TI);
      TI=0;
   }
}
void ReadServo(uchar *q)
{
   uchar *p;
   if(q[0]>='0' && q[0]<'6')
     {      no=q[0]-'0';
            setNo=1;angle=0;
     }
    else
   { setNo=0;return;}
    if(setNo)
    {  p=q+2;
       while(*p)
       {
           if(*p>='0' && *p<='9')
              angle=angle*10+(*p-'0');
           else  angle=0;
           p++;
       }
       PWM[no]=angle/9+5;
       setNo=0;
    }
}
```

```
void Serial_Int() interrupt 4
{
    uchar i;
    if(RI)
    {
        temp=SBUF;
        RI=0;
        if(!Tangle)
        {
            if(temp>='0' && temp<'6')
            {
                temp-=0x30;
                PWM_value[temp]=PWM[temp];
            }
            else if(temp=='6')
            {
                for(i=0;i<6;i++)
                    PWM_value[i]=PWM[5-i];
            }
            else if(temp=='C' ||temp=='c')
                Tangle=1;
        }
        else
        {
            if(temp=='=')     //设置某台舵机转动的角度以"="作为结束符
            {
                Txdflag=1; TR0=1;
                rBuffer[rBindex]=0;
                rBindex=0; Tangle=0;
            }
            else
                rBuffer[rBindex++]=temp;
        }
    }
}
void main()
{
    uchar code menu[][16]={"******menu******","0-5   :NO0-5Turn","6 :All Turn","C0-180:Set Angle"};
    uchar code address[]={0x80,0xc0,0x90,0xd0};
    uchar KCODE[]={7,8,9,10,4,5,6,11,1,2,3,13,12,0,14,15};
    uchar i;
    lcd_init();
    for(i=0;i<4;i++)
    {
        disp_lcd(address[i],menu[i]);
    }
    Txdflag=0;
```

```
            time=100;
            TMOD=0X22;
            TH0=TL0=156;
            TH1=TL1=251;
            SCON=0X50;
            TR1=1;TR0=1;
            EA=ET0=ES=1;
            while(1)
            {
                if(Txdflag==1)
                { Txdflag=0;
                    Serial_Txd(rBuffer);
                }
                ReadServo(rBuffer);
            }
        }
        void isr_time0() interrupt 1
        {源程序与案例21相同，略}
```

步骤5：软件仿真

（1）编译程序。

（2）与案例26一样，首先需要运行VSPD添加2个端口，把2个端口分别分配给COMPIM组件和串口调试助手，并为COMPIM组件和串口调试助手设置正确的波特率、数据位数、停止位数。本案例控制舵机转动的定时器定时时间为0.1 ms，这个时间必须精准，因此单片机的晶振频率不能再设置为11.059 2 MHz，而是12 MHz，计数100次正好是0.1 ms。这样波特率就不可能准确设置为9 600 bit/s，本案例给单片机定时器1设计的初值为251，则串行口的波特率为6 250 bit/s，因此在仿真运行前必须将COMPIM组件和串口调试助手的波特率设置为6 250 bit/s，否则串口调试助手发送的数据与单片机串行口接收的数据会不一致。

（3）仿真运行。

作 业

9-1 设计一个利用中断方式处理有4个按键的键盘显示接口电路，P0口接六轴机械臂，4个按键的功能分别如下：第一个按键按下时，各轴都转动一定的角度；第二个按键按下时，各轴转动的角度为0°；第三个按键按下时，各轴转动的角度增加9°（最多增加到180°）；第四个按键按下时，各轴转动的角度减少9°（最多减少到0°）。

9-2 设计一个键盘显示接口电路，采用中断扫描方式扩展3×4个按键，分别表示为0~9、CLOSE和RUN，并连接一个数码管，按如下要求编写程序。

（1）按RUN键，数码管显示"P"，表示准备好。

（2）按CLOSE键，数码管停止显示，表示系统关闭。

（3）按0~9键，数码管显示相应的数字。

9-3 设计一个简易的一位数四则运算器，扩展4×4个按键，分别表示为0~9、+、-、×、÷、RESULT、CLEAR，并连接两个数码管，按如下要求编写程序。

（1）按 CLEAR 键，数码管显示"0"，表示系统清零。

（2）分别按数字键、运算符键、数字键、RESULT 键后，数码管显示其运算结果。

9-4 已知单片机晶振频率为 12 MHz，ADC0809 端口地址为 BFFFH，采用 $\overline{\text{INT0}}$ 中断工作方式，要求对 8 路模拟信号不断循环 A/D 转换，转换结果存入一个数组中。试画出该 8 路采集系统电路原理图，并编制程序。

9-5 假设 MCS-51 单片机的 P0 口按共阳极方式连接 8 个发光二极管作为流水灯，把单片机的 TXD 端和 RXD 端连接起来，每 0.1 s 从串行通信的 TXD 端发送一个流水灯状态，由 RXD 端接收（波特率 400 bit/s），每一帧数据接收完后，将接收到的数据传送给 P0 口，使得 8 个发光二极管呈现流水灯效果。

知识梳理与总结

本任务通过矩阵式键盘控制六轴机械臂转动的实现，使学生掌握键盘工作原理及其与单片机接口的相关知识，并学会应用。

本任务重点内容如下。

（1）键盘工作原理、按键抖动问题及其消除方法。

（2）矩阵式键盘的结构及其按键识别方法——行列扫描法的程序设计。

（3）按键式键盘、矩阵式键盘与单片机连接的电路及其编程。

（4）串行口的结构与工作方式。

综合实训任务 设计与制作温度报警器

任务描述	这是一个开放式创新型综合实训任务，利用两周的时间设计并制作一个完整的温度报警器，为温度报警器预先设置一个最低温度和最高温度，温度报警器要能定时检测环境温度，当环境温度低于预先设置的最低温度时，温度报警器发出报警声并使一个黄灯闪烁；当环境温度高于预先设置的最高温度时，温度报警器发出报警声并使一个红灯闪烁
任务要求	（1）设计温度报警器完整的硬件电路。（2）根据硬件电路编写温度报警器的程序，利用Proteus进行仿真调试。（3）绘制电路板，制作硬件电路板，焊接元器件。（4）固化程序，进行硬件仿真，通电运行
实现方法	（1）利用Proteus绘制硬件电路图，编写电铃控制程序。（2）利用Proteus进行仿真调试，仿真调试通过后制作硬件电路板。（3）进行仿真调试直到成功，固化程序

1. 明确任务

（1）设计并制作温度报警器的硬件电路板。
（2）编写程序，利用Proteus进行仿真调试。
（3）固化程序。

2. 分组设计方案

进行人员分组，每组需设计方案，包括硬件框图、软件设计框图。

3. 确定方案

（1）指导教师对各组的设计方案进行点评，指出问题所在和改进方向。
（2）师生共同决策，确定最终方案。

4. 分组实施

按照最后确定的方案，每组共同实施完成以下任务。
（1）设计硬件电路图。
（2）进行程序编制。
（3）利用Proteus进行仿真调试。
（4）调试成功后制作硬件电路板，焊接元器件。

5. 检查调试

（1）利用硬件仿真器对硬件电路板和程序进行调试。
（2）调试成功后固化程序。

6. 总结与评价

（1）每组对所完成的温度报警器进行展示，讲解设计思路和设计步骤，其他组对其进行评论和计分。
（2）每个人按各自扮演的角色撰写项目报告，项目报告包括项目名称、项目设计原理、项目设计方案（硬件电路及程序编制）、项目执行情况及项目总结。